Stealth：
The Secret Contest to Invent Invisible Aircraft

发明隐身飞机的秘密竞赛

［美］彼得·韦斯特威克（Peter Westwick） 著

艾俊强 主译

潘 睿 崔 力 张 扬 副主译

航空工业出版社

北 京

内 容 提 要

本书回顾了美国隐身飞机的发展历程，总结了隐身技术的起源、美国南加州地区的文化氛围、美国国防部预先研究计划局对隐身飞机研制的促进作用，重点介绍了F-117A的验证机"海弗蓝"、B-2A的验证机"沉默之蓝"的主要技术特点，以及B-2A在设计制造过程中遇到的挑战和解决措施。本书详述了隐身技术的探索历程和典型隐身飞机的研制历程，展现了美国在克服隐身技术难题时所采取的行动和策略。

本书内容翔实，条理清晰，可供航空企事业单位的管理人员、技术研究人员以及航空爱好者阅读参考。

图书在版编目（CIP）数据

发明隐身飞机的秘密竞赛 /（美）彼得·韦斯特威克（Peter Westwick）著；艾俊强主译. -- 北京：航空工业出版社，2023.4

书名原文：Stealth —— The Secret Contest to Invent Invisible Aircraft

ISBN 978-7-5165-3329-1

Ⅰ. ①发… Ⅱ. ①彼… ②艾… Ⅲ. ①隐身飞机 – 美国 – 普及读物 Ⅳ. ①V271.4-49

中国国家版本馆 CIP 数据核字（2023）第 069046 号

北京市版权局著作权合同登记
图字：01-2023-1372

发明隐身飞机的秘密竞赛
Faming Yinshen Feiji de Mimi Jingsai

航空工业出版社出版发行
（北京市朝阳区京顺路 5 号曙光大厦 C 座四层　100028）
发行部电话：010-85672666　010-85672683

三河市航远印刷有限公司印刷　　　　全国各地新华书店经售
2023 年 4 月第 1 版　　　　　　　　2023 年 4 月第 1 次印刷
开本：787×1092　1/16　　　　　　　字数：265 千字
印张：15.25　　　　　　　　　　　　定价：96.00 元

《发明隐身飞机的秘密竞赛》

译 校 人 员

主 译　艾俊强

副主译　潘　睿　崔　力　张　扬

译 校　王玉成　王一珺　王亚芳　许云峰

　　　　　张维仁　陈　卓　王　健

译 者 前 言

当人们谈论起隐身飞机，自然会想到美国空军的 F-117A 飞机和 B-2A（研制阶段称 B-2）飞机。这两款飞机科幻般的外形让人过目难忘，而在实战中它们能够躲避敌方雷达探测，并能投下精确致命武器，让这两款隐身飞机威震天下。

F-117A 以多面体外形为其典型特征，带有外倾的双垂直尾翼，而 B-2A 则为无尾飞翼，其俯视平面轮廓仅由一组平行边缘构成，几何外形多为光滑曲面。为什么两款隐身飞机的外形有明显的区别；一款棱角分明，另一款光滑流畅，隐身技术是在什么历史背景下产生的，是什么原因导致了两家设计公司（洛克希德和诺斯罗普）对隐身技术给出了不同的方案；背后的设计团队又有哪些故事，来推动了隐身技术的实现，这些问题的答案共同促成了隐身技术的产生。

F-117A 在海湾战争中可以突破巴格达严密的防空系统而不被发现，并投放精确制导武器，开创了隐身突防远程精确打击的作战样式。在科索沃战争中，B-2A 从美国密苏里州怀特曼空军基地起飞，轰炸南联盟目标并返回美国本土，持续飞行时间超过 31h。B-2A 具有优异的隐身性能和气动特性，具备携带常规武器和核武器的能力，是一款名副其实的隐身战略轰炸机。

然而，隐身技术的发明并不是一蹴而就，远在隐身飞机出现在公众视野之前，在 20 世纪 70 年代就发生了那些决定其命运的决策和关键性创新。比较知名的是"海弗蓝"（Have Blue）计划与 F-117A 飞机，"沉默之蓝"（Tacit Blue）与 B-2A 飞机。可实际上隐身技术的探索开始得更早，比如第二次世界大战时期美国的 B-24 轰炸机上安装了耶胡迪灯，就是光学隐身的雏形。然而，截至目前，隐身技术仍是美国保密最严格的技术，一直处于"黑世界"中，对其探索面临着很大的挑战。

彼得·韦斯特威克撰写本书致力于回答前述问题，并揭示隐身技术发展的故事。作者将其看成是一场精彩的戏剧，其中的几对主要冲突为：两个公司——洛克希德和诺斯罗普，两大学科——电磁物理学和航空工程，两种设计理念——依赖计算机和设计师直觉。在这段传奇戏剧中也涌现了一批卓越的人物，其背后有很多有意思的故事。作者还将隐身技术放入了时代背景中，从战略方面、技术方面和文化方面对其产生进行了论述。最后对隐身技术的产生的秘密给出了独到的见解。

全书共分为 12 章，第 1 章回顾了雷达的发明与对抗雷达技术的探索；第 2 章介绍了隐身技术诞生地南加州地区航空航天产业的发展情况；第 3 章详细介绍了"哈维"计划，并引出了试验生存性测试平台（XST）计划，胜出方将制造第一架隐身飞机；第 4 章回顾了洛克希德公司的发展历程和其前期在隐身技术方面的积累，以及它们为 XST 提交的"绝望钻石"方案；第 5 章介绍了诺斯罗普公司团队和他们在设计 XST 方案中的不同理念——依靠设计师的物理认知；第 6 章重现了洛克希德公司和诺斯罗普公司在雷达目标散射测试场上的技术对决；第 7 章讲述了洛克希德公司在 XST 项目胜出后获得了"海弗蓝"合同，以及第一款隐身飞机 F-117A 的设计与制造；第 8 章讨论了与隐身飞机相关的保密和战略意义；第 9 章详细介绍了"沉默之蓝"，并提及洛克希德向军方提出了隐身飞翼布局草图，为下一轮竞争埋下了铺垫；第 10 章对隐身轰炸机项目竞赛进行了全面分析，诺斯罗普赢得了胜利，提出了全飞翼隐身轰炸机方案；第 11 章重点介绍了 B-2A 的制造过程中遇到的挑战和解决措施；第 12 章讨论了隐身飞机的战场应用和影响。最后，对比分析了两家公司在实现隐身技术中差异和共同点，并讨论了隐身技术的影响。

书中分析了隐身技术相关的时代背景和社会活动，记录了很多鲜活的人物，描述了很多有趣的故事，也强调了隐身飞机的设计和制造都有很大挑战，宏大而立体地描绘了隐身技术的发明过程。译者数次通读本书，跟随作者的讲述探索隐身技术发展的历史脉络。在设计过程中凸显的传统航空工程和雷达隐身矛盾，两家公司对计算机和设计师物理直觉不同侧重，设计和制造过程中迸发的创新灵感，都能给人带来启发。书中穿插的关键人物的有趣故事使得本书的可读性更强。其中让译者印象深刻的人物是理查德·舍勒（Richard Scherrer），他在 XST 项目中为洛克希德团队提出了"绝望钻石"方案，而在"沉默之蓝"中正是他向美国军方提出了飞翼布局，进而由军方引导诺斯罗普团队在隐身轰炸机项目中采用飞翼布局，后来他也加入诺斯罗普公司，参与了 B-2A 飞机的设计，可以说他是两大隐身飞机的重要设计者。

本书可以作为从事飞行器设计的科研人员和航空项目管理人员的参考书，也可以作为航空爱好者的读物。在翻译过程中，尽管数易其稿，但限于时间和译者水平，书中难免疏漏甚至错误，恳请专家和读者批评指正。

艾俊强

2022 年 10 月

简　介

1991 年 1 月一个漆黑的夜晚，十多架战机出现在巴格达上空，更确切地说，虽然它们已到达，但并未显形。战机在黑暗的夜色中飞抵巴格达上空，黑色外表让它们隐于夜色中。更为重要的是，折纸般奇特的棱角形状，使得伊拉克强大的防空雷达系统根本无法发现它们。

这些飞机就是声名显赫的 F-117A——隐身战斗机，是"沙漠风暴"行动第一波攻击的重要力量。这次军事行动是以美国为首的盟国部队对伊拉克入侵科威特的反击。F-117A 投下的激光制导炸弹钻进巴格达建筑物通风井的画面惊呆了美国电视观众。在海湾战争中，隐身飞机无一损失。[1]

F-117 隐身战斗机及 B-2 隐身轰炸机的背后是军事技术的里程碑式突破。F-117 长超过 60ft，宽 40ft，但雷达显示却只有钢珠那么大。在雷达看来，比 F-117 大得多的 B-2 就像一只飞盘。

同样引人注目的是，两家航空航天企业的隐身飞机发明家们设计出了两种截然不同的飞机。仅从外观而言，这两款飞机有着明显的区别：F-117 棱角分明，而 B-2 平滑流畅。

图 I-1　飞行中的 F-117
图片来源：美国空军。

图 I-2　飞行中的 B-2
图片来源：诺斯罗普 - 格鲁门公司提供。

　　为什么一款飞机采用棱角形状而另外一款却采用曲面呢？这一简单问题的答案反映了这段故事几种核心冲突，即：两家公司——洛克希德（Lockheed）和诺斯罗普（Northrop）；两个学科——雷达物理学和航空工程；飞机设计理念——尤其是计算机的角色与人类直觉。这场大戏的角色不同寻常：有书呆子气的工程师，有幸灾乐祸的恶作剧者，还有严苛追责的管理者。

　　本书主要讲述这些飞机的起源以及为什么采用如此的外形。它讲述了洛克希德公司和诺斯罗普公司工程师们的故事，以及他们研制这两架飞机时史诗般的竞赛，这是在冷战时期最高保密条件下展开的竞赛。在 20 世纪 70 年代中后期成果斐然的 5 年里，两家公司的工程师提出了不同的解决方案以实现相同的突破：飞机对雷达从根本上实现隐身。

　　在军事史上，新技术一直被当作克敌制胜的法宝。一种新式武器（阿金库特战役中的长弓、第一次世界大战中的机枪，也许最大的法宝是第二次世界大战中的原子弹）的突然出现，就是一场战争革命。但是技术又是来自何处呢？为什么会在某个特定时间出现？为什么是一方得到而不是另一方？简而言之：这是怎么回事？这些问题通常被忽略，因为军事历史往往讲述的故事都是自上而下的总统和大将的宏大战略，要么就是自下而上讲述士兵的英勇搏杀。

　　将军们的才略和士兵的英勇之间，还有另外一种视角，就是历史学家保罗·肯尼迪（Paul Kennedy）所说的"中间历史"：由工程师和中层军官们所引领的新兴军事技术的故事。在肯尼迪看来，正是工程师们利用 P-51 "野马"战斗机、反潜战、两栖攻击和反坦克武器等扭转了第二次世界大战局势。[2] 同样，由洛克希德公司和诺斯罗普公司的工程师们发明的隐身技术，在将军或前线士兵对此还一无所知时，就赢得了军事技术项目经理们的支持。

这并不是说工程师们总能达成一致。其实，无论两家公司之间的竞争，还是两家公司内部的技术争论，都是一样地激烈，甚至公司内部的争论更为激烈。换句话说，隐身技术是三个层次的竞赛：即美国和苏联之间，洛克希德和诺斯罗普之间，以及洛克希德和诺斯罗普公司内部的工程师之间。

英国早期的飞机制造商霍华德·西奥菲勒斯·赖特（Howard Theophilus Wright，与美国莱特兄弟（Wright brothers）没有关系）于 1912 年宣称："成功的飞机，就像许多其他机械一样，也是一种巨大的妥协。"[3] 但是，他没有说明工程师如何达成妥协。20 世纪 70 年代中期，霍桑市的诺斯罗普高级设计部门里会出现这样一个典型的场景：公司的主要隐身设计师约翰·卡申（John Cashen）和伊夫·瓦兰德（Irv Waaland）的激烈争论，打破了办公室的宁静，工程师们一个个就像受惊的动物一样面面相觑，不知所措。要是知道在 20mile 之外的伯班克（Burbank），洛克希德的走廊里也回荡着同样的争论的话，卡申和瓦兰德一定会感到些许安慰。航空航天工程师们给人的普遍印象是理性、冷静和内向。这些工程师们确实理性，却丝毫不冷静。他们的激情促成了隐身技术的发明。

激情是必需的，因为隐身技术在许多层面都面临着强大的阻力。在技术层面，包括航空界一些传奇人物在内，许多工程师都认为这是无法实现的；在公司层面，有些管理人员认为前景不明，不值得动用公司投资；而在战略和政治层面，有些观点则认为还有更好的办法可以突破苏联的防空，例如，通过低空高速飞行或使用电子干扰。

洛克希德和诺斯罗普的工程师们克服了对隐身技术的阻力。本书同时对两个公司的项目做了研究，揭示了它们在方法上的主要差异及相似之处。这些差异源自实现隐身的不同路径：一种是通过对飞机的研究实现隐身；另一种更多的是通过对航天器的研究实现飞机的隐身，后者通过一种重要但不被认可的方式实现了隐身。

二者的差异还表现在对计算机的依赖有所不同。洛克希德非常依赖计算机代码分析电磁波绕射，而诺斯罗普更多地依赖于物理直觉。计算机还起到了一个至关重要却不被重视的作用，就是为人熟知的源于飞控系统的电传控制。洛克希德的第一个设计在所有三个方向上均出现了不稳定性，而诺斯罗普的其中一架"隐身"飞机会在偏航轴上像风向标一样旋转。隐身飞机不仅依靠计算机进行设计，而且还依赖计算机进行飞行。换句话说，隐身飞机的关键部分不仅是飞机外部可以看到的部分，还包括飞机内部看不到的电子设备。因此，随着电气工程师取代了老派的航空工程师，隐身项目就代表了航空航天工业的重大变化。两家公司的区别就在于他们对计算机飞行控制系统的接受程度不同。

最后，两家公司在学科之争中也选择了不同的道路。自莱特兄弟以来，空气动力学一直在飞机设计中占据主导地位。包括洛克希德著名的凯利·约翰逊（Kelly Johnson）在内的大多数飞机设计师都来自航空工程专业。对于隐身技术而言，这些传统的航空工程师受到了来自电磁波专业（而非气动专业）物理学家和工程师的挑战。这些冲突引发了设计部门内部的很多争论，但是他们也证明了自己的创造力，每家公司的解决方案都决定了各自飞机的外形和竞赛的结果。

然而，两家公司也有共性，那就是在制造环节上。在图样上设计出一架先进的飞机是一回事，保证其飞上天则是另一回事。隐身飞机也不例外，他们都提供了一个特别有说服力的例子，就是都超越了当时可用材料和工装的极致。两家公司都必须将设计与制造结合起来，努力将设计变为现实。而隐身飞机的故事里不仅有设备工装，也有计算机和制图板；不仅有蓝领，也有白领。

洛克希德和诺斯罗普还有另一个显著的共同点，即：地理位置。在美国主要飞机公司中，这两家制造隐身飞机的公司都位于南加州的洛杉矶盆地，彼此相距20mile。但这并非巧合，长期以来，南加州吸引了各种有识之士和梦想家，形成了跨界文化。这种创造性文化使南加州的娱乐业盛名远远超过了航空航天业，这种文化适合梦想工程，而非技术工程。但航空航天不仅支撑了区域经济，还开启了创造性的奋斗文化。正如我们将看到的，隐身飞机与迪士尼之间有着让人意外的联系。

这些主题都集中在两个重要事件上：洛克希德与诺斯罗普之间的项目

竞争成就了 F-117 和 B-2 轰炸机。而两架飞机之间的过渡项目却被历史所遗忘。"沉默之蓝"正是由 F-117 的多面体设计向 B-2 曲面飞翼发展的关键验证机。同时，它也激发了原本相互孤立的设计团队之间的联系，最终形成了飞翼概念。

隐身技术既是特定地点的产物，也是特定时间的产物。海湾战争可能是隐身飞机的首次公开亮相，但决定其命运的决策和关键性创新却都诞生于 20 世纪 70 年代。这既有战略原因（如美国在越南战争中的经历），也有技术（数字化电子计算机的出现）原因；或许还有文化原因。

第二次世界大战后，美国经历了经济和军事力量的迅猛扩张，20 世纪 70 年代则动荡不安，通货膨胀和失业剧增，越南战争和"水门事件"导致政府信誉下降。加利福尼亚州州长杰里·布朗（Jerry Brown）称之为"极限时代"。吉米·卡特（Jimmy Carter）总统在 1979 年的一次著名演讲中谈到了全国性的"信任危机……一场动摇国家意志、灵魂和精神的危机"[4]。

然而，20 世纪 70 年代也是孕育政治、经济和文化革命的时代，是美国在很多方面从战后向后工业化以及全球化世界的过渡期。结构性变化包括技术创造力的爆发，其中的一些明确目标就是超越时代的认知局限性，从而推动了个人电脑、基因工程和隐身技术的发展。[5]

技术剧变反过来又折射出了更为广泛的启示。隐身技术不仅是 20 世纪 70 年代的产物，而且还借鉴了数十年的研发经验，这本身就体现了国家对风险项目进行长期投资的意愿。这些投资来自公共部门和私营部门。隐身技术也代表了国有和私营企业的广泛融合，通常被称为军工联合体。冷战时期，为了展示自由市场相对于计划经济的优越性，美国还认可了强大的公私合作伙伴关系。

冷战时期的军工联合体通常带有消极含义，即国家对私营企业的破坏性入侵；而另一方面也存在私人利益对公共政策的入侵。确实如一些观察家所言，隐身技术似乎是在浪费金钱和智力，这是由于官方保密措施的推动和政治拨款的鼓动，所有这些武器只是为了生产另一种武器和开启新一轮的军备竞赛。但是从长远角度看，那时高科技推动者坚持认为政府在创新中不起什么作用，而隐身技术则可能会成为公私合作伙伴关系的成功范例，因此具有持久的经验启示。

隐身飞机在海湾战争中的决定性作用证明了这种伙伴关系的成果，也让"军事革命"为世人所接受。这是苏联战略家第一次见识到这种革命。[6] 海湾战争后不久，曾经催生隐身技术的苏联解体。有一种说法是"冷战是在埃尔·塞贡多（El Segundo）打赢的"，意思是说埃尔·塞贡多和洛杉矶周边航空航天产业区的科学家和工程师通过与苏联对抗，在他们无法赢得的军备竞赛中赢得了冷战。其他人则反驳说，科学家和工程师通过推动军备竞赛延长了冷战，使美国濒临破产的边缘，世界走向了末日的边缘。

这本书包含两种论点，同时提出第三种观点：隐身技术提供了核武器的替代品，也是走出核战略迷宫的途径。隐身技术帮助人类重新思考战略基础，因此，最终也摆脱了核战略的惯性思维。

写作关于隐身技术的书籍也遇到了一些挑战。尽管不断有消息走漏，但它仍是美国最严格保守的秘密之一。许多文档和技术细节仍未解密，一些参与隐身技术的工人仍拒绝讨论这些话题。因此，一些工程师（和历史学家）认为探索隐身的历史还为时过早，甚至徒劳无益。

像冷战的其他方面一样，隐身技术太重要了，以至于无法等到几十年后所有信息公开的那一天。除了一些技术细节外，目前还可以从现有信息源收集整理出很多故事，包括口述历史和文档。当不同来源的信息发生冲突时，我努力探求最为可信的版本。

我没打算写一本《隐身技术》的历史书。几年来，我指导了南加州大学与亨廷顿图书馆之间一个航空航天历史合作项目，以记录南加州航空航天工业的历史。在整理航空航天档案的过程中，我发现隐身技术代表了一个非凡的传奇故事，其中有很多有趣的人物，也提出了现代军事技术的重要问题。同时还意识到，现有书籍并未讲述这个故事，部分是因为信息尚未解密的原因。

我们的项目已收集了许多历史文档和口述历史等有关隐身技术的非涉密信息，其中包括洛克希德和诺斯罗普的许多关键数据。尽管有关隐身的某些信息仍未解密，如F-117和B-2的准确雷达截面积（RCS，曾称雷达散射截面）数据，但其涉及的一般概念已有40年的历史，可以对隐身进行一些技术上的详细讨论。我还借鉴了其他档案馆的资料，这些资料涉及冷战后期更广泛的技术和战略背景。

　　隐身的历史需要处理一些技术概念，我尽量避免使用频段、旁瓣和表面电流等术语以及微分方程等计算公式，以免给读者造成不便。对于不可避免的技术术语，书后随附的术语表提供了一般定义。同样，我尽量不让读者陷入 SPO、FSD、PDR、IOC 等军事项目管理的代号语言中。最后，注释提供了示例性而非详尽的引用说明。

目　　录

第 1 章　革命的根源

　　隐身就像狩猎一样古老。动物世界中，花豹的斑点和斑马的条纹等都是通过融入周边环境的方式潜伏在猎物附近或者用来躲避捕食者。这种需要也启发了早期的人类。法语词"camouflage"（伪装）就包含有假扮或掩盖的意思。莎士比亚也明白这一点：《麦克白》中麦尔肯的士兵在向邓西嫩（Dunsinane）进军时，身上用勃南森林（Birnam Wood）的树枝作掩护。现代军队的出现首先诞生了色彩鲜艳的军服（因而称英国军队为"红衫军"），以增强荣誉感，并用以区分敌我。但随着 19 世纪致命性武器的广泛使用，军队开始转向卡其色或者橄榄绿军服，以便融入环境，而不突显自己。[1]

　　伪装色在第一次世界大战（简称一战）中盛行，其中包括，甚至应用最多的就是飞机。首先是法国人和德国人，然后是英国人和美国人，将飞机腹部涂成白色或淡蓝色，以便融入天空；而上部为深绿色涂装，从而俯视时与地面颜色相匹配；有时候还在涂装中增加一些多边形或者点彩图案以迷惑视线。[2]

　　一战中的涂装更多是艺术而非科学，但在战争后期，美国国家研究委员会组建了一个"飞机伪装委员会"，由借调自通用电子的民用物理学家马修·卢基什（Matthew Luckiesh）领导。他们在弗吉尼亚州兰利机场（Langley Field）开展一项研究。由于人眼通过亮度和颜色的差异来区分物体，因此要想使一架飞机看不见，就需要与背景具有相同的亮度和颜色。此外，由于自然背景随光线、阴影和颜色通常会有所不同，因此图案通常要好于仅用单一的色调。但图案仍需具备与背景相同的平均颜色和亮度。因此，委员会将地面、天空和水域的系统性数据应用到了伪装图案的最佳尺寸和图形当中。卢基什总结了部分研究结果，并在战后发表了题为"飞机的可见性"的文章。[3]

　　由于未能找到最佳方案，一战结束后不可视飞机的初步尝试也停止了。随着对防空关注度的下降，人们对飞机隐身的需求也逐渐消失。到了 20 世纪二三十年代，空军理论家转而开始认为飞机是一种决定性的万能武器，他们尤其将战略轰炸（即攻击平民和工业中心）视为战争的关键。[4] 随着德国在希特勒领导下重建空军，英国人意识到空中轰炸机构成了可怕的威胁，消除了英国作为一个岛国的传统防御优势。1932 年，前首相斯坦利·鲍德温（Stanley Baldwin）发表了他的著名论断"轰炸机永远都能突破防线"。那时侦测来袭飞机的主要手段如超大混凝土声学反射镜至多只能探测到 15mile^① 外的轰炸机，而战机紧急起飞拦截所需时间就超过它 1 倍。针对防空的可能性，鲍德温补充说："这是不可能做到的，欧洲没有专家会说可以做到。"在 1934 年的一次空中演习中，半数的轰炸机在对伦敦的模拟突袭中完成攻击。[5]

实际上，有些专家有不同的说法。1934 年末英国成立了防空科学调查委员会，由科学家亨利·蒂扎德（Henry Tizard）担任主席，也被称为蒂扎德委员会。它最初致力于研究由尼古拉·特斯拉（Nikola Tesla，一位富有远见的电气和无线电设备发明家）提出的一个怪诞方案。那年早些时候，这位 78 岁的发明家愈加古怪，他宣布发明了一种可以摧毁飞机的粒子束。所谓的"死亡射线"（特斯拉本人回避这个名称）受到了广泛宣传，尤其是报纸报道德国人已在做试验，且另一著名发明家古列尔莫·马可尼（Guglielmo Marconi）也在研究。蒂扎德委员会迅速地反驳了"死亡射线"的说法，并驳斥了用大功率无线电波灼伤飞行员的可能性。但是，在此过程中，他们偶然发现了先前的报道，即在无线电接收器附近飞行的飞机往往会干扰信号。科学家认为可以用这种技术探测飞机，因此他们快速地安排了一次测试，使用了英国广播公司（BBC）的发射机和一架轰炸机。结果证实了他们的判断：发射器发出的无线电波碰到飞机后，会产生回波，回波被无线电天线接收。不到 1 年，该系统就能探测到 75mile 之外的飞机了。[6]

这就是雷达，即"无线电探测与测距"，它是第二次世界大战的"奇迹"武器。雷达不仅可以探测到飞机的存在，发射脉冲与接收脉冲的时间间隔可以提供距离信息，信号的方向可以提供目标的高度和方位信息。雷达可以在夜间工作，并且能穿透云层。这显然要好于伦敦大轰炸期间一个伦敦人所建议的夜间探测德国轰炸机的方法："带猫上飞机，猫朝哪个方向看，就朝哪个方向射击。"当然，英国人显然也没采纳这条建议。[7]

---

① 1mile（英里）≈ 1.609km。——编辑注

第二次世界大战（简称二战）期间，美国雷达研究的规模大于曼哈顿计划。美国和英国的联合研究将雷达发射机的波长从几米降至几厘米，称为微波区，以实现更高的目标分辨率，并将天线缩小到足以安装到飞机上。德国人在这方面望尘莫及，日本人则更落后。德国与英国同时启动雷达研究计划，但其领导人未能意识到它的重要性（雷达被视为防御武器，希特勒想要的是进攻性武器），因而也未能获得像盟国那样的资金和科研人员投入。[8]

事实证明雷达对于盟军的军事行动至关重要，主要体现在潜艇和舰艇侦测、飞机和舰艇导航，以及防空炮弹的近炸引信等方面。它帮助皇家空军赢得了不列颠之战，实现了对德国和日本的战略轰炸，并帮助赢得了太平洋航母战以及两大战场的反潜作战。因此，科学家和历史学家们一致认为：原子弹结束了第二次世界大战，而雷达赢得了这场胜利。[9]

雷达将空战的天平偏向了防守方。雷达波刚被引入战争，双方就尝试用电子战的雏形来对抗雷达。英德两国都研发了反制措施来干扰或欺骗敌方的雷达，从而引发了英吉利海峡的持续"波束之战"。双方还尝试在飞机上使用雷达吸波材料。德国项目的代号为"烟囱清扫工"（schornsteinfeger），英语为"烟囱清扫"（chimney sweep），因为吸收剂通常含有炭黑。由于潜艇的潜望镜和通气管一旦从海面伸出，就会被雷达探测到，德国人就在潜望镜和通气管上涂上了能使雷达波衰减的橡胶或塑料片。在美国麻省理工学院（MTI）的辐射实验室，奥地利移民犹太物理学家奥托·哈珀恩（Otto Halpern）领导的小组研发出了哈珀恩（Halpern）防雷达涂料，也称为 HARP。这些材料更像橡胶片，一种用于船舶，另一种用于飞机。尽管后者（掺有碎铝片的橡胶片）很薄，大约只有 0.025in[①]，就像一层油漆。辐射实验室的另外一项重要发明是以发明人温菲尔德·W. 索尔兹伯里（Winfield W. Salisbury）的名字命名的索尔兹伯里屏，使用了一层反射薄板，尽管只适用于特定波长的雷达波。[10]

德国人还开始研发霍尔滕 229（Horten 229）轰炸机。这是一款光滑的飞翼飞机，并有可能用木炭作为雷达吸波涂层。霍尔滕 229 飞机与后来的 B-2 轰炸机有相似之处，这引发外界对德国人设计首架隐身飞机的猜想。而最近的分析让人们

---

① 1in（英寸）≈ 25.4mm。——编辑注

对使用木炭产生了怀疑。霍尔滕的设计师选择飞翼不是为了躲避雷达，而是为了提高空气动力学性能。后文可知，杰克·诺斯罗普（Jack Northrop）也被飞翼的气动性能所吸引。[11]

随着冷战的开始，钟摆似乎又偏向了进攻一方。新型喷气式飞机使防空变得更加困难，同时由于核弹的原因，防空也变得更为必要。由于苏联在1941年德国入侵的第一周就损失了大约4000架飞机，他们有理由担心会受到突袭。他们过分强调防空能力，因此将其作为独立的军事部门，称为国土防空体系（PVO-Strany）。从1945年到20世纪60年代初期，苏联在防空上的花费比在核武器上的花费还要多。即使在战略导弹问世之后，他们仍继续将大量资源用于防空，20世纪60年代末到70年代初，其费用约占总军事预算的15%，几乎等于其海军军费。[12]

这些"隐秘部队"（按其一位指挥官的称呼）研制出了一系列雷达制导地空导弹，美国按照北约的命名称之为"SA-"系列导弹，20世纪50年代中期的第一代"SA-1"。1960年，SA-2击落了弗朗西斯·加里·鲍尔斯（Francis Gary Powers）驾驶的高空飞行的U-2间谍飞机，从而名留青史。苏联还建立了对抗战略轰炸机的防空网络，其中包括一圈预警雷达，被北约称为"高国王"系统。该系统于1959年开始部署，可在300mile外的距离发现夹袭的美国飞机，可为其截击机留出30min的紧急起飞和拦截时间。[13]

随着时间的推移，防御重新受到重视，美国重启反雷达研究。二战末期，航空兵科学顾问团（Army Air Forces Scientific Advisory Group）的评估报告持一种悲观态度。这项于1946年完成的报告，就是人们熟知的以小组主席西奥多·冯·卡门（Theodore von Kármán）命名的冯·卡门报告。冯·卡门是一位具有开创性的航空科学家，他于1930年从匈牙利来到美国，负责加州理工学院的航空实验室。报告中与雷达的相关章节，是由主管美国战时雷达项目的几位领导人撰写的。报告宣称飞机的形状过于复杂，无法减小其雷达截面积。雷达截面积是用来衡量飞机在雷达上显示的大小及探测难易度。通常用面积来表示，如平方英尺（ft^2）①。报告的结论是："无法找到任何可以使飞机对雷达隐身的方法。"[14]

---

① 1ft（英尺）≈ 0.3048m；1ft²（英尺²）≈ 0.093m²。——编辑注

尽管如此，空军仍支持一项小型研究计划，以研究雷达回波。这听起来很简单，但实际上却是一个难度极大的课题。从飞机反射回的雷达信号变化剧烈，范围可达百万倍，取决于频率、极化、飞机与雷达波束的相对角度。不同的相对关系如雷达波指向机头、侧向，或介于之间，飞机平飞或飞机远离雷达波束转弯（飞机底部暴露更多），或飞机朝向雷达波束转弯（飞机背部暴露更多）。

莱特－帕特森（Wright-Patterson）空军基地的科学家和工程师开始系统地探索如何通过试验测量雷达回波，采用理论建模和实测相结合来降低回波。研究团队重点研究这两种技术途径来减小雷达截面积：一是改变飞机的外形，二是改变制造飞机的材料。对于改变外形，冯·卡门报告中的判断仍然有效，飞机的外形过于复杂，在功能更为强大的计算机问世之前，外形计算的复杂性阻碍了雷达散射的理论建模。对安装在支架上的飞机缩比模型开展的试验结果则受到各种影响，包括地面、远处物体、支架，或者相似模型之间无法解释的不同。雷达测试场中的反复试验的确得到了某些结论。例如，发动机进气口或驾驶舱舱盖就会导致雷达回波过大，从而产生尖峰信号。[15]

既然改变飞机外形不可行，空军工程师则集中精力研发雷达吸波材料（RAM），这是对二战以来反雷达涂料 / 涂层研究的延续。到 20 世纪 50 年代后期，相关研究取得了一些进展。他们在 T-33 喷气教练机上涂了 1in 厚的此类材料，并进行了飞行试验。试飞员是维吉尔·格斯·格里索姆（Virgil "Gus" Grissom），他后来成为了"水星七杰"（Mercury Seven）航天员之一。厚的雷达吸波材料有助于降低飞机的雷达可见性，但却严重损害了空气动力学性能。首席工程师威廉·巴雷特（William Bahret）后来回忆首飞期间他与格里索姆的无线电对话。飞机在空中踉跄前行，格里索姆通过无线电向他问道："巴雷特，到底要怎么才能着陆？"巴雷特回答："格斯，非常小心地着陆！"[16]

试验并未被叫停，但也没有完全激发出空军的热情，反而增添了普遍的抗拒。当时的空军项目经理很少有技术背景，因此就飞机性能而言，他们用传统的航空思维来考虑就不足为奇了。当规划新飞机时，他们的要求是 2 倍的航程或者速度，而现在却有一些工程师告诉他们考虑所谓的"雷达截面积"。正如巴雷特回忆时所说的那样："他们并不太急于让实验室里的某个人跳出来说，'嘿，伙计们，现在必须这样做'。……毕竟没有多少人看好它的前景。"[17]

尽管这些努力对空军几乎没有什么影响，但确实为以后的发展提供了重要的理论和实验基础。这在一定程度上要归功于密歇根（Michigan）大学和俄亥俄州（Ohio）立大学这两所核心研究机构为雷达研究所做的贡献。虽然他们在橄榄球场上的竞争更出名，但他们在雷达研究领域都举足轻重。[18]

密歇根大学的计划以威楼峦（Willow Run）为中心，这里曾经是福特（Ford）公司以前的工厂，在第二次世界大战期间，该工厂曾生产过数千架 B-24。战争结束后，政府将空闲的工厂以 1 美元的价格卖给了密西根大学，密西根大学的安阿伯（Ann Arbor）校区距离这里大约 15mile，后来它成为了威楼峦研究中心，重点研究雷达。（1972 年，由于校园爆发了抗议在越南战争期间的秘密军事研究项目，该大学将其分离出来组建为一个非营利性实验室，并将其更名为密歇根环境研究所[19]。）20 世纪 50 年代，在基夫·"基普"·西格尔（Keeve "Kip" Siegel）的带领下，开展了一系列"雷达截面积研究"，并于 1959 年形成"飞机和导弹雷达截面积的理论计算方法"报告。该报告给出了解决问题的密歇根方案：首先，建立简单形状（如圆柱体、圆锥体、楔形体和矩形平板）的雷达反射模型；然后将飞机视为各种形状集合，得出其近似的雷达回波。[20]

同时，俄亥俄州立大学于 1941 年创建了天线实验室，并在冷战期间开展了物体散射雷达波的理论和试验研究。到 60 年代后期，它已拥有上百名员工，其中包括二十多位教授，并更名为电子科学实验室。俄亥俄州立大学小组负责计算问题，开发数值技术和计算机代码来解决复杂的计算问题。60 年代中期，它还开设了散射理论的短期课程。有几位学生后来参与了隐身飞机项目。[21]

俄亥俄州立大学和密歇根州的实验室只是提供了理论基础，都没有提出应对雷达的技术。美国的战略轰炸机要么像 B-47 和 B-58 那样依靠速度和高度，要么像 B-52 那样依靠电子对抗策略。这些对抗策略要么以发射金属箔条这样的简单方式，要么就以扫频干扰这种复杂方式来完成。另一种方法就是饱和防御，用诱饵目标瘫痪雷达。60 年代，有些 B-52 就开始携带一种名叫"鹌鹑"（Quail）的诱饵巡航导弹，装有能模拟 B-52 雷达反射信号的雷达反射器。战斗机和攻击机也要应对雷达，但是战术空军司令部官员多是战斗机飞行员出身，他们依靠飞机的速度、机动性和出其不意来躲避雷达制导的防御系统。就像一名空军官员回忆的那样，他们的态度是："他们不需要用电子干扰吊舱去对抗导弹，他们可以毫不费力地靠速度超过它！"[22]

　　毫不费力……直到美国飞机开始在越南北部（北越）上空被击落。苏联制造的 SA-2 导弹多次摧毁美国的高空飞机，而当美国转向低空突袭时，肩扛式 SA-7 导弹出奇地有效。电子对抗的策略有用，但常常要求支援飞机伴飞；在越南北方地区，美国平均每架攻击飞机需要 4 架飞机伴飞。美国空军仍然在以惊人的速度损失飞机，包括 1972 年 12 月的第二次"后卫"行动（也称为"圣诞节轰炸"）期间，为期 4 天的行动总共损失了 11 架 B-52 轰炸机。这个损失率堪比 1943 年第八航空队在德国的空袭损失。1973 年的阿以战争也印证了这一教训，苏联制造的雷达系统让以色列空军损失惨重，在 18 天里被击落了 100 多架飞机。雷达制导的防空导弹让飞机变得极其脆弱。优势已经明显地转移到了防守方。[23]

　　即使苏联防空系统对飞机的威胁日益上升，美国的军事战略仍然偏重于攻击型飞机。20 世纪 60 年代，随着美国和苏联核导弹武器的不断增加，热核战争就意味着文明的毁灭。"确保相互摧毁"（MAD）一词成为战略难题。同时，美国依靠小型化战术核武器对抗苏联在常规武器方面的优势。美国的策划者认为苏联将会用 100 个坦克师和步兵师横扫西欧平原。北约地面部队也许能够抵挡最初的进攻，却无法应对后续波次的攻击。[24]

　　这就是美国和北约的战略家在 20 世纪 70 年代所面临的挑战。苏联的作战条令本身就是一种可能的解决方案。为了避免部队集中成为战术核武器的打击目标，苏联开发出了梯队概念，也就是将攻击部队布置在纵深位置，前线部队在地图上基本不按线性进行部署，而是呈箱形。[25] 因此，战斗不是一次性的冲锋，而是随着梯队的前进形成一系列的波次攻击。美国的策划者们也提出，如果直接攻击后方梯队会怎么样？也就是说跳过第一波进攻，在对方攻击之前，出其不意地攻击苏联人的第二梯队？

　　但是连小学生都知道，蛙跳战术会将自己的下侧暴露于危险之中。美国飞机攻击对方后方梯队，他们必须首先在不被防备的情况下越过苏联防空要塞。简而言之，美国需要一架苏联雷达无法察觉到的飞机。这就提出了一个问题：飞机的雷达截面积需要小到多少才能避免被侦测？

　　20 世纪 60 年代，通过大量测绘苏联雷达的探测能力，美国中央情报局（CIA，简称中情局）最终得出了答案。苏联首先利用远程预警雷达，包括建造不久的"高国王"，来防御间谍飞机以及针对苏联境内目标的核战略轰炸机。问题是如何获取超视距雷达的信息。（这种雷达的工作原理就是利用电离层反射无线电波）尤金·波蒂（Eugene Poteat）是贝尔实验室的一位年轻工程师，他当时刚任职于中情局科技处，他回忆道天文学家一直在用雷达研究月球表面，于是便产生了以月球作为雷达反射器的灵感。中央情报局可以简单地将雷达接收器对准月球，接收来自苏联早期预警天线的反射信号。间谍飞机机载雷达接收器补充的信息，他们测出了"高国王"的位置和强度信息，并发现其低空侦测范围好于预期。

但是，美国仍需要知道苏联雷达的分辨率。也就是说，美国飞机需要多大的雷达截面积，才能避免被苏联雷达发现。答案来自于另一个被称为"钯金计划"的研究成果。美国间谍飞机将接收到的苏联雷达特征信号转化为一个可以模拟任何已知大小、速度和位置飞机的可变延迟信号，然后将这种信号回传给苏联的雷达接收器。这个过程实际上就会在苏联雷达屏幕上变幻出一个虚假的飞机信号。然后，中央情报局让国家安全局（NSA）监听苏联各个雷达站点的通信，通过监控苏联方侦测到虚假飞机时的反应来揭示无法探测到目标的临界点。

中情局曾利用古巴导弹危机试验过"钯金计划"。中央情报局的飞机首先发出了一个美军飞机袭击古巴的虚假信号。然后，海军的一艘潜艇在海岸附近浮出水面，并按设定间隔放出尺寸经过仔细校准的金属气球。不出所料，苏联人立即启动了附近的SA-2雷达，跟踪那架飞机。然后雷达报告在目标附近发现神秘球体。美国国家安全局截获了这些通信信号，获知SA-2能够侦测出的金属气球的大小，从而估算出美国飞机躲避探测所需的雷达截面积。

回想起来，这个试验似乎有点鲁莽。在那古巴导弹危机中，如果SA-2基地向这架并不存在的飞机开火会怎么办？确实，古巴的截击机紧急起飞去拦截这架虚假的"攻击"飞机，很快就有古巴的飞机在潜艇上空盘旋，而美国海军的潜艇则快速下潜到安全海域。尽管如此，这次冒险使美国人得到了他们需要的东西。[26]

然而，从物理原理来看，飞机实现隐身需要跨越一个基本障碍。雷达方程式表明雷达截面积随距离的四次方而变化。假设苏联的早期预警雷达可以在200mile处侦测到一架美国飞机，苏联就有20min的时间给其防空导弹加电并紧急起飞拦截机。探测距离缩短一半到 100mile，飞机雷达特征信号需要减小到原来的 $1/2^4$，即 1/16，而不是 1/2。即使这样，仍然给苏联留出了 10min 时间，时间依然充分。美国真正需要的是将预警距离减小到原来的 1/10，这样苏联人只有一两分钟时间做出反应。这就意味着要将飞机雷达特征信号减小到原来的 $1/10^4$，也就是 1/10000。[27]

飞机外形缩小到原来的 1/10000 倍，就相当于一只"吸血蠓"大小。而当时美国飞机正在变得越来越大：F-15 在 20 世纪 70 年代初进入飞行测试阶段，它的长度几乎是（30 年前的）P-51"野马"的 2 倍，机翼面积是其 3 倍。60 年代后期，空军里有一群被称为"战斗机黑手党"的组织推动了轻型战斗机项目，从而催生了单发 F-16 轻型战斗机。但这是基于空战的机动性需求，而不是出于对减小雷达截面积的考虑。[28]

对工程师来说，将雷达截面积减小到原来的 1/10000 似乎是一个荒唐的目标。工程师通常以增加（或减小）百分之几的角度来考虑；增加 2 倍（或减小到原来的二分之一）就是革命性的成果了，而隐身的目标却是减小到原来的 1/10000。打个比方：如果我们将汽车的单位耗油降低到原来的 1/10000，每加仑（USgal①）汽油可行驶 300000mile；那就意味着每加仑汽油可以绕地球行驶 12 圈。这就是当时隐身飞机项目需要取得的进步水平。[29] 但困难并不能阻止那些远在加州的有技术远见的人继续尝试。

---

① 1USgal（美加仑）≈ 3.785L。——编辑注

第 2 章　未 来 世 界

雷达截面积（RCS）问题的解决方案出自南加州的飞机公司，也只能是南加州。

为什么隐身飞机会是在南加州发明呢？其一，因为那里有飞机产业。该地区一直是美国的航空重镇，其历史可追溯到1910年洛杉矶航空会议，那是在美国首次举办的国际航空盛会。这又引出了另一个问题：为什么航空业会集中在南加州？

这并非偶然。毕竟，莱特兄弟公司总部设在俄亥俄州的代顿（Dayton），而多年来，美国其他的城市和地区也有很多飞机制造商，以及很多航空航天类公司：布法罗（寇蒂斯）、底特律（福特）、西雅图（波音）、威奇托（斯蒂尔曼）、长岛（格鲁门、共和）、圣路易斯（麦克唐纳）、达拉斯（钱斯·沃特）。然而，南加州的集中度无与伦比，位于南加州的飞机公司名单包括道格拉斯（Douglas）、洛克希德、诺斯罗普、休斯、北美、联合－伏尔提公司（后来称为康维尔）。二战中排名前五的飞机制造商中，有四家在南加州，其中三家就在洛杉矶。[1]

很多人认为这仅仅是因为气候原因。南加州晴天多，适合全年飞行，并使得在户外装配大型飞机成为可能。但是美国其他许多地方的天气也很好，而加州海岸还经常大雾笼罩，几乎所有的航空航天工作都是在室内进行的。除天气外，还有其他许多因素也是吸引早期的投资者来南加州的原因。

第一个就是房地产。在当今郊区扩张和房地产价格飞涨的情况下，很难想象一个世纪前，南加州拥有广阔的空间，以及可用作机场和厂房的廉价工业用地。另外，助推城市迅速扩张的报纸出版商、房地产开发商，以及好莱坞大亨们都抓住了航空业技术腾飞的浪潮。房地产大王亨利·亨廷顿（Henry Huntington）为1910年洛杉矶航空会议筹措资金。《洛杉矶时报》的出版商哈里·钱德勒（Harry Chandler，他本身就是房地产大亨）帮助唐纳德·道格拉斯（Donald Douglas）为其飞机公司筹集资金。1926年，一位当地商人宣称："飞机行业将出现一个'底特律'，为什么不是洛杉矶呢？"[2]

当地的大学提供了研究和测试设施，最重要的是那些进入飞机制造公司的科学家和工程师：最著名的要数加州理工学院（Caltech），该校拥有美国最早、最先进的航空工程项目。后来还有加州大学洛杉矶分校（UCLA）、南加州大学（USC）、加州州立大学长滩分校（Cal State Long Beach）和其他大学。[3] 加州理工学院、加州大学洛杉矶分校、南加州大学在隐身飞机研究和工程方面扮演了重要角色。开放式用工也带来了另外一种积极因素：南加州飞机工厂在20世纪30年代才开始组建工会组织，甚至随着国防任务的不断增加，对工会活动也有所限制。[4]

一旦有公司在此处选址，他们及其追随公司会产生经济学家所说的聚集效应。该地区的公司可以根据各自的专业和技能，搭建精密加工车间、电子制造商以及特殊供应商之间的协作网络。[5] 工程师们可以在公司间跳槽，积累经验并传播思想。著名的例子包括杰克·诺斯罗普（他曾分别在道格拉斯和洛克希德工作过，然后创办了自己的公司）和后来的几位隐身技术关键人物。冷战期间国防工业的工作机会助长了这种趋势。当一个公司的项目合同快要结束的时候，工程师们就会去另一个公司寻求新的合同。从而使这些工程师们有了个绰号："航空短期合同工"。[6]

最后，还有一个不太明显的因素就是充满想象力和创业精神的区域文化。南加州一直是反传统者、幻想者和梦想家的乐园，形成了冒险和不断突破的文化。理查德·纽特拉（Richard Neutra）是1925年移民到美国的建筑师，他发现"南加州人的思想比其他地方更自由"。在南加州，纽特拉写道："一个人几乎可以做任何他觉得有趣的事情。"[7] 作为南加州早期的编年史家，凯里·麦克威廉斯（Carey McWilliams）在1946年将这个地区称为"试验活动的伟大实验室"。[8]

随着这个"大实验室"被动员起来支持冷战，大量人员和联邦资金使得南加州经济飞速发展。从1952年到1962年，美国军方向加利福尼亚州注资500亿美元，有些历史学家认为这是现代史上所产生的最大繁荣增长机遇。[9] 随后的太空竞赛又点燃了第二个增长阶段，推动当地经济急速增长。包括洛克希德和诺斯罗普在内的很多本地飞机公司都从航空领域转向航天领域，并涌现出许多新公司，例如，喷气发动机公司（Aerojet）、洛克达因公司（Rocketdyne）、奥特涅蒂克斯

（Autonetics）、爱如努特劳尼克斯（Aeronutronics）等，它们的名字反映了太空时代的热情。[10]

南加州增强了整个国家的想象力，是一块充满着无限可能的土地。正如作家马特·沃肖（Matt Warshaw）所描述的那样，"洛杉矶可以尝试做任何事情：它吸引人才，传播思想和潮流。"1969 年底，也就是隐身飞机问世的前几年，《时代》杂志的封面故事标题为"加利福尼亚：兴奋之州"，文中称加利福尼亚"几乎是个独立国度"。《时代》杂志的撰稿人大肆渲染："埃尔·多拉多（El Dorado）是美国未来的一面镜子，它将成为或者至少是新风尚、时尚、潮流和思想的温床……加利福尼亚被宣传成这样的景象。而事实上，生活在这里的每个人都是一只脚站在当下，另一只脚踏进未来。在这里，你会感受到真正的国际日期变更线。未来从这里开始。"1967 年，作家华莱士·斯特格纳（Wallace Stegner）曾盛赞，加利福尼亚州和美国其他地区一样，有过之而无不及。他还赞誉到："这里确实是创造未来的地方。"[11]

不过，斯特格纳的其他文章也回顾了过去、传统和稳定，因为 20 世纪 60 年代的加州不光有航空航天业。当然，反正统文化也得到了发展。

20 世纪 60 年代的加利福尼亚有两个标志性形象：一个是留着长发，穿着扎染服饰的嬉皮士；另一个则是留着小平头，穿着白色带扣尖领短袖，配以深色窄领带，口袋插着笔和计算尺的航空航天工程师。这两种形象似乎不搭调：嬉皮士代表着自由精神，他们蔑视权威，声讨军工联合体；而航空航天工程师则敬业、保守、爱国。一方面是浪漫享乐主义，随心所欲；另一方面则是科学的理性，进取与自律。诺曼·梅勒（Norman Mailer）的看法就是这样。在美国登月之后，他嘲笑嬉皮士："你们整个夏天醉生梦死……他们却登天探月。"[12]

但嬉皮士和工程师的世界也并非完全对立。某些"六零后"也受到航空航天和"隐身飞机"计划的熏陶。[13] 如今，没有人再会错把凯利·约翰逊当成提摩西·里里（Timothy Leary），或者错把航空航天的办公地当成艾许伯里区（Haight-Ashbury 意为嬉皮区）。航空航天工程师们不是反政府主义者，他们仍然相信 30 岁以上的人（译注：嬉皮士的口号是"不要相信 30 岁以上的人"），以及禁止使用毒品的安全条例。但是，这些工程师绝对是自由思想者。如果他们认为在工程技术上是正确的，就会随时质疑权威。当年在"臭鼬工厂"参与首架"隐身飞机"原型机测试的一名军方试飞员曾说过：

必须承认，当我到达"臭鼬工厂"时，感到有些惊讶……。他们对国家和飞机研制工作的热情，让我感到吃惊。就像衣衫不整的民兵组织，我的意思是，他们谈论须髯、长发、扎染衬衣……；当然，他们是自由思想者。哦，对，是的，也是受到鼓励的。

该地区的风险容忍度和自由思想的气氛有助于解释为什么隐身飞机会诞生在这里。在20世纪五六十年代的繁荣时期，数十亿美元的联邦资金涌入南加州，这种氛围滋养了航空航天与更多文化之间的交融。洛杉矶建筑师威廉·佩雷拉（William Pereira）和小阿尔伯特·马丁（Albert Martin Jr.）为航空航天公司提供符合航天美学的玻璃和钢铁，被称为"航空航天现代主义"。[15] 在艺术方面，罗伯特·欧文（Robert Irwin）与洛克希德和美国国家航空航天局（NASA）的工程师合作，探索电磁波暗室或太空的感官剥夺会如何影响人的感受，而艺术与技术运动则寻求在罗伯特·劳申伯格（Robert Rauschenberg）等领先艺术家与当地航空航天公司的工程师之间建立合作。[16] 文学方面，航空航天不仅帮助洛杉矶成为了科幻小说之都，而且还使托马斯·潘钦（Thomas Pynchon）开启了他作为波音公司技术撰稿人的职业生涯。他的书中描写了很多航空航天寓言，其中包括《万有引力之虹》。在此书中，他描写了20世纪60年代末到70年代初，在曼哈顿海滩（Manhattan Beach）的度假社区居住的航空航天工程师们，他们来自汤普森·拉莫·伍尔德里奇公司（TRW）和诺斯罗普公司的。[17]

航空航天工程师也塑造了南加州的休闲文化。加州理工学院的工程学学生和道格拉斯飞机公司的员工鲍勃·西蒙斯（Bob Simmons）对冲浪板的设计进行了关键性创新，从而引发了战后冲浪运动的繁荣。兰德（RAND）公司的一位航空工程师詹姆斯·德雷克（James Drake）发明了冲浪帆板（他在报告中宣称"彻底消除了无聊"）；另一位航空工程师汤姆·莫雷（Tom Morey）发明了能够让大众体验冲浪的趴板。[18]

简而言之，航空航天工程与南加州的文化息息相关。工程师自己可能都会否认他们的飞机反映了这些地域文化。物理定律或工程理论到处都相同；某个时代的飞机无论在何处制造，也常常彼此相似，因为它们的设计并不反映特定的文化奇思妙想，只是反映自然界的普遍规律。但是技术也有一定的地域特征。例如，苏联的飞机和火箭常常外形巨大，试图通过外形给人留下深刻的印象。20 世纪 30 年代的图波列夫（Tupolev）ANT-20 拥有 8 台发动机和 200ft 的翼展，远远超过当时的美国飞机。[19]

我们没有具体的实例证明文化对隐身飞机设计的影响。冲浪板上也没有翼型或发动机的进气道模型，但这的确让人浮想联翩。

战后南加州的代表文化就是沃尔特·迪斯尼（Walt Disney），他的迪士尼乐园于 1955 年开业。迪士尼乐园用干净卫生、怀旧风格的大街把这个战后广阔的航空航天郊区重新包装成了美国中西部的特色小镇。这种复古思潮隐藏着对前瞻性技术的拥抱。正如历史学家埃里克·阿维拉（Eric Avila）所指出的那样，迪士尼代表着一个基本的悖论，就是"用技术创新展现传统价值"。[20]迪士尼在他的"想像工程"商标里涵盖了蓝天的技术敏感性。

迪士尼的某些技术创新来自于加利福尼亚的国防工业。迪士尼也聘请了斯坦福研究所这家面向国防的智库机构，来为公园选址和规划布局。迪士尼为其机器人电子动画设备申请了专利，（如魔幻音乐屋）该项目源于"北极星"潜艇导弹研发的磁带系统。[21]另外一位典型的加利福尼亚人雷·布拉德伯里（Ray Bradbury），在 1965 年发表的文章《机器乐园》中赞叹这些动画电子产品，并将迪士尼和他的公园称为"时代的原动力"。[22]"未来世界"是迪士尼乐园的主要景点之一，尤其是"奔月火箭"这个核心项目就代表了对航空航天的信念。在"未来世界"后来的展示项目中，1967 年推出的"文明演进之旋转木马"就获得了通用电气公司的赞助，而该公司很快就制造出了 F-117 和 B-2 的发动机。

实际上，迪士尼与隐身飞机有着更为直接的联系。理查德·舍勒（Richard Scherrer）将迪士尼乐园和航空航天与加州的另一种典型追求——改装车（hot rods）潮流相结合。舍勒在西雅图出生长大。他的父亲因给私酒贩子当司机和机械师而在监狱里度过了一段时光，显然他将机械天赋传给了舍勒。与许多其他未来的工程师一样，舍勒年轻的时候就制作飞机模型。上初中时，他就从事操作冲压机的工作，制造飞机模型零件。这份工作让他在华盛顿大学的期间获得了在波音工厂的工作机会。他显然也继承了父亲对赛车的热爱。他回忆说，"由于一些花销"，他在大学就辍学了。其中包括买了一辆"林肯西风之神"V-12 缸跑车。

他最终于 1942 年毕业，获得了航空工程学位，然后去了艾姆斯研究中心（Ames Research Center）工作。该研究中心隶属于美国国家航空咨询委员会（NACA，1958 年改为 NASA）实验室，位于旧金山南部的山景城。[23]

20 世纪 50 年代初期，舍勒在艾姆斯研究中心工作时，就热衷于改装车。毕竟，后来在改装车全盛时期还出现了海滩男孩乐队和电影《美国风情画》。在航空航天业上升时期改装车潮流成为加利福尼亚的特殊标志绝非偶然。加州很多改装车爱好者就是航空航天工程师，他们整个周末就待在车库捣鼓各种定制的凸轮轴和排气管。[24] 舍勒就是其中之一，他与朋友们组装跑车，四处寻找可以焊接的地方。最后，他在山景城艾姆斯研究中心附近找到箭头开发公司（Arrow Development Company）的机械加工车间，改装自己汽车的时候他就待在这个车间。

箭头公司车间由埃德·摩根（Ed Morgan）和卡尔·培根（Karl Bacon）经营。他俩是 20 世纪中叶美国常见的机械天才，他们似乎可以修复或制造任何东西。20 世纪 50 年代初，他们制作了一些游乐场设备，开始制造旋转木马，然后制造微型火车，最后与迪士尼乐园签订了一份合同，制造"疯狂大冒险"中的汽车。从此开始了与迪士尼的长期合作，他们也为迪士尼制造了早期的经典游乐设施。[25]

培根和摩根发现与舍勒这个年轻人志趣相投，因此就聘请他为迪士尼项目提供工程支持。舍勒接受了邀请，在艾姆斯正常工作的同时，为箭头公司兼职工作了好几年。期间，他时常偷偷接打电话，尽量不被艾姆斯的老板发现自己的兼职活动。他为箭头公司设计的迪士尼项目包括"茶杯骑""丹波小飞象""马特宏峰"和"飞碟"等游乐项目。[26]

1959 年，舍勒在洛克希德任职新工作之后，仍继续为箭头公司提供咨询。在帮助迪士尼"未来世界"建造"飞碟"项目之后不到 20 年，他协助发明了隐身飞机。实际上，舍勒是唯一同时参与洛克希德公司和诺斯罗普公司 F-117 和 B-2 研制工作的主要工程师。大多数工程师可能会说这两者之间并没有联系。工程纯粹是优化功能：提高公园游乐设施的游玩乐趣或者缩小飞机的雷达特征信号。但是，如果工程师能够帮助"丹波小飞象"飞起来，同样他也可以让一些超前的、超乎想象的的奇异装置飞起来。这也并不是迪士尼乐园与隐身飞机的唯一联系。

迪士尼也是了解洛杉矶的另一面的灵丹妙药。洛杉矶并不整洁、井然有序或保守，而是充斥着无序、肮脏与危险。南加州长期以来都是两种对立场景交错汇集的地方。一方面有棕榈树、沙滩、阳光，以及非凡的技术创造力和商业机会；另一方面则是黑暗的绝望之乡，对弱势群体和环境的恶意掠夺，以及潜伏在阴影之中的暴力涌动。迪士尼的美妙世界与唐人街的愤世嫉俗形成了鲜明对比。一句话，就是阳光与黑暗并存。[27]

尽管迪士尼竭尽全力消除加利福尼亚州的这种黑暗现象，但随着隐身飞机的发展，这种情况依然存在。到 20 世纪 70 年代初，南加州不再有趋之若鹜的太空竞赛。甚至在加州制造的火箭和宇宙飞船将航天员送上月球时，航空航天经济已陷入了停滞。就像火箭发动机到达远地点后，火箭很快会进入尾旋，伴随着火焰尾迹解体坠落。

随着美国国家航空航天局开始缩减"阿波罗"（Apollo）项目，以及越南战争吞噬了新武器的研发费用，从 20 世纪 60 年代后期，项目开始缩减。作为行业的晴雨表，《航空周刊》宣布 1970 年为"数十年来最昏暗的一年"。刚开始经济急速下挫，1972 年触底。从 1967 年到 1972 年，洛杉矶的航空航天企业减少了 5 万个工作岗位，为整个行业劳动力的三分之一。[28]

解聘和裁员引发了整个南加州的不满情绪，加剧了国家衰退的影响，在经历了 20 年的蓬勃发展后，该地区遭受了沉重打击。经济衰退表现为高速公路交通堵塞、空气雾霾增加、种族关系紧张、毒品滥用、民众焦虑性酗酒等。越南战争引发的反战态度进一步恶化了该地区的国防工业。动荡局势甚至扩展到了迪士尼乐园郊区地带。1970 年夏天，300 名反战示威者冲破了安保防线，在迪士尼乐园的汤姆·索耶岛上升起了越共的旗帜。

洛杉矶已远非几年前的乌托邦景象，而是反乌托邦的代名词，这些很快就在电影《银翼杀手》和《终结者》里表现出来。1972 年出版的《加利福尼亚：消失的梦想》明确指出了加州的"危机"。[30]1977 年，《时代》杂志一改以前积极阳光的论调，以《加州怎么了？》的问句作为标题。文章回答说："每个人都认为 60 年代的加利福尼亚是一个富足、丰饶的神秘乐土，而 70 年代就消失了……加利福尼亚显然已经失去了曾经拥有的魔力。"[31]

加利福尼亚只是把魔力放错了地方，并没有完全失去它。南加州早已习惯了航空航天的兴衰周期：林德伯格（Lindbergh，又译林白）和耳哈特（Earhart）的黄金时代被大萧条所取代，第二次世界大战时期的大规模动员在战后也消失了。20世纪70年代初期对于南加州来说，的确是段黑暗的日子，但阳光明媚的日子很快又回来了。部分原因是在危机当中，有些工程师认为他们知道如何制造出雷达特征信号只有现有飞机的万分之一的飞机。这些具有创新精神的工程师来自位于洛杉矶的两家公司，彼此相距约20mile。在这个梦想成真的土地上，不怕做不到，就怕想不到。[32]

第3章 培育"隐身兔子"

最初推动隐身飞机项目的是预先研究计划局，首字母缩写为 ARPA。顾名思义，该机构旨在研究超前的概念，就是那些具备不确定性和远期回报但短期内无法用于军事的理念。苏联第一颗人造卫星的发射为美国拉响了警报。1958 年，美国国会和德怀特·戴维·艾森豪威尔（Dwight D. Eisenhower）总统共同创立了预先研究计划局，它也为当时散布在各个部门之间的国家导弹项目提供了一个聚焦点。当美国国家航空航天局（NASA）和空军接手了大部分导弹工作后，预先研究计划局就转向了长期、高风险技术的研究。例如，在 20 世纪 60 年代，它为导弹防御、粒子束和阿帕网（ARPANET：一种分布式电脑网络，也就是互联网的前身）研究提供了支持。[1]

预先研究计划局向国防研究与工程署署长（简称 DDR&E）汇报，这个职位与预先研究计划局同时产生，目的也完全相同：即促进先进军事技术研发，协调各部门工作。1969 年，惠普（HP）联合创始人、尼克松时期的国防部副部长戴维·帕卡德（David Packard），进一步加强了国防研究与工程署署长（DDR&E）办公室，以推进军事技术研发。该办公室从各行业及政府实验室招募了少量工程师和应用科学家，让他们自由探索并推动新的科学理念。

20 世纪 70 年代初，预先研究计划局名称前面加上了"国防"一词，成为了国防部预先研究计划局（DARPA），着手考虑未来军事技术的发展。从 1973 年到 1975 年，国防部预先研究计划局与国防部原子能机构合作，举办了一系列长期研发（LRRD）项目研讨会。远程研发研讨会起初是对原子能战略开展高水平、非正式、保密性质的探讨，但由于技术和战略的原因，很快又重新关注传统武器。计算机和传感器不断地向小型化、快速化和低成本化发展，实现了准确识别、精确打击；另一方面核武器的巨大的间接杀伤也让战略家们倍感恐慌。精确常规武器结合可生存的投放系统，就能让美国在不使用核武器的情况下，反击苏联对西欧国家的攻击。[3]

  这种有利的技术和战略环境鼓励人们寻找可生存投放系统，也就是苏联防空雷达发现不了的隐身飞机。

  从物理定律来看，减小雷达特征貌似没有可能。但使之成为可能的灵感却来自于模型飞机世界，这个领域在航空史上的作用被大大低估。20 世纪前半叶，模型飞机是很多飞机制造工程师的起点。他们很多人在青年时期就用巴尔杉木学习做橡皮筋动力的模型飞机，用剃须刀片制作、修整个性化的机翼。有些人还利用比赛提升自己的技能，最简单的比赛就是比较单根橡皮筋驱动的模型飞机的滞空时间；另外一种称为"战斗"，两架模型飞机各自拖着长长的丝带，以线控方式操纵两架飞机"格斗"，用螺旋桨来挑落对方的长丝带。那些后来在洛克希德和诺斯罗普从事隐身飞机的工程师在孩提时代都制作并飞行过模型飞机。[4]

  有些模型飞机的爱好者在成年后，仍然保持着这种兴趣。其中就有物理学家约翰·福斯特（John S. Foster），也被大家称为约翰尼（Johnny），他在 1965 年到 1973 年间担任国防研究与工程署署长（DDR&E）。他的业余爱好就是与儿子一起制作无线电遥控模型飞机。福斯特的爱好对"隐身飞机"的雏形有着直接的影响。当时，越南战争表明陆军非常需要地面侦察。福斯特就提出了在大型的模型飞机上安装照相机和传感器进行侦察的想法，可利用新型微电子设备实现轻型无线电控制。最终就研制成功了微型遥控飞行器（Mini-RPV）。实际上，这种遥控飞行器就是当今带摄像头的无人机的前身。这种早期模型由菲尔科·福特（Philco Ford）于 1972 年制造，它采用螺旋桨驱动，带有固定式起落架。模型看上去就像一架箱形的缩小版的赛斯纳（Cessna）飞机，它翼展 12ft，重量[①]约70lb[②]，售价 10000 美元，这些钱基本都花在了高科技稳定性和操控电子设备上。其有效载荷包括照相机、红外传感器或激光目标指示器。[5]

  工程师们很快发现了一个惊人的附加效应：微型遥控飞行器体积相对较小，加上其塑料材料和精巧的造型，使得它不那么容易被雷达发现。国防部预先研究计划局（DARPA）委托制造了几架经过"可探测性优化的"的微型遥控飞行器样机。一架是特里达因·瑞安航空公司制造的圆弧倒角的三角翼带内倾双尾翼的构型；另外一架是麦克唐纳（McDonnell）- 道格拉斯公司制造的 V 形

---

  ① 本书重量按规范称为质量（mass），其法定计量单位为千克（kg）。

  ② 1lb（磅）≈ 0.454kg。——编辑注

尾翼构型样机。它们的雷达截面积比传统军用战术飞机低几个数量级，大概为 0.005 ~ 0.01m²，或者低至 0.5ft²，约为书本的横截面大小。相比之下，F-15 的雷达截面积约为 25m²，大概是微型遥控飞行器最低值的 5000 倍。他们总算找到了点方向。[6]

预先研究计划局用缴获的苏联 ZSU-23（雷达制导的 23mm 高射炮）对这种微型遥控飞行器样机进行了测试。在 1973 年的阿以战争中，这种高射炮曾经是以色列飞机的灾难。而在本次测试中，炮兵却徒劳无益，很难在雷达屏幕上发现并追踪到测试的微型遥控飞行器。最后，炮手们只得沮丧地关掉雷达，他说雷达探测还不如用肉眼看。1974 年，在一篇有关微型遥控飞行器的文章中，国防部预先研究计划局（DARPA）的项目经理为这种躲避雷达的能力定义了一个词汇："隐身"（stealth）。[7]

这些结果让两个人特别关注。一架载有武器和燃油的有人驾驶军用飞机，当然比微型遥控飞行器要大，但如果采用微型遥控飞行器的低雷达截面积概念来做会怎样呢？如果能做到极致，能否制造出雷达发现不了的飞机呢？

其中一个人就是威廉·埃尔斯纳（William Elsner），他是代顿市郊莱特-帕特森空军基地的工程师。空军航空系统部负责监督新飞机与武器系统的研发与采购。为了确定空军的需求以及承包商是否能够满足这些需求，莱特-帕特森（当时也被称为莱特-帕特 Wright-Patt）基地拥有自己的庞大工程师团队。埃尔斯纳就是空军微型遥控飞行器项目的成员之一，他幼年时期患有小儿麻痹症，所以挂着拐杖。埃尔斯纳低调、安静、开放、友好，在军事机密限制的工程同仁中广受赞赏与尊敬。[8]

国防部预先研究计划局的另一个人肯·珀科（Ken Perko），他是一位高大、友善的工程师，曾经在莱特-帕特的空军微型遥控飞行器办公室工作，因此他认识埃尔斯纳，也了解微型遥控飞行器项目的成果。1974 年 6 月，国防部预先研究计划局负责微型遥控飞行器项目的经理肯特·克雷萨（Kent Kresa）聘请珀科到国防部预先研究计划局的战术技术办公室工作。这是一个令人鼓舞的选择。珀科是一位杰出的幕后指挥大师，也是为数不多懂得如何利用体制来推动工作的创新型官员。[9]

埃尔斯纳和珀科是政府机构里真正支持隐身飞机的人。他们取得了微型遥控飞行器项目的成果，并将雷达隐身的理念推广到战斗机上。他们是发现隐身的潜力、争取研发资金并监督研发过程的中层项目经理人，也是战略政治领域与技术领域两个方面最初的关键中间人。

珀科和埃尔斯纳得到了上层的支持。1973 年，约翰尼·福斯特卸任国防研究与工程署署长，伯克利大学工程物理学博士马尔科姆·柯里（Malcolm Currie）接任。柯里在休斯（Hughes）公司工作，后来升任休斯研究实验室主任。柯里让普林斯顿大学的电子学博士乔治·海尔迈耶（George Heilmeier）担任国防部预先研究计划局的主任。海尔迈耶曾在普林斯顿大学美国无线电公司实验室（RCA）工作过，并在 20 世纪 60 年代参与发明了液晶显示器。这是消费技术的重大进步。柯里和海尔迈耶不仅具有科研背景，而且还都来自行业实验室，这些实验室以研发出实物为目标。毕竟，整个国家仍然处于战争状态。在国防研究与工程署署长和国防部预先研究计划局，他们都在奉行能够产生实用性军事技术的理念。[10]

1974 年，柯里询问国防部预先研究计划局战术技术办公室的副主任罗伯特·摩尔（Robert Moore），咨询他对新项目的想法。当时珀科刚到国防部预先研究计划局，在摩尔手下工作。摩尔给柯里讲述了他从珀科那里听到的有关雷达隐身飞机的想法。柯里很感兴趣，并提供资金支持。珀科因此获得了 20 万美元支持他进行初期研究。[11]

更多的灵感还是来自查尔斯·迈尔斯（Charles Myers），他前一年加入国防研究与工程署空战小组。迈尔斯曾是第二次世界大战的轰炸机飞行员，后来担任海军试飞员。20 世纪 60 年代后期，他还是"战斗机黑手党"成员，轻型战斗机项目的支持者，即后来的 F-16 战斗机。迈尔斯曾经对可以战胜雷达的飞机产生兴趣，并通过摩尔了解了珀科的微型遥控飞行器的想法。迈尔斯不仅对这个项目感兴趣，还将其命名为"哈维"（Harvey）。名字来自 1950 年让詹姆斯·斯图尔特（James Stewart）成名的同名影片（Harvey），影片中男主角最好的朋友就是一只身高 6ft 名叫"哈维"的隐形兔子。[12]

珀科邀请 5 家飞机公司提交"哈维计划"低雷达截面积飞机的技术方案。仙童（Fairchild）公司和格鲁门公司对此不感兴趣，而通用动力公司（General Dynamics）的方案则是通过电子对抗或主动电子干扰方式压制雷达。只有诺斯罗普公司和麦克唐纳-道格拉斯公司提交的方案是通过外形和材料来实现隐身。

1974 年底，他们各自获得 10 万美元的合同开展进一步研究。国防部预先研究计划局通过莱特 – 帕特空军基地的遥控飞行器办公室来管理合同，这就意味着埃尔斯纳（Elsner）与珀科（Perko）负责国防部预先研究计划，并担任该项目的首席空军工程师。[13] 如果初步研究看起来有前景，国防部预先研究计划局就会寻求更大的项目，但这就意味着获得空军的支持。

空军高级军官起初并不欢迎隐身飞机项目。他们已下定决心使用电子对抗，对电子对抗团队来说，隐身技术就代表着不同路径，甚至威胁，可能会抽走他们的项目资金。电子对抗大概可以追溯到 30 年前二战期间的"导航波束之战"，它代表了一种相对成熟的技术，比有些工程师提出的减小雷达截面积到万分之一的方案更可靠。诺斯罗普的一位科学家称之为"电子政治"，这也有助于解释他和他的同事们为什么担心隐身技术会被扼杀在摇篮中。[14]

空军不仅必须克服来自电子对抗技术团体的抵制，当时该团体重点关注制造轻型战斗机 F–16，该项目也深得年轻叛逆的"战斗机黑手党"的支持，空军领导也不大乐意支持可能挑战国防系统根基的外人所支持的项目。工程师们把这种倾向称为"禁止发表意见综合征"（NIH），因为"不是在这里发明的"。柯里与空军参谋长戴维·琼斯（David Jones）（也称为戴维）将军安排了一个早餐会，他在会上承诺如果琼斯支持隐身飞机项目，他就支持琼斯的 F–16 项目。然后，柯里安排珀科和海尔迈尔（Hilmeier）向琼斯和他的研发副手奥尔顿·塞利（Alton Slay）中将做了简要介绍。塞利一直持怀疑态度。介绍结束时，柯里询问琼斯的想法，琼斯兑现了他的承诺，回答道："我不知道该如何拒绝它。"塞利就同意了他的意见，空军支持了隐身飞机项目。[15]

珀科和埃尔斯纳现在就要看诺斯罗普和麦克唐纳 – 道格拉斯能否将设计转变为现实了。起初珀科并没有邀请洛克希德公司，该公司已经退出战斗机业务十多年，在有些人眼中已失去了竞争力。它当时大部分业务都是围绕大型客机 L–1011 开发一些并不受欢迎的巡逻机和运输机。实际上，洛克希德的"臭鼬工厂"已经为中央情报局建造了几架间谍飞机，也介入了早期的隐身飞机领域。问题在于间谍飞机保密程度很高，某种程度上被称为"特殊接触项目"，因而很少有人，甚至连珀科也不知道它们。但是，洛克希德的一名工程师听到了"哈维计划"的一些传闻。当时"哈维计划"仅为机密级别，属于最低许可级别，他对洛克希德的管理层提及了这个项目。洛克希德公司得到了中央情报局的许可，向国防部预先研究计划局介绍了他们自己的隐身飞机经验，但为时已晚：国防部预先研究计划局已将所有可用资金拨给了诺斯罗普和麦克唐纳－道格拉斯公司。洛克希德公司的管理层很快就做出回应，他们将进行无偿研究，用自有资金加入了这场竞赛。[16]

在最初的设计方案中，洛克希德和诺斯罗普似乎采用了相似的方法，而麦克唐纳－道格拉斯则采取了另一种途径。当雷达波遇到物体表面时，会被反射回去，某些反射波会返回到敌方的雷达天线。如果物体表面边缘平直，雷达波就会像镜子反射光一样被垂直反射回来，在一个方向上出现尖峰。如果表面有弯曲边缘，就会在各个方向获得较小的回波。洛克希德和诺斯罗普的理论是最好只有一个尖峰，然后把尖峰反射到远离雷达天线的方向。麦克唐纳－道格拉斯的方法是避免峰值叠加，将反射波分散到多个方向。因此，洛克希德和诺斯罗普的设计从上方看，机身和机翼都采用直边；而麦克唐纳－道格拉斯的俯视轮廓采用连续曲线，机身与机翼边缘融合。[17]

洛克希德和诺斯罗普设计的相似性掩盖了它们之间的根本差异。两家公司一致认为边缘应该是直的。但是除边缘之外的部分呢？

1975年春，国防部预先研究计划局将一个特定雷达截面积确定为隐身的阈值。低于该阈值的飞机，应该无法被雷达侦测到。8月，国防部预先研究计划局要求三家公司提交满足阈值要求的飞机设计方案。洛克希德和诺斯罗普提交的设计方案，根据雷达散射的计算机模型可以满足要求。麦道的设计方案则无法做到；它建议用电子对抗来弥补差异，因而被淘汰。1975年11月，国防部预先研究计划局分别与洛克希德和诺斯罗普签订了约150万美元的合同，两家公司进入了下一轮——试验生存性测试平台（XST）计划。第一阶段，两家公司在4个月内设计并建造全尺寸模型，进行真实雷达测试。雷达截面积更小的方案将在第一阶段胜出，然后进入第二阶段，即按照第一阶段的设计方案，制造并试飞两架原型机。简而言之，试验生存性测试平台（XST）竞争将决定谁来研制第一架隐身飞机。[18]

第4章 洛克希德：飓风中的铁皮房子

1912年，自学成才的机械师兄弟俩艾伦（Allan）和马尔科姆·卢格黑德（Malcolm Loughead）在旧金山（San Francisco）开始了他们的飞机事业。他们首先在旧金山建造了湾区观光的水上飞机。后来搬到圣塔芭芭拉（Santa Barbara），接着又搬到好莱坞（Hollywood），最终于1928年将厂址定在了伯班克（Burbank）。在此过程中，公司经历了几轮破产与重组，马尔科姆被迫退出了公司。同时，艾伦也厌倦了公司被称为"Lug-head"（笨蛋），就按公司名称的爱尔兰语发音改成了美式发音"洛克希德"。后来，因为另外一场破产艾伦也出局了。当一群投资者在1932年通过破产法庭接收该公司时，创始人兄弟俩就只剩下信笺纸上的公司名称抬头。[1]

洛克希德的新老板从伯班克的小工厂开始，原本希望保持相对较小的规模，谁成想有朝一日会吸引来数千名员工。20世纪30年代后期，欧洲的紧张局势开始带来军事合同，随后的第二次世界大战就更使合同纷至沓来。洛克希德的员工扩充到了94000人，日以继夜地三班轮番工作，伯班克工厂的每次换班都会形成巨大的上下班人流。这方面，洛克希德并非特例。南加州的其他飞机公司，如道格拉斯公司和北美公司，也达到了类似的规模，员工数量旗鼓相当。洛克希德的员工中也有相当数量的女性，活生生是"铆工萝西"的真实写照。洛克希德的战时生产线制造了哈德逊（Hudson）轰炸机、洛德斯塔（Lodestar）运输机、文图拉（Ventura）和鱼叉（Harpoon）巡逻轰炸机；还制造了近3000架波音设计的B-17轰炸机和10000架洛克希德P-38"闪电"战斗机。P-38是一款双发战斗机，具有独特的双尾撑和双尾翼结构。

二战结束后，飞机工业进入了低谷。洛克希德在短短2年内就将员工数量削减到14500人，但随后兴起的冷战很快带来了新一轮国防合同。到20世纪50年代中期，洛克希德已是美国第三大飞机公司，并且通过参与军方的"太空时代"巩固了自己的地位。其中最著名的就是洛克希德建造的"北极星"（Polaris）潜射导弹和"科罗纳"(Corona)间谍卫星，前者为核威慑提供了第三条生存路径，后者则可收集苏联的详细情报。

洛克希德能够在1932年获得重生，依靠的是一群金融家而非工程师。毕竟，飞机是一项业务，它不仅需要熟知空气动力学和发动机知识，也需要了解股票发行、工厂扩建与运营资金信贷情况，以及如何与股东和董事会协调。洛克希德公司管理层以敏锐的眼光和精明的底线思维平衡了工程人员的技术热忱。[2]

20世纪70年代初期，洛克希德对财务损益保持敏锐眼光是有原因的。航空业的衰退严重打击了洛克希德，使其濒临破产，并裁员数千人。公司对L-1011这款技术先进的商业客机下了大笔赌注，但项目遭遇政治和技术障碍，损失了数十亿美元。后来政府提供的2.5亿美元贷款担保才使洛克希德免于破产。然而，到1975年，洛克希德公司的股价已跌至每股不到3.75美元，相当于十几年前的三分之一。1976年2月，在涉嫌海外销售贿赂丑闻的外部压力下，洛克希德公司董事会主席丹·赫顿(Dan Haughton)和副主席兼总裁卡尔·科奇安(Carl Kotchian)辞职。[3]

财务危机使洛克希德对投资高风险的新技术保持了谨慎。然而在这一片惊涛骇浪中，还有一座创新者的秘密岛，为洛克希德进入隐身技术领域提供了些许希望。

这座岛屿的统治者就是一位名叫克拉伦斯·L.约翰逊(Clarence L. Johnson)的工程师。尽管他是瑞典人，但大家都叫他凯利(Kelly)，是他少年时期在校园斗殴获胜而被同学们起的绰号。大家认为强悍的爱尔兰名字"凯利"比"克拉伦斯"更适合他。凯利从小就喜欢飞行，他小时候就能画出非常精准的飞机图形，在他还是密歇根大学工程系的大一学生时，就画出了很复杂的效果图。1933年，洛克希德聘用了刚从密歇根州立大学航空工程系硕士毕业的约翰逊。航空人才从早期自学成才的机械师向由大学航空工程专业培养的工程师转变，他就是其中之一。[4]

凯利在新工作中的第一步行动就是告诉他的上司，他们最新设计的飞机很烂。洛克希德将飞机模型送到密歇根州立大学的风洞实验室进行测试，凯利看了数据后认为飞机不够稳定。洛克希德工程师对着这位厚脸皮的新员工说："好吧，高手，应该怎么解决？"凯利找到了一个巧妙的解决方案再回到风洞测试。

他用双尾翼替换了单尾翼从而获得了更好的控制效果。双尾翼成了洛克希德包括
P-38"闪电"在内的一代飞机的标志。一向对自己严于要求的洛克希德首席设计
师霍尔·希伯德（Hall Hibbard）感叹到："这个瑞典人简直能看见空气。"[5]

除了敬佩他对工程学的敏锐外，凯利还因缺乏耐心、厌恶官僚作风和脾气暴
躁而闻名。升任管理层后，他经常向下属发火，并当场开除员工，但很快就忘记
了。这样一来，被开除的人不必打包走人，只要埋头工作一两天就过去了。

第二次世界大战期间，洛克希德派凯利组建 XP-80 的小规模研发团队，
XP-80 是美国陆军航空兵部队（美国空军的前身）首架用于作战的喷气式战斗
机。凯利全权负责人员调配、采购、生产与测试等各个方面的工作。他简化了
低技能工人在批量生产中的日常具体流程，使团队在 143 天内就奇迹般地完成了
XP-80 的设计与制造。他把这次成功的经验铭刻在心。

洛克希德公司将凯利的团队一直保持到战争结束，它在洛克希德内部基本
独立地运行。内部正式名称为洛克希德高级研发项目（ADP），但在外边却有个
绰号："臭鼬工厂"（the Skunk Works）。这个名字出自连环漫画《莱尔·艾布纳》
（I'il Abner），其中一个人物用室外蒸馏器酿酒，由于充满刺激性气味，他就称
之为"臭鼬工厂"。凯利团队早期曾遭受附近一家工厂的恶臭侵扰。他们中的一
位工程师接电话时，开玩笑地说"您好，这里是"臭鼬工厂"！"凯利没有被逗
乐，但这个名字却保留了下来，洛克希德最终以适当的拼写为它注册了商标，以
安抚那位漫画家的律师。

凯利精明而直率，他采用一系列原则来管理"臭鼬工厂"，归结起来就是组
建一只精干优秀的团队，并为他们提供充足的工作自由。凯利将自己的方法总
结为："快速、安静、准时。"或如他的另一格言所说："尽量保持简单，笨蛋"
（Keep it simple, stupid, 简写为 KISS），就是他所谓的 "KISS" 原则。[6] 从 1956 年
首飞的 F-104 喷气式战斗机开始，"臭鼬工厂"研制了一系列的先进战斗机，还
有著名的 U-2 和 SR-71 间谍飞机。间谍飞机项目的严格保密措施帮助凯利摆脱了
政府监督及其官僚主义，从而在预算内快速制造出了先进的飞机。秘密项目还让
"臭鼬工厂"与洛克希德的其他业务区分开来，这就意味着"臭鼬工厂"建立起独
立的飞机制造和飞机服役后的支持能力。而这两者对于"隐身"来说至关重要。

20 世纪 70 年代初，随着洛克希德加入"隐身飞机"的竞争，"臭鼬工厂"也

处于过渡阶段。凯利作为创始人和公司 30 年发展的原动力，他计划于 1974 年底退休，并将公司交给他亲手挑选的继任者本·里奇（Ben Rich）。里奇作为"臭鼬工厂"的一名年轻工程师，他帮助设计了 SR-71 的推进系统，解决了这款飞机最具挑战性的技术难题。当速度达到马赫数（Ma）3 时，发动机的每个进气道以每秒 100000ft^{3}① 的流量吸入空气，相当于尼亚加纳大瀑布的流量。这种情况下，进气道中就会产生超声速激波，阻塞空气流动并导致飞机失速。里奇采用极其复杂的空气动力学和热力学理论设计出了可变锥体进气道，根据速度调整锥体在进气道的位置，激波仍然存在却能向发动机输送巨量的空气。[7]

里奇的工程技能、活力和雄心引起了凯利的注意，并将他收入麾下。然而在其他方面，里奇也为"臭鼬工厂"带来了不同的风格。尽管凯利偶尔也会搞下恶作剧，加上他长着一副橄榄球后卫的体格，给人一种举止粗暴、令人生畏的感觉。里奇则身材矮小，目光闪烁、嘴角挂着微笑，总有讲不完的笑话。正如中央情报局的一位项目经理所说："凯利用他的坏脾气管理团队，而本·里奇则以笑话来管理团队。"

与凯利相比，里奇参与政治游戏的意愿明显。他与五角大楼官员和军方高官关系密切。凯利"要么听我的，要么离开"的态度虽然取得了技术成果，但也惹到了一些空军军官。这也就说明了为何"臭鼬工厂"在 20 世纪 70 年代初没有拿到重大的新项目，而这也让"隐身"竞赛变得尤为重要。[8]

但是，里奇几乎没有从事过"臭鼬工厂"的隐身项目，他几乎都在干别的。1972 年，诺斯罗普给了他一份工作，让他负责轻型战斗机项目竞标，这是一次重要的提升机会。他本来要接受这份工作。但在最后一刻，被凯利说服而放弃。部分原因是凯利承诺自己在 3 年后退休，并指定里奇接管"臭鼬工厂"。[9]

20 世纪 70 年代中期，"臭鼬工厂"以制造新奇的、非常规的飞机而声名远扬，并拥有了与自身能力相匹配的自信。有的经验将有助于隐身飞机的开发，但有些却不会。

这些经验来自于 U-2 和 SR-71。中央情报局知道这些间谍飞机越境飞行激怒了苏联，也知道苏联的雷达也在设法追踪这些高空飞行的 U-2 飞机。只是苏联的

---

① 1ft^3（英尺^3）≈ 28.317dm^3。——编辑注

导弹射程尚不能击落这些间谍飞机……1957 年，中央情报局为降低 U–2 飞机的雷达特征信号，启动了"彩虹计划"（project rainbow）。在麻省理工学院林肯实验室雷达专家的帮助下，"臭鼬工厂"的工程师在机身底部覆盖了由涂有石墨的玻璃布蜂窝。这种雷达吸波材料厚 1/4in，确实可以吸收雷达波，但仅限于某些波长。同时作为隔热材料，可以将发动机的热量隔在机身内部。在 1957 年 4 月的一次试飞中，由于机身热量聚集而引起发动机着火，导致飞行员在坠机事故中身亡。

接着，他们又尝试了另一种方法，就是用镀铜线将铁氧体磁珠串起来，缠绕在机身和机尾周围。飞机看起来就像刚从铁丝网里钻出来。这种雷达保护的成本很高：飞机上悬挂的金属线增加了重量和阻力，使飞行高度降低了 5000ft，航程缩短了 20%；飞机也被戏称为"脏鸟"。由于 U–2 的主要特点是高空大航程飞行，凯利就放弃了降低雷达特征的尝试。[10]

U–2 给"臭鼬工厂"上了生死攸关的一课：缩小雷达截面积的技术无法改装到现有飞机上。对于 U–2 的后续机型，"臭鼬工厂"工程师在设计阶段就加入了低雷达截面积的要求。由此以来，凯利首先勾画出了一个 U–2 的衍生型号，但最终将其称为 B–2。与圆柱形机身不同，它的上部机身向内倾斜，用以折射雷达能量，下部机身与机翼底部呈圆滑转接。"臭鼬工厂"的工程师们集思广益，勾画出更多奇特概念，包括"飞翼"和"蝙蝠飞机"，还有一种机翼前后缘均为曲线的翼身融合体。凯利也考虑采用雷达可穿透的玻璃纤维或塑料机身，这就类似早期的航空专家采用透明机翼或者机身材料，使飞机从地面无法看到。但那就意味着雷达波会被飞机内部结构反射，首先是金属发动机。[11]

这些概念中有些看起来可以降低雷达反射，但存在气动不稳定问题，因而仅停留在画板上。凯利只得另辟蹊径：如果一架飞机能够飞得足够快，足够高，就可以防止被雷达波探测到。林肯（Lincoln）实验室的一些雷达专家认为，他更注重于扩展空气动力包线，而不是把注意力放在雷达特征信号上。而且，他并不看重"臭鼬工厂"以外的想法。正如其中一位人士所说："凯利对降低 U–2 后续型号的雷达截面积根本不感兴趣。"这已不是最后一次。

在凯利的支持下，"臭鼬工厂"的工程师研究了雷达，认为未来几年的技术进步将使任何飞机都可以被探测到，那些雷达截面积很小的飞机也不例外。也就是说，他们认为雷达技术的发展速度会超过飞机技术。凯利进一步说明，由于某种原因，美国中央情报局对新间谍飞机的速度、高度和航程（如马赫数 3，高度 90000ft 和航程 2000mile 之类的飞机）提出的严苛要求，同时兼具需要躲避雷达特征信号的特征，这在设计上根本无法满足。中央情报局也无法做到两全其美。他们最终同意降低最终版本的要求，特别是对高度的要求。凯利对雷达截面积的态度有他难言之隐：在降低雷达截面积的尝试中，他亲眼目睹了 U-2 飞机的一次坠机事故并且牺牲了一名试飞员。[13]

有一个人非常重视雷达截面积：他就是美国的最高统帅。苏联侦察和追踪 U-2 的能力使艾森豪威尔总统非常紧张。即使苏联人还无法击落它，但他们获悉间谍飞机越境飞行就会加剧紧张局势，增大核战的威胁。在艾克（Ike，译者注：艾森豪威尔英文简称为 Ike）看来，如果美国人知道了苏联对美国进行常规越境侦察，美国人会做何反应？因此他向中央情报局施压，要么研制一种不会被探测到的飞机，要么停止越境飞行。[14]

为了引起凯利的重视，中央情报局邀请康维尔（Convair）公司与洛克希德公司一起竞标新一代间谍飞机。中情局向凯利透露康维尔掌握了内部消息。凯利听明白了。洛克希德设计的最新迭代方案采用了降低雷达可探测性的若干特点，包括机身顶部和底部采用平缓的弧形，机头到机身处带有边条，翼身融合处也带有边条，避免出现反射雷达波的角反射器。（边条是指沿机身长度方向延伸出来的水平面，类似拉伸的小短翼。）向内倾斜 15° 的双尾翼也可以避免侧向雷达波直接反射。这就是著名的 A-12，其后续型号 SR-71 "黑鸟"更有名气。SR-71 的设计方案于 1960 年最终定型，外形线条流畅，看上去就可以飞得很快，也备受飞机发烧友的推崇。如今，史密森国家航空航天博物馆的乌德瓦尔·哈齐（Udvar-Hazy）中心的正前方就停放着一架 SR-71 侦察机。[15]

然而，边条和斜尾是用于空气动力学和偏折雷达回波的目的：边条可以增加升力和稳定性，斜尾也可以提高气动性能和操控性能。对于降低雷达特征信号，更注重材料应用，而不是外形设计。也就是用雷达吸波材料涂覆易于反射雷达波的表面，而不是改变外形。大量系统性努力都投入到材料的研发当中，研发了添加石墨的石棉蜂窝材料，为吸收苏联的雷达频率精确调配了材料成分。边条和机翼的前缘是形成雷达回波的主要来源，因此需要做雷达吸波处理。发动机的进气道和排气管就像雷达回声室，会产生雷达回波和共振，也需要做相同处理。

图 4-1　洛克希德 A-12 模型在第 51 区雷达测试场
图片来源：洛克希德 – 马丁"臭鼬工厂"。

（SR–71 飞机的几处边缘位置可以看到独特的锯齿形雷达吸波材料，这类似于消声室中起消声作用的锥形物。）对于排气问题，"臭鼬工厂"的工程师埃德·洛维克（Ed Lovick）想出了在燃油中添加铯盐的办法；铯使尾喷气流离子化，产生的等离子体羽流可以吸收雷达波，并屏蔽尾喷管。

　　因此，尽管 A–12 和 SR–71 具备部分降低雷达特征信号的功能，但其设计主要是从空气动力学的角度进行考虑的，大部分降低雷达特征信号的效果还是来自于材料。虽然雷达波偏折技术奏效了，A–12 的雷达截面积可以缩小到类似机身长度 B–47 轰炸机的 1/20，但"臭鼬工厂"认为苏联的雷达仍然能够探测到A–12，只是因为 A–12 速度极高而无法追踪。[17] 简言之，A–12 和 SR–71 最终还得依赖速度生存，而不是隐身技术。

　　"臭鼬工厂"对于这些飞机的研究经验在 15 年后被证明是至关重要的，那时中央情报局允许洛克希德向国防部预先研究计划局透露一些机密工作，洛克希德才得以较晚加入隐身项目初期竞争。某些经验，尤其是雷达波吸收材料的经验，在竞争项目中也被证明非常有用。但洛克希德的隐身设计还是依赖于新的创意，其中许多创意并非来自"臭鼬工厂"。有一个创意就是来自最意想不到的地方，即：苏联的一位默默无闻的物理学家。

1931 年，彼得·乌菲姆采夫（Pyotr Ufmtsev）出生在西伯利亚南部草原阿尔泰斯克地区（Altaiskii Krai Region）的乌斯季·恰雷什斯科耶码头（Ust-Charyshskaya Pristan）。这是鄂毕河上一个小而繁忙的港口小镇，大约有 10000 名居民。乌菲姆采夫的童年时代远非田园牧歌。"斯大林的统治"充斥着整个国家。乌菲姆采夫 3 岁时，他的父亲因未公开地指控而被捕，被送往古拉格（gulag）。年幼的彼得与父亲道别时，却不知道那是他们的永别。他父亲后来死在狱中，而母亲则要独立抚养三个儿子和两个女儿。很快第二次世界大战爆发了，彼得的两个兄弟上了前线，最后阵亡。由于集体农场将所有东西都送给了军队，剩余的家庭成员几乎没有足够的食物来维持生计。战争结束后这种状况也几乎没有缓解。两年后，小镇上的生活依然极其艰难。

尽管经历了这些艰难困苦（或许正是因为这些苦难），乌菲姆采夫性格开朗，但是内心深处依然具有西伯利亚人的那种韧性。早年，移民们到达他们定居的小村庄时，当地村民们先让他们做一项测试：让他们用一堆伐倒的树木在一天之内盖起房屋。（乌菲姆采夫的祖父母刚来时，他们也经历了一场"大力神"的考验：一个晚上打扫完剥动物皮的房子。）

乌菲姆采夫将这种毅力带进了数学与科学的学习中。三年级时的一个晚上，他被一个数学问题难住了，为了解题，他熬夜到凌晨 3 点钟。得益于苏联的教育体系，让他在这个小型乡村学校也能享受到与莫斯科相同的教育水准，尤其是在数学和科学方面。上中学时，乌菲姆采夫深受一位物理老师的影响。乌菲姆采夫写了一篇关于法拉第电磁定律的文章，这给老师留下了深刻印象，他将自己大学时候的物理教材作为礼物送给了乌菲姆采夫。

高一的一天，乌菲姆采夫和母亲一起在公社农场里拔草。母亲问他除了在西伯利亚土豆田里拔草以外，对生活还有什么打算。他回答说，他想去大学学习数学和物理，然后从事"用数学方法解决物理问题"的职业。70 年后，他笑着回忆："这就实现了。"[18]

艰辛让他踏上了职业道路。他首先在哈萨克斯坦的阿拉木图（Almaty）上大学，选择这里是因为没有过冬的衣服，所以他选择气候温暖些的南方。后来因为贫困，他又转到了敖德萨（Odessa）上大学。由于战后营养不良，他的视力下降。阿拉木图的医生建议他到敖德萨著名的眼科研究所治疗。1954 年，在敖德萨攻读硕士学位的最后一年，莫斯科国防研究所的一位招聘人员到物理系来招人，他答应乌菲姆采夫毕业后去那里工作。

这个研究所就是国防部雷达研究中心中央无线电工程研究所。对于一名致力于电磁学和光学研究的年轻物理学家来说，这是一份梦寐以求的工作。研究所成立于战争期间，拥有一批杰出的科研工作者。其中就有著名物理学家弗拉基米尔·福克（Vladimir Fock），他为量子力学和广义相对论做出了重要贡献。[19] 研究所的许多工作都是秘密的，这对年轻的乌菲姆采夫来说，虽然他的父亲不幸被送到了古拉格，但这表明他父亲是无罪的，否则，他是不会通过安全审查的。

乌菲姆采夫选择了绕射问题研究。这是自然科学研究人员（艾萨克·牛顿（Isaac Newton）就是其中一位）长期感兴趣的一个课题，它涉及波（无论是水、声或者光）在物体边缘是如何运动的。人们通常认为 20 世纪的物理学专指量子理论和核物理这类全新课题。随着雷达等一些新技术的出现，电磁学和光学这些传统研究领域获得新生并再次活跃起来。德国伟大物理学家阿诺德·索默费尔德（Arnold Sommerfeld）就以量子和原子理论方面的研究而闻名，他在 20 世纪 20 年代为一本高级教科书撰写了有关衍射理论的章节。[20]

乌菲姆采夫意外读到索默费尔德的论文，这激发了他的初步灵感。根据光学原理，照射到平面或平板上的光或雷达波束，会沿特定角度发生反射。可以将波束作为单独的射线，从表面反射或者沿物体边缘区域折射；或者就像乌菲姆采夫那样，将波束看作电磁波入射到一个物体表面并沿该表面产生电流，然后电流辐射电磁波到空间中。当考虑无限面之外的其他情况时，即带边缘的有限面就会产生新的问题。物理学家知道边缘比平面其他区域更具有散射性，但他们很难给出解释。20 世纪 50 年代，纽约大学的数学家约瑟夫·凯勒（Joseph Keller）研究出了所谓的几何绕射理论。但凯勒的理论在物体周围的某些关键区域是无效的。[21]

乌菲姆采夫的突破点是将表面电流分为了均匀和非均匀分量。均匀电流可由标准的物理光学预测。而非均匀电流则出现在表面不规则的地方：如边缘、尖角、裂纹或曲线。因为它们出现在物体边缘，所以乌菲姆采夫将这种非均匀电流称为"边缘电流"。通过显示如何计算边缘电流及其形成的辐射，他引入了缺失区域的绕射波。1962 年，他用俄语发表了自己的理论，标题翻译过来就是"物理绕射理论中的边缘波方法"。（这项研究让他在 1959 年取得了博士学位，也使他在研究所里晋升为高级科学家。）他给自己的理论起的名字很贴切：物理绕射理论用来处理现实中的曲线和裂纹等特征，而凯勒的几何绕射理论是基于理想化的射线。[22]

乌菲姆采夫回忆说他并未受冷战意识形态的驱使。在他看来，第二次世界大战中伟大的卫国战争是一场真正的战争，它对苏联的存亡构成了威胁。相比之下，冷战只是一场竞争。在他看来，那是一场包含科学的竞争，既是与苏联同事的竞争，也是与美国人的竞争。换句话说，乌菲姆采夫的研究动机并不是要捍卫祖国免受美帝国主义的侵略，而是要理解波的行为，并且比其他人更快、更好地掌握。因此，他一直密切关注包括凯勒在内的美国同行的研究进展：确保他自己处于领先地位。对他来说重要的是知识，而不是知识的用途。

这种态度也许使他更容易接受苏联军方对他的理论的做法。也就是说，苏联军方对他的理论无动于衷。他所在的研究所并未认识到其军事价值，并未将其归为秘密信息。首先，他的理论显得很抽象，其次，他的理论关注的是圆柱体和圆锥体（数学家称之为"旋转体"）等简单形状的雷达绕射问题。这与研究所的研究重点背道而驰，毕竟圆锥体和圆柱体的外形只是针对导弹，而不是飞机。特别是他的研究关注"重返大气层飞行器"：锥形核弹头，就像一顶杀伤性的圆锥形纸高帽，沿弹道轨迹飞向地球另一端。虽然当时美苏双方都有侦测来袭弹头的雷达，但这也只是让对方知道何时将在核打击中被汽化消灭。但在 20 世纪 30 年代初期，双方都对导弹防御抱有很高的期望。因此，圆锥形弹头的雷达波散射过程引起了双方极大的兴趣。[23]

即使在乌菲姆采夫和他的研究所尝试将这一理论应用于飞机之后，也就是在探索隐身飞机的概念之后，苏联军方仍然没有表现出任何兴趣。相反，还遭到了彻底的抵制。飞机设计局坚持认为飞机设计是空气动力学问题，而不是电磁问题，需要的是航空工程师，而不是物理学家。因此，飞机设计师对乌菲姆采夫的标准回应是："走开"。上面传下话来叫乌菲姆采夫研究所停止这项研究的一切相关工作。这已不是航空工程师最后一次驳回雷达物理学家的意见。[24]

乌菲姆采夫耸了耸肩，重新回到他的方程式中。他完全不知道自己的理论在另一阵营却引发了一场革命。在冷战初期，美国政府已经意识到有必要翻译日益激增的苏联技术文献。这就需要大量、全面地翻译苏联科学期刊，特别是某些特定文章和报告。[25] 空军在莱特 – 帕特森空军基地设立了外国技术部，配备计算机和人工翻译，专门从事这些工作。

付出最终得到了回报。由于坚持回归本源理念为第一工作原则，诺斯罗普雷达团队的高级成员斯坦·洛克斯（Stan Locus）一直将追根溯源的理念作为自己工作的第一准则，很快就成长为团队里的年轻骨干。他有个浏览翻译版苏联期刊的习惯，碰巧看到了乌菲姆采夫的一篇看上去很有趣的文章，并推荐给诺斯罗普的常驻绕射理论家肯尼斯·米茨纳（Kenneth Mitzner）。米茨纳推脱了几周，他认为这只是苏联人对美国理论的照抄照搬，没什么新意。但洛克斯持续给他唠叨。米茨纳最终接受了他的建议，并阅读了这篇报告。正如他所说，"这改变了整个世界。我睁开了眼睛：'啊，这正是我们所需要的。'"乌菲姆采夫的文章中引用了他自己 1962 年的长篇论文。因此，应诺斯罗普的要求，空军在 1971 年用计算机翻译器对那篇论文进行了翻译。机器翻译有很多问题，但仍可使用。因为论文最重要的部分就是方程式，这是全球通用的数学语言。[26]

乌菲姆采夫的非均匀电流理论填补了当时雷达散射理论中的关键空白。美国科学家都未曾见过他，但这位苏联物理学家，虽然只有他的名字和理论为人所知，却是隐身技术设计领域的传奇人物。在工作间隙，诺斯罗普团队喜欢用"前进，威斯康辛！"（On，Wisconsin！）的曲调吟唱"加油，乌菲姆采夫！"（Go Ufmtsev！）。[27]

同时，对于美国情报界来说，乌菲姆采夫的名字也同样具有神秘色彩，但却令人担忧。他们知道这是苏联一流的物理学家和数学家。这项成果是 1962 年取得的重要进展，而美国直到 1971 年才翻译了这篇论文。苏联人大约有 10 年的领先优势。而他们现在领先多少呢？[28]

洛克希德公司在 1974 年底前后介入"哈维计划"时，还不知道乌菲姆采夫。1975 年 2 月，在"臭鼬工厂"进入隐身竞赛后不久，该公司的科学与工程经理埃德·马丁（Ed Martin）从其高级设计办公室指派了一名工程师到"臭鼬工厂"负责这项设计工作。这位工程师就是理查德·舍勒。

我们上次说到舍勒时，他还在国家航空咨询委员会（NACA）位于山景城（Mountain View）的艾姆斯（Ames）实验室工作，同时在箭头公司（Arrow Corporation）兼职参与迪士尼乐园游玩项目的建设，业余还摆弄他的改装车（hot rods）。1959 年，舍勒离开艾姆斯实验室到洛克希德的高级设计办公室工作。在那里从事潜艇巡逻机和 L-1011 客机的设计工作。离开艾姆斯之前，他曾对用平板制成的超声速翼型进行过风洞测试。因此，从侧面看这种机翼看上去更像是两个奶酪状的楔形，而不是曲线。这种楔形翼型有利于超声速飞行，通常用于三角翼布局（飞机俯视轮廓）。[29]

与此同时，"臭鼬工厂"的工程师研究平板还另有原因。为尽力降低 U-2 和 SR-71 的雷达截面积所进行的试验表明，与雷达波长相比，当平板的尺寸大于 25 倍波长时，它就像面镜子，将所有的雷达波反射到同一方向。而对于 2cm 的波长，这就意味着平板的尺寸至少将达到 20in.（2cm 是苏联 ZSU-23 高射炮系统的"炮碟"火控雷达的波长，这是最初微型遥控飞行器测试中使用的波长，它启发了隐身技术项目。）由于气动对速度和航程的要求，SR-71 飞机最终没有采用这种设计，但这种散射特征给有些工程师留下了深刻印象。[30]

1975 年初，当舍勒来到"臭鼬工厂"时，他了解到这些雷达散射结果，并与他早期在艾姆斯工作时平板翼型测试经验相结合。舍勒抛出问题，是否能只用平板来设计飞机？如果按特定角度配置平板，它们就会将雷达回波反射到雷达接收器以外的方向。艾姆斯实验室的研究表明气动方面也可能行得通，但该如何配置平板的角度呢？

"臭鼬工厂"计算机团队的主管丹尼斯·奥弗霍尔泽（Denys Overholser）给出了答案，他是一位来自达拉斯（Dallas）小镇的年轻工程师。该小镇当然没有得克萨斯州（Texas）的达拉斯那么大，它位于俄勒冈州（Oregon）塞勒姆（Salem）西部。奥弗霍尔泽年轻时经常在俄勒冈州西部的树林里漫步，是个户外爱好者。他体格健硕，曾经是大学里的摔跤选手，具有坚韧不拔的性格，遇到问题总会锲而不舍，不解决绝不罢休。他聪明却不怎么好学，1962 年他从俄勒冈州立大学毕业，获得了电气工程和数学学位。之后就进入波音公司研究导弹。与其他航空航天公司一样，随着商用数字计算机的功能愈发强大，波音当时也在努力将计算机技术应用于飞机设计中。但设计工程师和计算机程序员之间很难说清他们各自的需求。波音公司决定找一名协调员，负责协助这两个领域之间的交流。奥弗霍尔泽就获得了这份工作。他既懂工程学，也懂电子工程和数学，因此波音公司就派他去接受计算机编程培训。[31]

1964 年，奥弗霍尔泽离开波音公司，进入洛克希德的"臭鼬工厂"。出于同样的原因，"臭鼬工厂"在数学家比尔·施罗德（Bill Schroeder）的领导下，成立了由几个人组成的计算机团队。该团队当时并不负责雷达截面积的计算，而是忙于钛合金加工以及液压管压力波传导等大量的编程问题。1975 年，施罗德退休后，奥弗霍尔泽开始掌管计算机团队。他在计算机领域拥有十多年的经验，年龄却才 30 多岁。正如本·里奇所说："'臭鼬工厂'大部分老工程师使用的计算尺，都比丹尼斯的年龄大。"如今，年轻人都懂得计算机。[32]

奥弗霍尔泽进入隐身飞机项目纯属意外。他的办公室恰巧在"臭鼬工厂"运筹学负责人沃伦·吉尔穆尔（Warren Gilmour）的隔壁。吉尔穆尔刚接到"哈维计划"，负责研究苏联雷达系统并确定飞机如何隐身才能避免其侦测。1975 年 4月，吉尔穆尔决定寻求他隔壁办公室的帮助。这使狂热的"弓箭猎人"奥弗霍尔泽开始了"隐身兔子"的研究。[33]

奥弗霍尔泽也与施罗德探讨过用平板使雷达波发生偏转的想法。施罗德请他编写预测给定平板组合雷达截面积的计算机程序。奥弗霍尔泽问他什么时候需要。施罗德回答下个月。奥弗霍尔泽表示怀疑，说至少要 6 个月。他又说如果能够协调整个计算机团队共同努力，大概 6 个人左右，没日没夜地加班，大概可以更快地完成。当然，这还需要施罗德担任计算机团队的顾问。施罗德知道洛克希德"哈维计划"研究起步较晚，为了赶上国防部预先研究计划局的最后节点，设计团队在编好程序的基础上还需要工作几个月。于是，施罗德就批准了他加班加人编写程序的要求，奥弗霍尔泽和他的团队进入了疯狂的工作模式，每周工作90h，采用 FORTRAN 语言编写代码。作为一名职业经理人，奥弗霍尔泽并没有拿到加班费。然而，一个月后，他就完成了程序代码的编写，并命名为"回声"（ECHO）。[34]

同时，舍勒开始研究如何用平板组合设计一架可以飞起来的飞机。舍勒和奥弗霍尔泽给出的外部轮廓包含的所有内部构成，舍勒也寻求了其他帮助，包括曾在 U-2 和 SR-71 项目工作过的埃德·洛维克（Ed Lovick）、空气动力学家迪克·坎特雷尔（Dick Cantrell），与舍勒同在高级设计办公室的肯尼斯·沃森

（Kenneth Watson），他们帮助一架飞机飞起来。[35]

"回声"（ECHO）程序的工作原理就是雷达波在金属物体表面产生的感应电流，这些电流决定散射辐射。"回声"程序计算出特定表面上的感应电流，然后对整个表面进行复杂的积分分析，从而得出总的雷达散射。计算机输出的图形可以得出不同观测角度的雷达截面积。比如，从机头方向、偏离机头 45° 方向或侧向，并能计算不同雷达频率。在这点上，它只是采用了标准物理光学，没有用乌菲姆采夫改进的理论。大家知道，标准的物理光学不能计入边缘电流，但是洛克希德的设计师们采用 SR-71 边缘应用的特殊雷达波吸收材料抵消了边缘电流的影响。[36]

最重要的是，"回声"不能处理曲面或弯曲边缘。[37] 就像一个人在路灯下寻找丢失的钥匙，洛克希德公司的工程师们知道他们可以计算平面上反射回来的雷达波，因此他们设计出了各种平面构成的飞机。因此在飞机设计中，洛克希德的隐身飞机项目不仅在空气动力学，而且还在雷达波在飞机表面的散射特性建模方面更加突出了计算机的作用。

舍勒和奥弗霍尔泽形成了一种工作模式，即每天下班前，舍勒给奥弗霍尔泽一种新的平板型飞机构型。奥弗霍尔泽和他的程序员团队当晚就将这种构型做成一沓打孔卡，然后将这些打孔卡输入计算机。计算机连夜分析这些数据，第二天早晨输出能表征雷达散射性能的图形。舍勒拿到结果后，第二天继续调整设计，协调空气动力学和飞机设计的其他要求方面（如调配发动机、燃油、飞行员所需的空间等）和雷达截面积的效果。第二天下班前，舍勒将调整后的设计方案发给奥弗霍尔泽，再用计算机做下一轮的计算。

1975 年 5 月，经过大约几周的设计迭代，舍勒和奥弗霍尔泽设计出了一款完全由三角平板构成的很奇怪的无尾翼和无机翼设计，看上去更像一种不明飞行物（UFO），而不是飞机。从前、后、侧面以及顶部看，它都呈扁平的钻石形设计。"臭鼬工厂"的一些怀疑论者给其取名为"绝望钻石"。"回声"的计算结果显示这种钻石形设计的雷达截面积大概与滚珠轴承相当，正如奥弗霍尔泽对里奇开玩笑说，它看上去还没有一只鹰大，更像是"鹰的眼球"。[38]

鹰眼球般大小仅仅是"回声"程序估算的结果，基于对雷达散射的理论假设。一个月后，在 1975 年 6 月，"臭鼬工厂"的工程师对"绝望钻石"进行了真实测试，在雷达测试场检测理论是否与试验相符。暗室及更大的外场的测试均证实：测得的雷达截面积及雷达散射的总体样式与"回声"的预测相符。这个计算机程序很管用，使得设计一架雷达无法探测的飞机成为可能。[39]

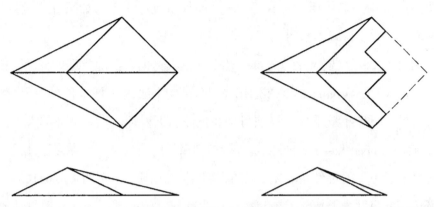

图 4-2　"绝望钻石"的基本轮廓，左图：平面视图（上）和侧视图（下）；右图是尾部为"W"形的改进型试验生存性测试平台（XST）设计图，在稍微增加雷达截面积的同时大大改进了气动性能。试验生存性测试平台（XST）是"海弗蓝"的设计基础

图片来源：阿兰·布朗。

这些结果为隐身飞机的诞生提供了一种流行版本，将隐身技术归为"臭鼬工厂"传统的巨大胜利。舍勒后来将这种传说称为"宇宙大爆炸"版本：当最初平板构型的灵感闪现后，"隐身技术的创造只用了 1ns（纳秒），并从此急速发展。"[40]这个故事版本不仅排除了诺斯罗普的隐身故事，也忽略了"臭鼬工厂"内部对舍勒和奥弗霍尔泽的多面体设计理念的坚决抵制。实际上，根本谈不上"臭鼬工厂"设计理念的胜利，恰恰相反，隐身技术需要与传统设计理念进行抗争。

隐身技术的发明可以说既不是因为"臭鼬工厂"，也是因为"臭鼬工厂"。首先，洛克希德进入试验生存性测试平台的关键资本还是来自"臭鼬工厂"之外。1975 年 6 月，舍勒和奥弗霍尔泽需要 25000 美元建造"绝望钻石"关键雷达测试的精确缩比模型。当时，由于被排除在首次招标之外，洛克希德只能使用公司内部资金参与竞争。本·里奇安排由"臭鼬工厂"资深工程师组成的顾问委员会审查如此庞大的预算申请，最后该委员会拒绝了提议：鉴于设计可能行不通，因此不值得花这笔钱。洛克希德公司航空分部的埃德·马丁（他不在"臭鼬工厂"工作）向舍勒提了一个问题："这能行吗？"舍勒回答，"绝对没问题！"马丁然后找到安德鲁·贝克（Andrew Baker）。贝克也不属于"臭鼬工厂"，他是洛克希德公司长期规划的负责人，掌管公司的可支配资金。他在读物理专业研究生时，曾研究过类似平板电磁散射问题，也曾在陆军和贝尔实验室研究过雷达系统。贝克（Baker）看到了这个想法的前景，便支付了使设计概念得以验证的关键雷达测试费用。多年后，贝克总结这个项目时说："当时如果让'臭鼬工厂'内部决定，这个项目就不会启动。"[41]

"臭鼬工厂"不仅资金来自外部，几个关键人物也是如此。除了舍勒，还有里奥·塞尼克尔（Leo Celniker），在通用飞机分部的高级设计办公室工作时，他曾是舍勒的上司。1975 年夏季加入该项目，并担任总工程师。另一个外部人士是罗伯特·洛施克（Robert Loschke），他是飞行控制系统的设计奇才，在多面体设计实现飞行过程中起到了关键作用。塞尼克尔则引荐来了阿兰·布朗（Alan Brown）。和舍勒一样，布朗也属于外部人士，曾经作为赛尼克尔的手下，在高级设计办公室工作。他是一位来自英国的工程师，平时不苟言笑、谦逊低调，除对飞机模型感兴趣之外，还有唱音乐剧，制作乐器等不为人知的才能。凭借在空气动力学和电磁学方面的造诣，布朗很快就成为洛克希德试验生存性测试平台项目的设计副经理，随后又担任 F-117 的项目经理，从而成为洛克希德隐身项目的关键人物。[42]

布朗将他加入"臭鼬工厂"的经历比作一个外来者闯入了这个缅因（Maine）小镇："如果你祖上不在那儿，就很麻烦。"外乡人必须克服本地人的偏见。而"臭鼬工厂"的工程师必须设计出空气动力学飞机，赢得赖以立足的威望。布朗也将"一事成，事事成"这句谚语改成自己的版本"一事成，不一定事事成。"就像回味过去战争经验的将军，"臭鼬工厂"的老家伙们也总喜欢用他们的老皇历。实际上，他们想制造一款隐身性能更好的 SR-71。特别是，他们坚持使用 D-21 "标签板"无人机作为洛克希德涉足"隐身"项目的基础。D-21 是 A-12 / SR-71 的缩小版；它采用了一些减小雷达截面积的方法，但这种设计主要是为满足高空、高速需求，也就是在 90000ft 高度达到马赫数 3。因此"臭鼬工厂"的老手们告诉舍勒"D-21 已无从改进了。"[43]

所有这些都解释了为什么在 1975 年夏天，舍勒会在"臭鼬工厂"设计室悬挂一个 20ft 宽的横幅。这个横幅出自沃尔特·凯利（Walt Kelly）制作的《波派》卡通画。舍勒将"臭鼬工厂"的一些工程师设计成《波派》里的人物形象，并用英尺大小的粗体字配上文字"我们的敌人，就是我们自己。"[44]

其中一个反对者是埃德·鲍德温（Ed Baldwin），他于 1944 年加入"臭鼬工厂"，负责设计 P-80 喷气式战斗机，后来成为 U-2 和 SR-71 的主要设计师。鲍德温生性冷漠、生硬，他就是讥讽"绝望钻石"的始作俑者。用里奇的话说，鲍德温"像粗麦面包一样生硬"。舍勒称他为"最尖酸刻薄的人"。当舍勒第一次到"臭鼬工厂"，被介绍给新同事时，鲍德温的欢迎词却是转身问埃德·马丁："我们为什么需要他？"马丁冷静地回答："他的胜败率比你们高，""臭鼬工厂"已经多年没有研制出新飞机了，"需要补充新鲜血液。"[45]

然而，还是有来自高层的阻力。凯利·约翰逊虽已退休，但仍是"臭鼬工厂"的常客，他从一开始就反对多面体设计。凯利在别人面前称舍勒"那个蠢货舍勒"，后来就不跟舍勒说话了，直接称他"新来的家伙"。他俩在过道里相遇时，凯利只是点点头，径直走过去。（说句公道话，凯利总是忙于公务，给人以咄咄逼人的形象；在"臭鼬工厂"，舍勒肯定不是唯一被他无视的人。）本·里奇至少最初是听凯利的。因为里奇支持他的咨询委员会，从而拒绝了雷达测试的资金申请。[46]

图 4-3　鹰与老鼠。老鼠就是舍勒，背后藏着他的多面体设计
图片来源：理查德·舍勒。

在项目研发期间，埃德·马丁给舍勒看过一副卡通画。画中有几只凶猛的鹰，展开巨大的爪子，扑向一只小老鼠。老鼠一只爪子抓着一块平板藏在身后；另一只爪子则挑战性地向老鹰们竖起中指。老鹰就是凯利·约翰逊、本·里奇和埃德·鲍德温，而那只老鼠就是舍勒。[47]

值得称道的是，本·里奇很快就回心转意了。国防部预先研究计划局坚持分摊试验生存性测试平台项目的成本。对于每家合同商，国防部预先研究计划局都将提供三分之一的资金，空军提供另外三分之一，公司自己承担三分之一。国防部预先研究计划局意识到不能让空军或者合同公司承担一项新技术的所有风险，同时希望另外两家也要有所投入。尽管洛克希德公司当时财务前景不佳，但里奇还是说服公司管理层同意费用分摊计划。洛克希德最终将用内部资金支付试验生存性测试平台项目两个阶段约 1000 万美元费用。[48]

1975 年 11 月，国防部预先研究计划局确定洛克希德和诺斯罗普成为首轮竞争的获胜者，并给他们 4 个月时间对试验生存性测试平台第一阶段的设计进行完善。尽管"臭鼬工厂"有点抗拒隐身飞机，但手中有合同，它也体现出几项优势，其中之一就是丰富的工程经验。随着舍勒和奥弗霍尔泽设计团队的壮大，很多"臭鼬工厂"的资深人士也加入进来，其中就包括鲍德温。他将自己多年的设计经验用在了内部安装两台喷气发动机的后机身设计方面。"绝望钻石"长出了机翼和尾翼：后掠角高达 72° 的三角形机翼，双尾翼向内大幅倾斜。[49]

"臭鼬工厂"在雷达吸波材料方面的经验也发挥了作用，特别是在尖锐的机翼前缘和发动机进气口与排气口位置。发动机进气道容易反弹雷达波，并产生谐振，阿兰·布朗有效地解决了进气道散射问题，将进气口设计为口琴状。问题是如何将雷达波阻挡在进气口之外，而同时保证空气进入发动机。布朗的解决方案是在进气道前设置玻璃纤维蜂窝格栅，格栅由一个个玻璃纤维蜂窝管组成，每个几英寸长，间距约 0.5in。间距要足够大保证足够的空气吸入发动机，但又要足够小（大约是预计最短雷达波长的一半）来阻挡雷达波。进入格栅的雷达波会遇到厚厚的碳层雷达波吸收材料。一些零星的雷达波可能会进入进气道，但却无法散射出来。[50]

对于飞机的大部分，尤其是从外观来说，关键的先进设计不是材料而是几何外形。正如奥弗霍尔泽所说，躲避雷达探测的最重要因素是"外形、外形、外形和材料"。[51] 外形的关键还是平板多面体。尽管优化后的设计比"绝望钻石"更像飞机，但它还是刺激着"臭鼬工厂"老设计师们的神经。当凯利看到新设计的首张三维图样时，他说它永远不会飞起来，咆哮声在"臭鼬工厂"的走廊里回荡。他嘲讽说飞机看起来像"飓风刮过的铁皮房子。"[52]

持续的抵制让舍勒很沮丧。1976 年 8 月，他患了中风，他将这归咎于"臭鼬工厂"的固执给自己带来的压力。中风使他的右侧身体瘫痪，几乎无法说话或站立。经过 1 年的高密度理疗，他逐渐恢复了语言和行动能力，而试验生存性测试平台项目的竞争已经结束。舍勒仍然在隐身飞机的后续工作中发挥着作用。甚至在数十年后，他仍然难以释怀。

但是，竞争不仅只在洛克希德内部。试验生存性测试平台项目第一阶段的整个重点是检验洛克希德的平板多面体设计是否真能降低雷达回波，而且最重要的是，证明这种设计要比其他团队设计得好。因为诺斯罗普的工程师证明，呈现"隐身兔子"的方法不止一种。

第 5 章　诺斯罗普看见雷达波

从一开始，洛克希德与其竞争对手的隐身飞机研发史就交织在一起。约翰·K.诺斯罗普（昵称为杰克（Jack））1895 年出生于新泽西州（New Jersey），在圣芭芭拉（Sarta Barbara）长大。他比较害羞，用他自己的话说，就是一个"孤独的人"。诺斯罗普在少年时代第一次见到双翼飞机时就迷上了飞行。1913 年高中毕业后，他曾在几家小公司当技工和制图员，然后在 1916 年担任卢格黑德飞机公司（Loughead）的工程师，那时这家公司刚刚搬到圣芭芭拉。

与卢格黑德兄弟俩和其他第一代飞机制造商一样，诺斯罗普也是一位自学成才的多面手，拥有很高的机械天赋。他起初从事水上飞机的工作，然后在 1919 年设计出了 S-1 运动双翼飞机，这款飞机以技术创新见长，却未能赢得市场。卢格黑德公司在 1920 年倒闭时，诺斯罗普已经工作了几年，然后他到圣莫尼卡（Santa Monica）的道格拉斯飞机公司工作。1927 年，他重新加入了洛克希德公司（也就是原卢格黑德公司）。那年，诺斯罗普帮助设计了洛克希德·维加（Lockheed Vega）飞机。这是一架快速且坚固的飞机，由阿米莉亚·埃哈特（Amelia Earhart）、威利·波斯特（Wiley Post）和其他著名飞行员试飞，创造了速度和续航纪录。"维加"确定了洛克希德创新和高性能飞机的声誉，也成就了诺斯罗普杰出设计师的美名[1]。

杰克·诺斯罗普代表了早期航空业的另一面：这个职业不适合胆小或寻求稳定的人。在 1928 年到 1938 年之间，他为多家飞机公司工作，其中两家还用了他的名字，只是由外部投资者在经营。但是他继续提供创新设计，最终于 1939 年，自谋生路，在加州洛杉矶（Los Angeles）市中心西南几英里，距海岸 2mile 的霍桑（Hawthorne）租赁了 72acre（英亩）①农场，成立了自己的公司诺斯罗普飞机公司。诺斯罗普担任公司总裁，共有 6 名员工。[2]

---

① 1acre（英亩）≈ 4046.856m²。——编辑注

与洛克希德公司一样，第二次世界大战为诺斯罗普公司带来了许多合同，其中包括 P-61 "黑寡妇" 夜间战斗机，这是第一架围绕一种新雷达系统设计的夜间战斗机。诺斯罗普在战争期间总共制造了 1000 架飞机，其中 P-61 飞机将近 700 架。该公司很快拥有 10000 名员工，与洛克希德公司的 94000 名员工相比虽然不算大，但与 1939 年的 6 名员工相比，已使整个霍桑工厂显得人满为患了。[3]

公司已经踏上其创始人对飞翼飞机的执着追求与梦想之路。飞机设计师早就认识到机翼是升力的源泉，因此一架没有机身或尾翼的全翼飞机将产生最大升力和最小阻力。对于杰克·诺斯罗普这样的理想主义者和反传统者而言，"飞翼" 代表了最纯正、最有效的飞行方式，他也为此成立了自己的公司并明确表示要追求这一目标。他于 20 世纪 20 年代后期开始设计飞翼，1940 年第一架真正的飞翼 N-1M 研制成功。这架 N-1M 是尺寸更大的轰炸机的原型机，绰号 "吉普"。它长 17ft、宽 38ft，翼尖向下偏，双发螺旋桨位于机翼后部。这架小飞机采用亮黄色的涂装，看上去像回力镖，如今收藏于史密森尼国家航空航天博物馆。[4]

诺斯罗普很快就制造出了放大版的飞翼飞机。1941 年，随着不列颠之战日趋激烈，而美国尚未参战，美国空军需要 1 架有效载荷 10000lb、航程 10000mile 的轰炸机。飞机航程要保证在英国陷落后，美国的飞机能直抵德国。诺斯罗普以

图 5-1　飞行中的诺斯罗普 YB-49
图片来源：诺斯罗普 - 格鲁门公司提供。

翼展长达 172ft 的飞翼设计赢得了 XB-35 合同。但这架飞机在研制和生产中遇到了各种问题，直到 1946 年才得以飞行。对战争而言确实为时已晚。最初计划的 270 架 XB-35 中，仅制造了 15 架。同时，诺斯罗普将 YB-49 飞翼飞机的动力系统由螺旋桨改为了喷气发动机。这款飞翼飞机于 1947 年飞行。虽然在次年的试飞中发生了严重的坠机事故，两侧外翼折断，造成 5 名机组人员丧生，但空军还是订购了 30 架。[5]

空军很快改变了主意，并取消了合同。飞翼飞机的消亡也饱受争议和阴谋论的困扰。1979 年的一次采访中，杰克·诺斯罗普回忆说，在 1948 年 7 月的一次会议上，空军部长斯图亚特·西明顿（Stuart Symington）要求诺斯罗普与康维尔合并。后者正在制造 B-36，是诺斯罗普 B-35 和 B -49 轰炸机的主要竞争对手。西明顿显然是想减少航空企业的数量。诺斯罗普问西明顿有没有其他选项。据诺斯罗普说，西明顿回答他："其他选项？如果不这样做，你会后悔的。"（诺斯罗普董事会主席在 1979 年的一次采访中证实了这个故事。）与康维尔合并失败后，西明顿将划拨给飞翼项目的资金，转给了康维尔用于制造更多的 B-36 飞机。[6]

关于这次取消还有另外一种解释，包括诺斯罗普在内的飞翼飞机都无法携带原子弹，而这正是美国核武库里最重要的有效载荷。杜鲁门（Truman）总统的预算削减计划迫使空军削减了资金，YB-49 在航程上无法与 B-36 竞争，遭受了打击。[7]结局当然是幸存的飞翼也最终报废了。心灰意冷的杰克·诺斯罗普于 1952 年从诺斯罗普退休。57 岁便离开了他从小就痴迷的航空业。

尽管如此，诺斯罗普和他的公司仍保留了飞翼的名声。20 世纪 70 年代，古生物学家发现了一块翼龙化石。它是一种距今 6500 万年的飞龙，翼展 50ft，是迄今已知的最大的飞行动物。他们将这种新物种命名为诺氏风神翼龙（Quetzalcoatlus northropi）。[8]

在整个 20 世纪 50 年代，诺斯罗普飞机公司领导人不断更迭，直到托马斯·V. 琼斯（Thomas V. Jones）在 20 世纪 50 年代末接管了公司。1920 年，琼斯出生在洛杉矶市中心以东约 25mile 的波莫纳（Pomona），那里当时有一片橘树林。他于 1942 年在斯坦福大学获得了航空工程专业的学士学位，很快就进入道格拉斯飞机公司负责设计俯冲式轰炸机的工作。战时经历进一步强化了他源自其会计师父亲的某些理念：尽管军方客户经常要求最高的性能，更大、更快、更复杂的飞机，但更简单、更便宜通常就是更好的解决方案。这就意味着可以更快地建造，并用同样的成本建造更多。

二战期间，琼斯一直在为道格拉斯工作。1946年，他跟随一群美国著名航空工程师前往巴西，教授巴西空军航空学，并为巴西航空部就如何建立航空业务提供建议。这也是琼斯首次展现出逆向思维的几次行动。在巴西呆了几年后，他回到加利福尼亚，在空军智囊团兰德（RAND）公司工作。在兰德公司任职期间，他分析运输机的成本效益，权衡各种设计的成本、航程、速度和有效载荷；在此过程中，他发现空运不仅可以用于紧急情况（最近的柏林大空运就是一个典型范例），还是一种重要战略。美国可以在欧洲保留小规模的守备部队，一旦发生战争就可以快速派驻军队加强守备力量。

1953年，琼斯离开兰德，加入了诺斯罗普。他在空军的联络人告诫他诺斯罗普将面临倒闭。为了减少政府承包商的数量，空军可能会让其破产。琼斯选择面对挑战，为了拥有公司更多的发言权，他选择了宁为鸡头，不为凤尾。他迅速崛起，并在1959年惠特利·柯林斯（Whitley Collins）逝世后担任了诺斯罗普公司的总裁。当时他还不到40岁。第二年，他被任命为首席执行官，并于1963年成为董事会主席。从而在40多岁的年纪，就担任了公司所有的三个最高职位。1961年，《时代》杂志的封面刊登了琼斯一张衣冠楚楚、英俊帅气的图片，并配发封面文章"航空业年轻有为的明星"。[9]

《时代》杂志的文章配发了一张琼斯和妻子以及年幼的孩子在后院游泳池旁放松的照片，其中充满了加州的活力与阳光。琼斯迷人、世俗，会流利的葡萄牙语，他还热衷于勃艮第葡萄酒、精美雪茄和现代艺术的收藏。他还特立独行，甘于冒险。就像杰克·诺斯罗普那样的早期航空管理人员，琼斯也不满足于等待军方的飞机需求。他想自己设计一款新飞机，卖给军方。20世纪50年代初期，诺斯罗普开发了一款轻巧的超声速教练机T-38。即使军方没有计划和合同，琼斯也支持在相同设计的基础上，研发F-5战斗机。

当诺斯罗普未能引起美国空军或海军的兴趣时，公司就转向了国外市场，向伊朗、韩国、菲律宾、土耳其、希腊、加拿大、挪威、西班牙和中国台湾出售F-5。作为一名天生的推销员，琼斯本人经常带领大家马不停蹄地出差，向外国领导人推销 F-5 战斗机。一路走来，他结交了荷兰和沙特皇室，与伊朗国王和蒋介石夫人宋美龄结为朋友，在贝莱尔（Bel-Air）大厦设宴招待外国贵宾，他办公室墙壁上挂着波斯挂毯以及旅行中收获的各种珍品。[10]

国外销售改变了诺思罗普的公司形象。自其任创始人以来，公司就享有创新思维的盛誉，但在被后来称为"百系列"（指 F-100 到 F-106 系列战斗机，由北美公司、麦克唐纳、康维尔、洛克希德、共和公司设计）、F-16（通用动力公司）和 A-10（仙童公司）战斗机的竞争中却黯然落败。诺斯罗普不再被当作先进的战斗机 / 攻击机的制造商，而以 F-5 和 T-38 这样平实、高产量的军用飞机而闻名。F-5 飞机全球共销售了 2000 多架，而 T-38 销售了上千架，被称为飞机中的"大众甲壳虫"。洛克希德公司首席执行官罗伯特·格罗斯（Robert Gross）将诺斯罗普的哲学总结为："光脚国家的廉价飞机。"[11]

国外销售也给诺斯罗普和琼斯带来了法律纠纷。20 世纪 60 年代，美国政府控制着国际销售，但尼克松政府放松了联邦监督，让友好国家直接与航空航天公司打交道。琼斯在 1974 年向股东提交的年度报告中对此十分赞赏。这种自由放任的方式导致 20 世纪 70 年代的外国武器交易出现井喷式增长。美国公司的经理们为了争取国外竞标中的大额合同，飞机业的贿赂丑闻也随之激增。[12]众所周知，洛克希德也陷入这种丑闻，而诺斯罗普对外国销售的依赖更大，同样深陷其中。20 世纪 70 年代初期，联邦政府起诉诺斯罗普为了获得 F-5 的销售订单，向外国官员支付了 3000 万美元，琼斯和公司的领导层都面临着证券交易委员会（SEC）、国会委员会，大陪审团和诺斯罗普内部审计人员的一系列调查。1975 年，琼斯最终与美国证券交易委员会签署了和解协议，并承诺停止支付国外好处费。而在 1974 年，琼斯承认了一项重罪指控，即在尼克松总统 1972 年的二次竞选中提供了 15 万美元的非法竞选捐款，违反了禁止政府承包商提供此类捐赠的法律。[13]

这些丑闻损害了琼斯的形象，但国外销售也意味着诺斯罗普有能力投资新的项目。就在启动试验生存性测试平台竞争的 1975 年，诺斯罗普公司报告销售额接近 10 亿美元，收益为 2500 万美元，储备订单总额超过 10 亿美元。其中的大部分利润和储备订单来自 F-5。这些数字如此有说服力（如 1960 年，琼斯出任首席执行官时，其销售额仅为 2.34 亿美元，盈利为 770 万美元，储备订单为

3.09 亿美元），足以说服公司董事会忽略争议并坚持聘用琼斯。尽管为了解决与丑闻相关的股东诉讼，诺斯罗普在 1976 年任命了新总裁，但琼斯仍然担任董事长兼首席执行官。据《洛杉矶时报》报道，他和公司"似乎经受住了争议和负面宣传的风暴。"[14]

诺斯罗普价廉质劣的形象让他在隐身飞机竞赛中处于劣势。尽管如此，55 岁的琼斯在这场竞赛中仍然充满年轻人的活力。而且，他相信诺斯罗普的设计师会祭出绝杀。怀揣一堆筹码，他也相信在隐身飞机的牌桌上可以再博一次。

诺斯罗普参与"隐身飞机"竞争的钱来自海外，隐身飞机的理念也来自更远的地方。琼斯很早就通过导航电子和传感器推动诺斯罗普进入了太空业务，并且放弃了公司名称中的"飞机"二字。[15] 实际上在琼斯加入之前，诺斯罗普就已进入了太空时代，也开始踏上隐身之路。

有一种普遍的误解认为隐身飞机完全是从飞机领域发展而来，即从像"臭鼬工厂"这种只制造飞机的地方研发出来的。另外一种误解是航空航天领域有两个独立的工程领域：一个是传统飞机；另一个就是战略导弹和航天器。"航空航天"一词本身是在 20 世纪 50 年代出现的，它的出现并没有让人们觉得它是两个领域的无缝衔接，反而被讥讽为只是一种市场营销策略的噱头。创造这个新名词就可以让飞机公司名正言顺地进入航天业务，而空军的将领们也可以在自己的使命中增加外层空间这一领域。[16] 但对于隐身飞机而言，这两者之间的确有联系，隐身飞机研发的关键贡献就来自于战略导弹。

20 世纪 50 年代，诺斯罗普开始制造第一代巡航导弹，杰克·诺斯罗普用刘易斯·卡罗尔（Lewis Carroll）作品中虚构的怪物"蛇鲨"命名了这款导弹。如今，"蛇鲨"在卡纳维纳尔角（Cape Canaveral）试射中的一系列失败仍让人们记忆犹新，也使这片海洋之角水域获得了"蛇鲨出没的水域"的恶名。然而，当诺斯罗普的工程师们终于让"蛇鲨"飞起来的时候，却惊讶地发现跟踪雷达丢失了导弹目标。在后续发射中，他们不得不加装用于追踪导弹的特殊反射器。他们判定体积 B-52 轰炸机十分之一大小的"蛇鲨"导弹的雷达特征信号可能大约只有轰炸机的二十分之一。在 1959 年的一次采访中，托马斯·琼斯声称"除过几个直角面会反射雷达特征信号外，'蛇鲨'几乎不可能被侦测到。"[17]

图 5-2　"蛇鲨"隐身导弹。底部的勺子式发动机进气道是雷达反射波的主要来源
图片来源：诺斯罗普 – 格鲁门公司提供。

　　诺斯罗普的工程师们开始思考为什么雷达无法跟踪"蛇鲨"，并如何将其转化成优势。他们在雷达测试场测试该导弹，发现大部分的雷达回波来自"蛇鲨"底部的勺子式发动机进气道，尽管反射的雷达波并不是很多。由于进气道会放大回波，工程师们试图在进气道加装一层类似鸡蛋盒箱衬的锥形吸波内衬。凭着经验和反复试错，将雷达特征信号降到更低，但是工程师们还是希望进行更深入的研究。因此，诺斯罗普在 20 世纪 60 年代初成立了一个雷达波与机体表面相互作用研究小组。

　　该小组的负责人由纽约当地人莫尔·斯塔尔（Moe Star）担任。第二次世界大战期间他在美国陆军服役时学习的雷达电子技术，然后借助《退伍军人权利法案》（GI Bill）在布鲁克林理工学院（Brooklyn Polytechnic）获得了电子学学位，其微波研究所让学院成为了雷达电子学的早期研究中心。[18] 斯塔尔 1960 年加入诺斯罗普，开始从有雷达和电磁理论方面专长的学校招聘年轻的理论家，其中有加州大学洛杉矶分校的休·希思（Hugh Heath）；还有另一位布鲁克林的毕业生弗雷德·奥思罗（Fred Oshiro），1964 年前，他曾在洛克希德担任雷达天线专家。还有加州理工学院的肯·米茨纳（Ken Mitzner）博士。奥思罗和米茨纳在俄亥俄州举办的雷达研讨会上认识，他还引荐了年纪稍大些的斯坦·洛克斯（Stan Locus）。洛克斯既是试验师又是理论家，他能用简单方案解决复杂问题。[19]

起初，琼斯借助诺斯罗普公司内部的可支配资金（称为独立研发）来支持研究小组，后来也获得了空军和美国陆军导弹司令部的资金支持。[20]"蛇鲨"巡航导弹为诺斯罗普的雷达研究工作提供了最初的灵感，空军和陆军的支持也表明，他们的主要动力也从飞机转向弹道导弹。一方面，导弹比飞机更容易理解：现有雷达截面积估算理论基本上都是基于圆柱或圆锥体等基本形状的，因而导弹的计算要比飞机简单得多；[21]另一方面，导弹具有更高的优先级别。20世纪50年代后期，随着冷战双方各自洲际弹道导弹的问世，导弹及其有效载荷的侦测与跟踪，以己方导弹和弹头如何避免被对方雷达侦测等就变得愈发紧迫。

空军重点关注再入飞行器和导弹顶部锥形罩的雷达截面积。顶部锥形罩用来携带核武器，并在重返地球大气层时为弹头提供保护。首先在"泰坦"再入飞行器上进行了降低雷达特征信号的尝试。随后在20世纪60年代中期，在"民兵"后期型号"马尔科（Mark）12"再入飞行器上进行了更多测试。国防部于20世纪60年代制订了一项名为先进弹道再入系统（ABRES）重大计划，研究再入飞行器的性能，包括雷达特征信号。这些努力不仅包括雷达吸波材料，还包括在外形方面做出的初步尝试，就是利用飞行器的几何外形来偏转雷达波反射。到1970年通用电气研发并首次部署"马尔科（Mark）12"时，再入飞行器已经从短粗椭圆的外形发展成了尖细的圆锥外形，就像一个带圆形基座的圆锥形纸高帽。该计划充分利用了英国在雷达研究方面的重要贡献，借助雷达方面的研究，使英国相对有限的具备弹头搭载能力的导弹能够躲避苏联的导弹防御系统。[22]

在空军监督弹道导弹计划进展的同时，陆军则主要负责导弹防御计划。现有的防御系统是依靠雷达侦测来袭的再入飞行器，并在它们击中美国本土之前，将其击落。显然，苏联人可能会在导弹的有效载荷内增加轻型诱饵弹（如像圆锥形弹头的充气型气球），从而欺骗美国的导弹防御系统，而美国则想利用雷达来区分重型弹头和轻型诱饵。1965年，莫尔·斯塔尔小组在一份报告中指出，军方对"飞行器识别的雷达特征信号具有浓厚的兴趣"，即所谓的"甄别"计划。[23]

斯塔尔的团队称为电子系统研究小组，是以密歇根州和俄亥俄州的雷达项目成果为基础。针对雷达散射积分方程，他们没有采用解析求解，而是采用了近似数值求解。例如，他们将曲面近似为一系列非常小的直线，假设电磁电流在每条线上都是恒定的，然后计算散射。[24] 这种方法尤其适用于计算机，诺斯罗普小组就开发了一个计算"一般散射"的计算机代码数据库，取名"一般散射"（GENSCAT），用来预测给定形状或给定雷达波（比如，特定频率、极化和入射角的条件下）的雷达截面积。诺斯罗普的"一般散射"与洛克希德的"回声"类似，但诺斯罗普小组开发得更早、开发时间更长。

斯塔尔的雷达小组为诺斯罗普进入隐身飞机竞争提供了至关重要的理论基础。而洛克希德公司没有一个可以与其相提并论的理论小组。[25] 到 1974 年"哈维计划"时，诺斯罗普已经有十多年研究雷达散射和计算散射截面的经验，其专业知识在一系列报告中得到了体现，更重要的是，这些专业知识被一群聪明而经验丰富的理论家不断改进。1971 年，诺斯罗普在宣传其在前沿研究方面的成就时声称："或许近期的最佳案例之一是雷达截面积研究。"[26] 在丹尼斯·奥弗霍尔泽改写洛克希德的"回声"代码之前，该小组已经应用了乌菲姆采夫（Ufmtsev）的绕射理论。毕竟，诺斯罗普的斯坦·洛克斯是第一个意外发现乌菲姆采夫的文章的人，要求将他的一篇较长的报告进行翻译，并提供给包括洛克希德在内的各家公司。

导弹和导弹防御为诺斯罗普雷达研究小组做出了另外一项贡献，即是在"哈维计划"实施的前一年，约翰·卡申（John Cashen）的加入。卡申在新泽西州纽瓦克（Newark）郊外的西奥兰治（West Orange）长大。他很小就对模型飞机产生了浓厚的兴趣，这种爱好逐步从橡皮筋动力的模型飞机，扩展到了无线电控制的模型飞机。他最喜欢的还是根据自己的设计，制造个性化的飞翼飞机。他还是个业余无线电爱好者，并由此进入电子领域。高中毕业在军队工作一段时间后，他在职业学校接受了无线电技术员的培训，最后在贝尔实验室找到了一份工作。但他继续在夜校学习，最终获得了新泽西理工学院的工程学学位。20 世纪 60 年代初，贝尔实验室获得了制造"卫兵"（Safeguard）导弹防御系统的合同，卡申则从事用雷达侦测来袭再入飞行器的研究，具体就是研究再入飞行器周围的热空气和等离子体（由再入飞行器沿攻击路线穿越大气因摩擦生热引起）如何与雷达波相互作用。[27]

1965 年，卡申到加州的休斯公司参与工作研究项目。同时，他还在加州大学洛杉矶分校攻读电子工程博士学位，重点研究电磁学。在休斯公司，他继续致力于"硬地"（Hardsite）导弹防御系统的雷达现象学研究，研究如何区分弹头和诱饵，以及雷达波如何与再入飞行器相互作用。所有这些都需要全身心地投入到现有的雷达散射理论中，如密歇根学派的理论，它通过对一系列简单形状的散射求和，来计算雷达截面积。1972 年的《反弹道导弹条约》结束了导弹防御研究工作，而卡申很快就将他的经验运用到带有核弹头的地空短程攻击导弹（SRAM）的后续提案上；他的工作是减小短程攻击导弹的雷达截面积。

休斯公司随后失去了那个项目，卡申发现自己无所事事。在短暂从事红外系统工作之后，他参与了诺斯罗普公司的激光研究，但该项目又很快被取消了。1973 年秋天，就在卡申即将加入失业工程师的行列之际，他听说莫·斯塔尔小组需要有人来从事雷达截面积的工作。他就抓住了这个机会。

由于一直都在从事导弹防御研究的工作，卡申在雷达散射和雷达截面积上有很全面的基础。他知道由于保密原因很多飞机设计师并不了解的信息：雷达散射理论已经应用到了"马尔科 12"再入飞行器和短程攻击导弹等机载飞行器上。这些飞行器在不使用雷达吸波材料，仅借助外形的情况下，就显著降低了雷达截面积。简而言之，第一个隐身飞行器不是飞机，而是导弹和再入飞行器。[28]

卡申的性格热情自信，跟本·里奇（Ben Rich）一样，天生会讲故事。他还具有百折不挠的进取心和雄心壮志，是一个强劲的竞争对手。他以极大的乐趣投身到与洛克希德隐身飞机的竞赛当中。正如他所说，他的敌人不是苏联人。"就个人而言，我的敌人是本·里奇。"里奇很喜欢卡申的态度，也表示赞同。[29]

不止一次，卡申认为他的敌人就在眼前，就在他自己的项目中。诺斯罗普的工程师伊夫·瓦兰德（Irv Waaland）是挪威移民的后代，大萧条期间在布鲁克林（Brooklyn）长大。第二次世界大战后在陆军航空兵部队工作了一段时间后，他借助《退伍军人权利法案》就读于纽约大学，并于 1953 年获得航空工程学位，然后在长岛（Long Island）的格鲁门公司工作。在格鲁门公司，瓦兰德帮助设计了一系列飞机，包括 XF10F、湾流 I、F-11、E-2、F-111 和 F-14。20 年后，由于觉得格鲁门公司过于官僚化，加上他的妻子厌倦了纽约的冬天，他就跳槽到了诺斯罗普公司。1974 年，他以空气动力学高级设计专家身份加入诺斯罗普，正好参与试验生存性测试平台计划。[30]

　　瓦兰德和蔼可亲，在飞机设计方面具有丰富的经验，温柔笑容的背后隐藏着钢铁般的意志。他了解空气动力学专家们所使用的各种技巧，可以将气流准确地引导至需要的位置，包括翼型、襟翼、导流栅、缝翼、边条、扰流板等。莫尔·斯塔尔（Moe Star）雷达小组的理论家们想象以雷达波视角来研究散射，瓦兰德则模拟空气分子视角，想象气流如何高速流过给定的形状，流到这边或那边或者旋转成涡流。

　　到 1975 年，诺斯罗普雷达小组在计算雷达截面积方面已有了很多经验，但是他们尚未尝试将这些知识应用于特定的飞机。现在，试验生存性测试平台的设计必须结合莫尔·斯塔尔团队和熟悉如何设计飞机的团队。这样，瓦兰德作为总工程师就加入了该项目。试验生存性测试平台项目经理莫·黑森（Mo Hesse）将卡申和雷达研究小组从瓦兰德手下调离，直接归入自己管理。此举表明了雷达截面积在设计中的重要性，实质上却让卡申和瓦兰德成了双总工程师，也是直接的竞争对手。

　　竞争源于各自的学科差异，瓦兰德研究的是空气动力学，而卡申则是雷达物理学。瓦兰德自然希望保持空气动力学特性，而卡申则优先考虑雷达截面积。也有理念上的差异：卡申的理念来自学术环境（包括贝尔实验室和休斯公司的专业研究），倾向于进行研讨会式的讨论；瓦兰德的方法则更加符合传统的航空航天企业的做法，直截了当、目的明确。此外还有两个人性格上的冲突，卡申天马行空，不安分守己，瓦兰德则做事井然有序，有条不紊。但是，除了热爱工作之外，他们都有一个共同点：从来不是一个畏首畏尾的人。

　　所有这些最终就引发了争吵：用卡申的话说就是"传奇"，瓦兰德所能想起来的就是"大声争吵"。诺斯罗普的其他工程师们则将二者视为油与水的关系：分开很好，但互不相溶。双方都认可对方的能力和才智，争吵也不总是一时激动。他们，恰如一位同事所说，"就像一对早就应该离婚的夫妻"。[31]

　　任何工程设计都需要妥协，无论是在成本与性能之间的权衡，还是不同性能指标（如飞机的速度与机动性或航程）之间的考量。与洛克希德一样，诺斯罗普也经常为寻求隐身飞机项目的权衡而发生激烈的斗争。而且，与洛克希德一样，诺斯罗普最终明确表示，在试验生存性测试平台遇到雷达截面积和气动性能冲突时，所有妥协方案都优先支持雷达。[32] 但在瓦兰德担任总工程师时，诺斯罗普在气动设计方面就比洛克希德更有发言权。

从电磁波物理学来看，减小雷达散射的最佳形状是一块平板。但飞机不可能只是二维平板结构，为了安装发动机，搭载燃油、武器和飞行员，飞机需要有空间体积。有两种方法可以增加体积，即采用平面或者曲面。洛克希德公司的解决方案是采用平面体，而诺斯罗普则采用曲面体。鸟类和莱特兄弟都知道，适合飞行的最佳形状是曲线。结果也证明在某些情况下，曲线也可以躲避雷达。

诺斯罗普的工程师们从平板多面体开始着手，其原因与洛克希德相同：计算机可以帮助建模。但是在平面相交处，尖锐的边缘在气动上不仅引起涡流和阻力，并且还会反射雷达波。因此，设计师们在平面之间采用曲面进行转接。诺斯罗普的设计在空气动力学方面有几个优点：下腹部采用圆滑过渡，机翼后掠较小，翼面采用曲线翼型，机翼前缘与后缘均为圆滑形状。从上方看，翼尖也呈圆滑形状。诺斯罗普的工程师们明白，当雷达波碰到机翼时，它会沿着曲面移动一段距离后脱离，这和气流通过翼面情况相似。

虽然"一般散射"编码为诺斯罗普的隐身设计提供了早期指导，但诺斯罗普的雷达研究小组更多地依赖于他们所谓的现象学或高度的直觉。卡申称其为"看见雷达波"，即凭借诺斯罗普雷达研究小组在这方面十几年的研究经验，观察飞机表面并感知雷达波相互作用的一种能力。其实质就是采用经验主义的试凑法，在雷达场内测试模型，调整设计，然后再测试其效果。

例如，测试机翼前缘的不同半径的曲线，找出减小雷达回波效果最好的曲线。斯坦·洛克斯当时有一个灵感，就是在测试台上的模型上钉钉子。如果雷达波碰到钉子，就会反射回来，并且像信标一样在屏幕上显示出一个亮点。若钉子出现在雷达上，就撬出钉子沿曲线稍微远的地方重新钉。重复这个过程直至雷达屏幕上不出现亮点，通过这种方式就知道了该曲线的散射特点。对几个不同的曲线进行同一测试，就可以得到降低雷达回波效果最好的曲线。[33]

最终的设计方案就是钻石形三角翼。跟洛克希德公司一样，诺斯罗普的机头尖细，座舱盖采用多面体设计，双垂直尾翼向内倾斜，且向后倾角很大。这些特点是两个公司方案的相似点。诺斯罗普未采用两个发动机进气道嵌入机身并布置于机翼上方的形式，它的单进气道就安装在座舱后方的机身顶部，就像大功率车引擎盖上的屏斗形进气口。洛克希德的设计采用大后掠翼，机翼向后延伸到尾翼；而诺斯罗普的飞机翼展更大，使飞机看起来更加宽大、粗壮。但更突出的仍是曲线。诺斯罗普的机体采用曲面设计的地方包括：三角机翼与机身融合处、翼尖，机腹截面，机翼和尾翼的前缘与后缘处，发动机进气道唇口上边缘，进气口到尾翼坡度逐渐变小融合。

计算机的应用是这两个竞争对手之间的主要区别。尽管洛克希德和诺斯罗普都有内部代码，但洛克希德更依赖于计算机，而诺斯罗普则坚持物理学家的直觉，"看见雷达波"。因此，洛克希德的隐身设计往往以计算机程序为特色，而诺斯罗普则借助黏土模型。洛斯·阿拉莫斯（Los Alamos）和利弗莫尔（Livermore）这两家参与核武器设计的美国实验室也和他们一样并行不悖。洛斯·阿拉莫斯主要依赖设计师的直觉，而利弗莫尔更依赖于计算机代码。[34] 这时，不同的方法就会形成不同的飞机设计：一种是多面体，另一种则是曲面设计。

具有讽刺意味的是，诺斯罗普在 20 世纪 40 年代末率先开发了电子计算机，其中包括第一台使用存储程序原理的计算机。诺斯罗普的计算机部分出了十几家早期的计算机公司。从"蛇鲨"开始，诺斯罗普就在探索计算机小型化，以便能够为飞机和导弹导航，但却未在飞机设计中广泛应用。[35]

这也是洛克希德公司和诺斯罗普公司在试验生存性测试平台竞赛中的第二个区别：诺斯罗普公司没有采用计算机控制的电传飞行控制系统，而是继续使用传统的飞行控制系统。卡申自己也认为，诺斯罗普没有采用飞行控制计算机是个错误。他们本来可以借助电传飞行控制设计出隐身性能更好的飞机。洛克希德公司的电传飞行控制专家，罗伯特·洛施克（Robert Loschke）也同意这种观点。[36] 但是有人可能会认为，诺斯罗普不采用电传控制也是其整体方案的重要组成部分，它倾向于现象学而非计算机，包括设计中兼容空气动力学和雷达隐身性能。这些曲面设计，使飞机在俯仰、滚转和偏航三个轴上都保持空气动力性能稳定。诺斯罗普设计的飞机不需要借助计算机，它本身就可以飞得很好。[37]

诺斯罗普的工程师们并不需要计算机来帮助他们进行设计——至少不像洛克希德那样利用计算机——因为他们认为自己手中的方案足以取胜。

图 5-3　诺斯罗普的全尺寸试验生存性测试平台模型在美国雷达目标散射测试场
图片来源：诺斯罗普－格鲁门公司。

图 5-4　艺术家的诺斯罗普试验生存性测试平台设计想象图
图片来源：诺斯罗普－格鲁门公司。

第6章　美国雷达目标散射测试场的对决

　　洛克希德和诺斯罗普在 1975 年秋季分别提交了设计，随后需要由美国国防部预先研究计划局确定获胜者。在大多数新飞机的竞赛中，彼此竞争设计都会进行竞标飞行，以判定哪种设计最符合规范要求。正如空军那句老话所说："先飞后买。"对于试验生存性测试平台，美国国防部预先研究计划局有一种"支架考核"法，即通过每种设计方案的雷达截面积测试结果来决定，测试时需将设计方案的模型架设在雷达测试场的支架上。雷达目标特征是考核飞机的唯一要求；美国国防部预先研究计划局当时还不关心其飞行性能。

　　隐身测试的地点位于新墨西哥州中南部沙漠中一个名为图拉洛萨盆地（Tularosa Basin）的偏僻之处。在第二次世界大战期间，美国政府曾将该盆地的大片沙漠和草原划定为轰炸和火炮靶场，这些靶场也是 1945 年 7 月的第一枚核弹的试验场地。战争结束后，该地区的大片空地成为了美国太空计划发源地，因为导弹发射人员可以在数十或数百英里的范围内发射试验弹，而不必担心会伤及任何人。1945 年，美国陆军将韦恩赫·冯·布劳恩（Wernher von Braun）和其他被俘的德国工程师派往那里测试 V-2 火箭，在随后的数十年间，军方在该处沙漠灌木丛上空发射了数万枚导弹，弹坑和废旧火箭壳体成为该地的景观标志。这个后来被称为白沙（White Sands）导弹靶场的面积达到 3000 多平方英里，比特拉华州（Delaware）还大。[1]

　　在 20 世纪 60 年代初期，白沙导弹靶场出现了一处新设施，即雷达目标散射测试场（Radar Target Scatter Site），最初以缩写 RAT SCAT（字面意思是"老鼠屎"）而出名（后来又缩写成一个稍稍好听一点的词，即 RATSCAT）。

　　该处设施是由美国空军太空监视与仪器部设立的，意味着该设备的最初定位是针对航天器而不是飞机。雷达目标散射测试场由几组直径达 30ft 的雷达天线组成，这些天线围绕着一根中心支架排列，支架用来支撑测试模型。天线可产生不同频率、极化方式和方向的雷达波，并检测模型所散射的雷达波。支架必须使模型充分高出沙漠地面，以避免从地面产生后向散射；它最初是由聚苯乙烯泡沫塑料制成的，表面不导电，几乎不产生散射雷达波。[2]

问题的关键是洛克希德和诺斯罗普的飞机模型所期望的雷达截面积都远低于雷达目标散射测试场或其他测试场所能测量的雷达截面积。于是花费了大量精力对测试场进行了改进，将背景雷达杂波降低到足够低的程度，从而使测试场的雷达可以测量出模型的雷达截面积。特别是聚苯乙烯泡沫塑料立柱所反射的雷达波比模型大得多，因此洛克希德公司提供了由丹尼斯·奥弗霍尔泽（Denys Overholser）和理查德·舍勒（Richard Scherrer）设计的隐身支架，它就像从沙漠地面伸出的一把倾斜长刀。[3]

雷达目标散射测试场位于白沙国家纪念碑（White Sands National Monument）的西北方，因出产白色石膏矿物而得名。石膏通常溶解在雨水中，被溪流和河流带走，但是图拉罗萨盆地（Tularosa Basin）没有出海口，因此石膏像沙子一样积聚。被四周山脉困住的径流有时会在平原上泛滥；有人就用诺斯罗普一位雷达工程师的姓名将其戏称为大城湖（Oshiro Lake）。地下水可能会影响雷达测试：舍勒曾经记录了一天内目标的散射状况，发现散射雷达波的强度变化幅度达到了数分贝，他最终发现是由于地下水位的潮汐的影响。石膏还影响到安保工作。当一些"臭鼬工厂"的工程师结束现场参观，前往当地一家旅馆办理入住手续时，前台的服务人员喊道："哦！你们在雷达目标散射测试场工作！"他们想知道是谁走漏了风声，便四下环顾大厅……然后就看到了一行行白色的脚印。[4]

超现实的景观令工程师们着迷。风吹过沙漠，使白色的沙子看起来像是流水，夜间，土狼在雷达的大型盘状天线下游荡。[5]

尽管环境令人分心，但两个团队仍将目光聚焦在竞赛大奖上。他们都意识到这场竞赛的意义：革命性技术的引领者，可能会奠定美国下一代军用飞机的基石。因此，双方的工程师都秣马厉兵，准备在西部沙漠一决高下，可他们配备的并不是致命的六发左轮枪，而是瞄向怪异飞机模型的雷达波束。

尽管竞争激烈，但此时此刻两个工程团队的所有人，都有一个重要的共同点：他们都是用物理和数学语言来解决技术问题。他们深知自己组成了美国航空航天界的独家兄弟会，致力于打造新颖独特的飞机。"兄弟会"一词非常确切。那是一个说话粗俗、个性自我、喜欢开玩笑的人组成的世界。

这种认知使他们愿意在工作中奋力拼搏：为了赶上苛刻的时间进度，他们每周工作长达 60 ~ 80h。因为冷战，这些工程师表现出非凡的奉献精神，尽管这让他们及其亲人付出良多。工程师很少与他们的家人见面。在航空航天界，有一种流行的说法，凡是全身心投入重大项目的人都得离婚。在试验生存性测试平台的竞争中，约翰·卡申（John Cashen）成壶成壶地喝咖啡，整包整包地抽烟，但还是因为压力太大而焦头烂额。[6]

聘用年轻工程师是有益的。高层管理人员（如艾伦·布朗（Alan Brown），伊夫·瓦兰德（Irv Waaland），卡申）都是 45 ~ 50 岁的年纪。这个问题很难平衡：他们也需有足够的工程经验知道在做什么，但又必须足够年轻，乐于接受创新，而且还要非常刻苦地工作。伯克利工程学院（Berkeley's Engineering School）的院长曾经对这种挑战做了如下总结："对于工程师或科学家来说，把工程研发作为工作是一种艰苦的谋生手段。这是年轻人干的工作，要不满足于过去，对改进充满乐观。不确定性与他们长久相伴。人的年龄越大，就越渴望稳定，对持续不断的变化就越发没有耐心，而且想象和创造的愿望也越来越弱。"[7]

代价显而易见。据卡申回忆说："年轻人很快就变老了。"[8] 瓦兰德得了带状疱疹，舍勒在竞赛结束后就患了中风。[9] 既然这样，他们为什么还要这么做？为什么还要承受如此大的工作量和工作压力？当然，其中一部分原因是职业发展：工作做得好，公司将给予更高的职位和报酬。还有另外一部分原因则是爱国主义情怀：因为担心如果没有隐身飞机，美国人很快就得说俄语。但是，对于他们中的有些人来说，主要竞争对手不是苏联人，而是对手公司的工程同行。正如卡申所说："类似每年的超级碗（Super Bowl）一样，我们在和最好的对手比赛。"[10]

当然，最主要的是技术挑战，也是应对并解决棘手工程问题的机遇。简而言之，就是乐在其中。卡申的助手麦吉·里瓦斯（Maggy Rivas）回忆说："看到大家做自己喜欢的事真是太好了……每个人都出于对工作的热爱而工作。"卡申补充说："时间非常紧迫，被压缩了一半，大家都忙着做事，充满热情，大家都非常热爱工作，也热爱一起工作的人。如果不是爱，那一定是尊重……而且我们知道我们正在创造航空史。"[11]

有些人可能会问，设计更好的发动战争的方式，到底有什么乐趣。但是，这就是这些工程师们的真实看法。在这方面，他们与第二次世界大战期间在洛斯·阿拉莫斯（Los Alamos）制造原子弹的科学家和工程师一样。无论他们后来对核武器的看法如何，他们对战时工作的回忆，是一种强烈的、近乎神奇的经历，其中充满了知识创造力和团队合作精神，而且，还因为大家曾同处偏远荒凉之地，使这种印象更加深刻。[12]

1976 年 3 月，洛克希德和诺斯罗普的工程团队带着各自的飞机模型一同进驻雷达目标散射测试场。全尺寸模型由胶合板或泡沫和玻璃纤维制成，并覆有导电银粉涂层以模仿金属飞机的雷达波行为。[13] 在为期数周的时间里，雷达目标散射测试场的工程师将模型吊放在沙漠上高高的刀刃状支架上，并用各种雷达波束照射，然后测量反射回来的雷达波。在一次测试中，洛克希德的模型雷达特征信号大幅增加了 50%，结果是因为一群小鸟让洛克希德的模型在雷达屏幕上亮了起来。后续调查发现，是鸟粪增强了雷达特征信号。[14]

两个团队被严格隔离。他们共用一个机库，机库中央修了一道隔墙，虽然他们知道竞赛在即，但却看不到竞赛对手，看不到对方的测试或模型。[15] 即使在美国国防部预先研究计划局宣布了获胜者之后，项目经理仍将这两个团队隔离开来。美国国防部预先研究计划局并未尝试从失败者那里吸取什么好点子，并要求获胜方采纳这些想法。那是一场全输或全赢的竞赛。[16]

竞赛中也有一些小动作。例如，诺斯罗普知道洛克希德凭借其在 SR-71 上的经验，在雷达波吸收材料方面占有优势。诺斯罗普无法进入机库中洛克希德公司的那一侧，但是卡申让诺斯罗普车间的技术人员在外出抽烟时秘密地检查机库外的地面，寻找在洛克希德的模型送往测试的过程中，从模型上脱落的碎片。诺斯罗普的工作人员把捡到的小片黑色材料放入小袋子里，由卡申送回霍桑（Hawthorne）进行分析。（他们发现这些材料与诺斯罗普的配方相似，但与诺斯罗普的材料相比，其生产质量控制得更好。）[17]

隐身飞机与雷达截面积紧密相关。散射面积通常用与其面积相等的球体的横截面积来表示，单位为平方米。例如，非隐身飞机的雷达截面积为 $10m^2$，就相当于产生同等雷达波的球体的横截面。（在五角大楼的简报会上，本·里奇（Ben Rich）喜欢拿出一个与洛克希德隐身设计雷达截面积相当的小球，在桌子上滚动，从而能让军方高层对其散射之小留下深刻印象。）[18]

这个数字看似简单，却掩盖了实际的测量方法。首先，这取决于正对着雷达的是飞机的机头、侧面还是机尾。大多数雷达截面积测量都将模型放在支架上，将其旋转 360°，同时用雷达对其进行照射。得到的曲线图显示了散射雷达特征信号与视角的关系，其中 0° 表示正对机头，180° 表示正对机尾；90° ～ 270° 表示正对机身。理想状况下，飞机的曲线图形应该是对称的（即 0° ～ 180° 的图形将与 180° ～ 360° 的图形互为镜像），但是对于真实的飞机，通常会显示出一些不对称性。纵轴上表示的雷达特征信号以分贝为单位，这是一种对数标度方式。与地震学中的里氏震级类似，它是以相对于参考值的 10 倍数为基础。因此，10dB 就是 0dB 雷达特征信号的 10 倍，20dB 是 0dB 的雷达信号的 100 倍，30dB 就是 0dB 的 1000 倍，依此类推。雷达工程师使用对数分贝标度覆盖信号的动态范围，其中一些信号比其他信号大 100 万倍。这也说明仅几分贝的变化就可能意味着实际雷达特征信号之间存在着巨大的差异。

因此，在试验场进行的特定测试会得到一张曲线图，但针对的仅是特定频率的雷达波。对于不同的频率，曲线图看起来会有所不同。举例来说，多面体构型在低频雷达波上的表现不如高频雷达波，并且在信号中显示出更多的尖峰。该图形还因雷达波的不同极化方式而发生变化。最后，如果雷达未与飞机平面处于完全相同的高度，也就是说在飞机下方以 20° 的仰角照射，或是在飞机上方以 30° 俯角照射，图形也会发生变化。

所有这些都意味着雷达截面积并不是一个单一的数字。或更确切地说，尽管它通常以一个数字的形式表示，但实际上这个数字仅代表某个测量值。例如，洛克希德工程师在简报会议桌面上滚动的 7/16in 滚珠轴承，它仅代表特定频率雷达波正对机头水平照射时其试验生存性测试平台方案的雷达截面积。[19] 总的截面积代表了数据集，由数据集获得总的截面积的定义包含了对照射角度、频率和极化方式等的一系列假设。这对隐身飞机的测试产生了根本的影响。

为了制定竞赛规则，美国国防部预先研究计划局聘请了一位名为尼康德·达马斯科斯［Nikander Damaskos（也称 Nick）］的工程顾问，他提出了一个数值计算公式，该公式为各数据分配了不同的权重，这些数据包括不同频率、极化方式以及照射角上的散射结果。隐身测试阶段结束时，每个团队都会按不同测量要求获得相应的结果，将这些结果代入达马斯科斯（Damaskos）的神奇公式中，就可得出一个数字。数字最小的团队将赢得竞赛。[20]

　　首先是雷达频率问题。通常，大型预警系统，例如，"高国王"（Tall Kings）使用较低的频率，而防空雷达使用较高的频率，以便获得精确跟踪和瞄准所需的分辨率。达马斯科斯的标准要求对多个频带进行测试，频率范围从 200MHz，经"高国王"的频率，到 10GHz。洛克希德将其设计重点放在较高的频率上，并决定在较低的频段上碰运气，部分原因是它尚未测试其边缘处理方式在低频时的吸波性能。这个决定得到了回报；洛克希德确实在高频上胜出，而较低频率上的差异不足以影响结果。[21]

　　第二个更具争议性的问题是照射方向。两个团队都不太担心从侧面照射到飞机的雷达波，达马斯科斯的计算公式也同样不考虑这种情况。如果防空雷达从侧面发现飞机，则会因为该飞机的移动速度太快而无法追踪。这样就只剩下飞机的前向和尾向。达马斯科斯的公式将前向角域和尾向角域定义为飞机中心线正负 45° 范围内的任何部分。从上方看，图案看起来呈蝴蝶形状，前向角域呈 90° 楔形，后向角域也呈类似的楔形。

　　诺斯罗普立即提出抗议。敌方雷达会发现从正面快速飞临其领空的大多数攻击飞机。因此，诺斯罗普的工程师在设计飞机时就假设其前方与中心线成 60° 夹角，或者整个 120° 范围内的雷达威胁更大。他们同样认为雷达对飞机后向的照射是次要的，因为这意味着飞机正在飞离防空阵地，从而成为更难击中的目标。因此，对于飞机的后向，诺斯罗普仅在与中心线呈 35° 夹角（即整个 70° 的楔形）的范围进行了设计。也就是说，诺斯罗普蝴蝶形状的前向比后向大得多；而达马斯科斯的前后楔形则是相等的。[22]

　　诺斯罗普开始怀疑达马斯科斯的中立性，因为他曾帮助中央情报局分析过洛克希德 SR-71 的雷达截面积。虽然其中可能并没有阴谋，但标准显然来自洛克希德公司。舍勒曾要求奥弗霍尔泽提出洛克希德公司设计的目标要求，即设计需要达到的数值，以及如何进行测量？奥弗霍尔泽将 360° 方位角分为 4 个象限，每个象限均为 90°，并对每个象限的散射截面取平均值（再次不同的雷达频率，极化方式和俯仰角，对应不同数值）。然后，舍勒将这些数据转交给美国国防部预先研究计划局的珀科（Perko），而珀科显然又将其传给了达马斯科斯，后者将等分象限纳入了他的公式。[23]

　　诺斯罗普团队得知这些标准后，立即猜出已经没戏了。由于他们假定后向角域范围较窄，因此在后向刚超过 35°的角域就包含了一个很高的尖峰。而达马斯科斯更宽的角域将会涵盖那个尖峰。瓦兰德感叹道："按照他们的考核方式，我们飞机的尾部太大了。"诺斯罗普只能推翻整个方案并重新设计才能解决后向的问题，但是已没有时间了。诺斯罗普的工程师抗议说，他们被人算计了，但是美国国防部预先研究计划局仍坚持使用达马斯科斯的公式。瓦兰德意识到："这从根本上扼杀了我们。"卡申的生存能力分析曾为诺斯罗普的策略奠定了基础，他承认："出局了，好吧？"[24]

　　然而，达马斯科斯的公式在揭示两种方法的基本差异方面是有效的。由于"回声"（ECHO）无法处理圆形边缘，因此洛克希德公司采用了尖锐的机翼前缘。尖锐的前缘会在气流中产生旋涡，这可能导致非后掠式机翼出现失速。失速意味着没有足够的气流维持升力，因此飞机将停止飞行并坠落。另一方面，对于大后掠角机翼，涡流沿着机翼边缘流动，实际上可以帮助产生升力。因此，洛克希德的设计采用了大后掠角机翼，这也恰好使来自飞机后部的雷达回波降至最低。因此，洛克希德对"回声"（ECHO）的依赖，在一定程度上体现了采用达马斯科斯的标准时表现出的良好雷达散射性能。而诺斯罗普为了追求更好的空气动力学性能，其模型的后掠角较小。这样做的代价是飞机尾部出现雷达散射尖峰。诺斯罗普本可以通过飞行控制弥补其飞机的后向问题，但为了追求纯粹的空气动力学稳定性，未使用电传飞行控制，从而为此付出了代价。

　　1976 年 4 月，在雷达目标散射测试场进行了数周测试后，两个团队前往华盛顿向美国国防部预先研究计划局展示其测试结果。两家在同一天提交方案，当诺斯罗普的人走进简报室时，洛克希德的人正在往外走。美国国防部预先研究计划局打算在第二天宣布获胜者。公告发布的前一晚，珀科为两个团队举办了一场宴会。宴会一点也不轻松，甚至连善于交际、左右逢源的珀科也无法打破僵局。[25]第二天，美国国防部预先研究计划局宣布了试验生存性测试平台项目竞赛的获胜者——洛克希德胜出。

第7章 "海弗蓝"与F–117A

对决获胜后，洛克希德获得了两架原型机的建造权，证明其设计不只在竞赛中获得成功，实际上也能飞得起来。这是空军与美国国防部预先研究计划局的联合项目，代号为"海弗蓝"（Have Blue）的飞机。如果"海弗蓝"飞行正常，那么空军可能会签订生产大量隐身飞机的合同，这意味着成败事关数亿美元。问题的关键是如何飞起来。凯利·约翰逊（Kelly Johnson）是飞机专家，他对洛克希德设计的批评——"它永远不会离开地面"——代表了部分人的看法。为了使它飞起来，大家的精力再一次转向计算机，这一次不是设计飞机，而是让飞机飞起来。

从航空业的早期开始，关于飞行员重要性的争论就一直存在：他们是简单的机械驾驶员，还是专业且独立的职业人员？多年来，试飞员们一直在争论，他们不只是驾驶员，更不是仅仅被动坐在飞机上的乘客，他们是能够掌控飞机的飞行员。但是在第二次世界大战后，出现了飞得更快、反应更敏捷的喷气式飞机，这开始考验人类的反应极限，与此同时，电子计算机的出现为飞行员提供了潜在的帮助，甚至可能替代飞行员。

飞行员在争论中获胜。工程师开始使用计算机辅助飞行，但仅仅是辅助。速度达马赫数6的X–15于1959年首飞，它装有一台计算机，可将飞行员的驾驶杆动作转换成操纵面的适当动作，但计算机本身不会驾驶飞机。同样，"水星七人组"（Mercury Seven）的航天员都曾是试飞员，他们坚持认为他们有能力驾驶航天器飞行。正如尼尔·阿姆斯特朗（Neil Armstrong）接管过飞船控制权，将"老鹰"号（Eagle）登月舱降落在月球表面时所展示的那样，"阿波罗"（Apollo）飞行计算机的设计不是为了进行自主控制，而是为了增强航天员的操控。在冷战高峰时期，美国政治家总喜欢将充满个人英雄主义的美国飞行员与他们认为只知道刻板执行命令的苏联太空计划飞行员相提并论。试飞员就是20世纪的牛仔，比如，X–15的试飞员"牛仔"乔·沃克（Joe Walker），电影《壮志凌云》中的汤姆·克鲁斯（Tom Cruise）饰演的"独行侠"。[1]

今天的无人机已经改变了过去那种对熟练飞行员的偏爱胜过计算机的传统。1976年，洛克希德的隐身飞机采用电传飞行控制延续了这一较老的传统，它增强了座舱内飞行员的操控，而不是取代他们，这意味着计算机要在飞行员和操纵面之间进行协调，从而使翼面，如襟翼和尾翼操纵面不再直接或机械地响应飞行员的命令。如果飞行员希望飞机做出某些动作，比如上仰一定角度或向一侧滚转一定角度，他将适度移动驾驶杆，飞行控制计算机将根据飞机的性能及当前的速度和姿态，决定要移动哪个控制翼面并达到何种程度。"海弗蓝"需要采用电传飞行控制系统，因为它在俯仰、滚转和偏航三个轴向上都不稳定。（俯仰表示绕横轴转动，使机头上抬或下压；滚转表示绕纵轴转动，使机翼向上或向下滚转；偏航表示绕竖轴转动，使机头向左或向右转向。）这种不稳定可能导致跨轴耦合：如果飞行员试图改变俯仰角度，飞机的滚转或偏航可能会出现失控。就飞行员而言，"电传飞行控制"的最终结果与他本人操控并无二致：如果他要求飞机向右滚转5°，飞机最终就会向右滚转5°。[2]

但是，与"阿波罗"（Apollo）上采用可编程微电子器件的数字计算机不同，美国空军开发了一种模拟电路的飞行控制系统，并将其用在F-16战机上，它的首飞比"海弗蓝"早两年。[3] 为了节省时间和金钱，"海弗蓝"采用了F-16的飞行控制计算机，并已通过振动、压力、耐热等测试，可以胜任飞行。因此，洛克希德的工程师们必须为飞行的各个方面设计新的控制律，比如控制俯仰、翻转或偏航，而不是制造一台计算机。这些控制律将飞行员的动作与来自传感器系统的空气动力学数据结合起来，并对控制翼面进行即时修正。

"海弗蓝"的计算机有4个通道，是典型的美国民主式设计：每个动作都由三个通道进行表决，第四个作为备用。例如，如果通道1的读数为2V，通道2为2.5V，而通道3为3V，则系统将采用2.5V。如果一个通道与其他通道的差别达到指定的大小（如在本例中一个通道的读数为10V），则系统会将其剔除并引入备用通道。

每个通道均由7块电路板组成，每块电路板的尺寸约为9in×12in。整台计算机包括28块电路板，长约24in，宽15in，高12in，重约50lb，未采用可编程的半导体芯片；它们是由微芯片和分立电子器件（如晶体管）组成的模拟电路，以硬连接的方式安装在电路板上。这意味着工程师不是通过重写软件代码，而是通过在电路板上重新进行物理连线来改变飞行控制。例如，要想更改俯仰控制律，工程师将从所有 4 个通道中取下用于俯仰控制的电路板，各取下一个晶体管，然后在 4 块电路板上均安装上一个所需规格的新晶体管，并将新晶体管焊接就位，再将各电路板放入其插槽中，随后测试电路板和表决系统，以确保所有电路板都工作正常，而且新器件不会影响其他任何控制件。对控制律进行微调，意味着要对该过程进行无数次的迭代。[4]

因此，隐身技术标志着对飞机传统设计的双重挑战。这个挑战首先是来自电磁学专家，其次来自"电传飞行控制"。飞行界的黄金时代始于 50 年前，从此，航空工程师主导了飞机的设计，在风洞中对机翼进行微调，并精心制作出更加优美流畅的空气动力学形状。到 20 世纪 70 年代，电气工程师开始涉足这一领域，他们用的不是蓝图，而是计算机代码和电路图。正如工程师自己所说的那样，"电工正在替代钣金工"。[5]

随着飞行控制系统的兴起，控制系统工程师也随之出现，通常是电气工程专业的人，他们常挂在嘴边的是反馈回路和频率响应等问题。[6]洛克希德的首席飞行控制工程师是鲍勃·洛施克（Bob Loschke）。他是俄克拉何马州当地人，1976 年时还不到 40 岁，身材瘦小，性格文静，办事有条不紊。他拥有航空、电气和控制系统工程专业三个学位，他耐心解决问题的能力为他赢得了"工程师中的工程师"的好声誉。[7]

电传飞行控制兴起的必然结果是对飞行模拟器的依赖。X–15 是电传飞控系统的早期例子，也是首批广泛使用飞行模拟器的飞机之一，这并非偶然，"阿波罗"号的航天员无法在太空中练习月球舱飞行，但却可以在模拟器上进行无数小时的训练。[8]这对隐身飞机也同样适用。要解决飞行控制系统中的问题——先取决于当飞行员对驾驶杆施加一定的滚转或俯仰速率时，飞机是否会正确响应，这需要反复进行试验。系统中存在很多异常情况，洛施克（Loschke）和他的同事们不想损失真正的飞机，更不用说飞行员了，所以必须要发现这些异常。因此，"海弗蓝"的两名试飞员在模拟器上累计的模拟飞行时间非常长，可能达上千小时，远远超过他们后来在真正飞机上的飞行时间。对于该项目来说，模拟器上的模拟飞行时间与实际试飞时间同样重要。[9]

　　在设计模拟器的控制顺序时，性格温和的洛施克也会显露出其凶狠的一面，他故意为试飞员设套。例如，他会先开始一项任务，如在 20kn 的侧风情况下降落飞机，然后在此基础上再故意制造发动机故障。洛施克特别想要找出可能导致飞行员诱发振荡（PIO）的情况。由于用的是比人类反应更快的计算机，诱发振荡是飞行控制系统的一个潜在特性。当计算机检测到某种动作并采取纠正措施时，就可能产生诱发振荡；而飞行员（稍稍慢那么一点）也会立即采取矫正措施，从而导致过度矫正。先是计算机动作，紧接着是飞行员，随后又在相反方向上采取过度校正，如此反复多次，每次校正都比反馈回路中的上次矫正力度要大一点，最终使飞机在数秒钟内失控。数年后，1992 年 4 月，在 YF-22 隐身飞机（"海弗蓝"的后续机型）的一次试飞中，在跑道上方 100ft 处发生了这种剧烈的振荡，机头猛烈上下摇摆，然后机身重重地撞在地面上，用机腹滑行了 8000ft，尾部留下一道火焰，飞机被毁。所幸飞行员逃离了飞机。[10]

　　在这种反馈回路中，电传飞行控制有潜在的"缺陷"，但也有优点。为了省钱，"海弗蓝"的设计团队使用了现成的起落架，事实证明，按飞机的重量来说，这个起落架显得有点软。当飞机滑跑时，如果飞行员踩下刹车，起落架就会稍稍弯曲。计算机会感受到扭矩并通过方向舵进行修正，这会使机头转向。如果机头开始摆动，飞机可能会偏离跑道并坠毁。由于采用了电传飞行控制系统，工程师只需调整电子装置即可解决飞机上的问题。他们仍然必须取下电路板并焊上新的部件，但这与拆解和重装机身，或是更换起落架相比，要容易得多。

　　模拟器上发现的问题促使对"海弗蓝"的机体进行了一些设计更改。设计师发现，升降副翼——即机翼后部的活动翼面太小，在某些情况下，无法控制机头上抬的趋势。因此，他们将铰链安装在排气口的后缘，就是飞机中线最靠后的位置。需要时，这个新的翼面将向下偏转，从而使机头下压。这是面积比较大的襟翼，直接从飞机的尾部伸出，他们称之为"鸭嘴兽尾"。[11]

　　模拟器还可以帮助飞行员了解他们将要飞行的那只"怪飞机"。"海弗蓝"所固有的不稳定性，意味着"电传飞行控制"系统有时会向控制系统发送有违直觉的命令，使方向舵和升降副翼动作的方向与其他大多数飞机执行特定动作时的方向相反。例如，在一般飞机上，如果飞行员想放慢飞机速度，他会收回油门，保持飞机平飞，此时机翼后缘的升降副翼上翻，使机头上抬，以防飞机在减速时机头下压。但是,"海弗蓝"在飞行员放慢速度时,本身就有机头上抬的趋势。因此,飞行控制系统将升降副翼向下翻转。飞行模拟器上装有向飞行员显示操纵翼面实际位置的指示器。试飞员比尔·帕克(Bill Park)看到升降副翼的作动方向与他所飞过的所有飞机相反,就问洛施克:"鲍勃,它们真的要这么偏吗?"洛施克说:"是的。"帕克叹了口气,说:"我不想知道。"[12]

新技术的构想是一回事,而要实现它则是另一回事。就拿核武器来说,1939年,世界各地的科学家就意识到核武器是可能的,但是在第二次世界大战期间,美国及其盟国付出了数年的巨大努力才真正造出了核武器。直到现在,一些国家还是做不到。对于隐身飞机来说也是如此:即使物理学家证明隐身飞机是可能的,并且设计工程师在蓝图上也画出了隐身飞机,然而仍然需要制造工程师把这些公式和蓝图变成实实在在的东西。

在公众印象中,航空航天工程师是弯腰摆弄计算尺或计算机的设计工程师。但是,航空航天行业还有另一面:机械师、装配工人和制造工程师在车间里干着韦恩赫·冯·布劳恩(Wernher von Braun)所说的"两手脏兮兮的"工作。[13] 这些工人是"臭鼬工厂"中的最大群体。其中有大概四分之一是设计工程师,再加上为数不多的财务、安保、行政管理等小组。其余超过一半以上的人员都是从事制造工作,当大项目进入生产阶段时,这个比例会达到约三分之二。

车间是一个与设计工程办公室迥然不同的世界:那里摆放着锻锤、铆钉枪、液压机、高压釜和车床,而不是计算尺和曲线板;工作人员是高中文凭而不是高级学位;有各种各样的种族,而不是纯白人的文化氛围;是蓝领而非白领,但是这对设计同样重要。

"臭鼬工厂"的优势之一是将设计与生产工程相结合,保持了持续的沟通与互动。设计师和生产人员在同一座建筑物中工作,因此制造人员可以一路小跑上楼与设计人员交谈,告诉他们什么情况下无法按照设计制造,或无法以给定的成本制造出来。当一些美国企业将生产转移到海外,切断制造与设计之间的联系之后,才认识到设计与生产结合的好处。正如通用电气公司的一位工业设计师所说的:"当制造工厂被搬走后,这种内在的理解会逐渐消失。而且永远都无法重拾这种理解。"[14]

如果车间工人不配合,"海弗蓝"设计师的聪明才智也将无法施展。如何制造出平整的多面体表面？是采用铸造、机加工还是模锻的方法？如何确保表面的结构完整性？由于任何凹坑或缝隙都会影响到雷达反射波，如何达到极限的公差要求？在"海弗蓝"出现之前，飞机通常是由内向外建造的：首先是骨架，然后是蒙皮。由于"海弗蓝"的表面要求至关重要，因此这种飞机是从外到内建造的。

接下来就是一些特殊的材料，其中许多材料在不同的温度、压力、湿度下，特性会发生改变。正如一个车间工人所说，它们像是会新陈代谢，更像是喘着气的活体，而不是死气沉沉的铁板一块。[15]

例如，为了吸收雷达波，机翼和尾翼的前缘采用了带有导电铁氧体混合物的玻璃纤维蜂窝材料。铁氧体按密度分级，以使边缘部位的电阻较低，后部的电阻最高，从而与金属结构的电阻相匹配。要以足够高的精度制作出满足空气动力学要求的标准前缘翼型就已经比较困难了，而采用这些新材料制作时更是难上加难。这意味着要铺设带有铁氧体的玻璃纤维布，每层布都要按照特定的编织方向，然后在模具中整体成形，不仅要满足尺寸公差，还要满足密度层级的要求。[16]

边缘上带有铁氧体的玻璃纤维用于吸收边缘处的低频雷达波。同时，所有小平面的表面都覆盖有一层带有铁氧体的橡胶涂层，厚度约为30/1000in，用于吸收高频雷达波。制造团队不得不将表面的橡胶层像壁纸一样贴在飞机上，事实证明这很令人头疼。任何一个裱糊工人都知道，如果表面不干净，覆层就会剥落。[17]

除了引擎周围采用钛金属之外，"海弗蓝"的机身主要是铝制的。20世纪60年代初，"臭鼬工厂"在SR-71飞机上首次使用了钛金属，但此后麻烦来了。凯利·约翰逊曾说过，就算把SR-71的设计图交给苏联人，他们也无法复制出飞机来，他们没有钛金属的切割、成形和焊接技术。（然而，在开发自己的钛金属来源之前，美国必须先依靠苏联获取钛矿石。）[18]钛的成形需要在加热炉内升温至1400°F[①]，然后在高温条件下，再用加热炉内的液压机进行成形加工。与普通的机械加工车间相比，所谓的热加工车间需要不

① °F（华氏度）是非法定计量单位，其换算公式为：t_F（°F）=32+1.8t（℃）。——编辑注

同的技术。最重要的是要有耐心，因为零件在高温下要花费一些时间才能成形。[19]

监督"海弗蓝"制造过程的工作落到了罗伯特·墨菲（Robert Merphy）身上，他是一个清瘦但精力充沛的人，当时只有47岁。第二次世界大战期间，身处纽约北部乡下的少年墨菲就已经爱上了飞机，并直接从高中入伍（他当时只有17岁，但他说服母亲签署了文件）。他接受过机械师培训，并在柏林空运期间直接从新兵训练营被派到飞机上工作。20世纪50年代初退役时，他和一个伙伴开车横穿美国前往加利福尼亚，因为那里是飞机行业的所在地。他在洛克希德找了份工作，不久就进入了"臭鼬工厂"，他只有高中文凭，而周围都是些有研究生学位的工程师。然而，他的绝活是能为最棘手的工程问题设计出简洁的解决方案，从而赢得了天才的声誉。他首先在 XF-104 上，然后在 U-2 上担任飞行测试的机械师，到25岁时，墨菲升任主管，手下是比他早一二十年工作的高级职员。他曾在日本常驻，负责 U-2 计划，在那里遇到了他现任妻子。她曾为中央情报局和土耳其工作。此后，凯利·约翰逊让墨菲在帕姆代尔（Palmdale）负责 SR-71 的总装和飞行测试工作，当时他才34岁，年富力强正当年。[20]

墨菲做事执着，不允许有任何借口。"臭鼬工厂"也提供了这样的工作空间；约翰逊出名的一点是，他会简单地告诉工作人员要做什么而不是如何去做，然后让他们自己去解决问题。"海弗蓝"项目为发挥个人的自主性提供了充分的机会。1977年，墨菲成为"臭鼬工厂"的运营副总监，负责除设计工程与合同之外的一切事务。墨菲说话直率、风趣，充满幽默感，这有助于他在向下属下达工作任务时缓解紧张气氛。尽管他对团队的要求很高，但他对自己的要求更高，他每天早上5点起床，然后很快就去了车间。

"臭鼬工厂"的设计办公室与车间还有另一个主要区别，即车间工人成立了工会。这种情况几乎使"海弗蓝"项目中途偏离轨道。1977年10月，就在"海弗蓝"预定首飞日期的两个月前，洛克希德的机械师们，包括在"臭鼬工厂"工作的机械师，举行了罢工。[21]洛克希德的合同经理想让空军根据罢工的天数将首飞日期顺延。墨菲没有动摇，他仍然坚持，"试飞百分之百不会推迟"。

墨菲将他的生产管理人员分成两个团队，他们自己在飞机上进行着相关的工作。每个团队每周工作 7 天，每班 12h。即使是设计工程师也要求一起工作，尽管每个人的手艺高低不同。试飞员紧张地看着设计工程师，其中一些人还没搞清楚是怎么回事，就拿起工具上了飞机干活。最终飞机还是按时飞上了天空。[22]

试飞地点在任何地图上都找不到。大约在 20 年前，凯利·约翰逊曾去寻找 U-2 飞机的测试地，最终定在格鲁姆湖（Groom Lake）上，这个地方实际上并不是湖泊，而是内华达州（Nevada）南部沙漠中的一处干涸盐滩，其大致位置在拉斯维加斯（Las Vegas）与托诺帕（Tonopah）之间。约翰逊之所以选择这儿，是出于与 20 世纪 30 年代所选的加利福尼亚州莫哈韦沙漠（Mojave Desert）的莫洛克干湖（Muroc Dry Lake）同样的原因，而那里已经成为飞行测试中心：这里的干涸湖床平坦坚硬，如果出现飞机无法在跑道上降落的紧急情况，这会是一个完美的着陆场地。而且美国政府已经拥有这块土地：它位于内华达试验场的一角，美国曾于冷战初期在这儿试验核武器。在进行地面核试验的日子里，格鲁姆湖（Groom Lake）定期落下核爆尘埃。该测试场的位置以网格编号的方式标出，从而让机场有了一个更为人熟知的名字：51 区。约翰逊恶搞地称其为"天堂牧场"（Paradise Ranch），说服员工在那里工作。洛克希德的工作人员则直接称之为"牧场"。这个地方的空域有一个更令人难忘的名字：梦境（Dreamland）。[23]

当时，51 区还没有被阴谋论者搞得声名狼藉，他们说那里冷冻着不明飞行物上的外星人，这让公众联想到新墨西哥州（New Mexico）的罗斯威尔（Roswell）（实际上，之后那儿被曝出进行过隐身飞机的首飞，才更加剧了 51 区的神秘感）。现实则平淡无奇。格鲁姆湖兼具军事基地的日常沉闷，和内华达州干燥沙漠尘土飞扬的荒凉感。简陋的基地住房——先是拖车，后来是简易宿舍——使这个地方显得破烂不堪、落后荒凉，还不时有风滚草滚过。

但是，与加州的莫洛克干湖一样，格鲁姆湖测试项目的业绩令人惊叹，它以美国拥有的最具突破性的高科技，打破了军事基地的单调。毫不夸张地说，这些的确是高科技：首先是 U-2，被设计为可在 70000ft 的高度巡航，超过了防空导弹的射程；其次是 A-12 和 SR-71"黑鸟"，不仅飞得高而且飞得快。它的航速非常快，能达到马赫数 3.2，可以超过导弹的速度躲避其威胁。在大约 1h 之内它就可以从洛杉矶飞到华盛顿特区。这些研发项目使飞行员多次遭遇了千钧一发的险情,有些飞行员从发动机熄火和反向平尾旋(spin)事故中脱险;而有些飞行员则没能脱险。[24]

截至 20 世纪 70 年代中期,在格鲁姆湖工作时间最长的飞行员,就是前面提到的"海弗蓝"的指定试飞员比尔·帕克。他是南卡罗来纳州查尔斯顿(Charleston)的当地人,在第二次世界大战快结束时入伍。他在朝鲜驾驶 F-80 执行过上百次飞行任务。这是一种由"臭鼬工厂"设计的飞机。帕克后来在 1957 年作为试飞员加入洛克希德。他是一位传奇式的人物。他曾将一架 U-2 降落在航空母舰上,并且是第一个驾驶 A-12 飞到马赫数 3 的人。在一次 A-12 测试中,即将着陆时,飞机在湖床上方 500ft 处开始滚转,停不下来。地勤人员惊恐地看着飞机旋转着扎入湖床,在地面升起巨大的火球。他们以为帕克在劫难逃,但很快就惊讶地发现帕克平静地慢慢走过来,怀里抱着捆好的降落伞——他在 200ft 高度弹射跳伞,降落伞在他落地前的一瞬间打开。这不是他最后一次遭遇险情。

试飞员的工作需要对危险有非凡的承受能力,但是这些飞行员并非莽汉。正如一位 F-117 试飞员所说:"我们中没有一个人是那种任火烧眉毛都全然不顾的人。我们做事有条理,懂得规避风险。"[26]尤其是年轻的一代试飞员代表了试飞员兄弟会内部的变化,体现出从巡回特技飞行员到工程师,从牛仔到精算师的转变,简而言之,就是从查克·耶格尔(Chuck Yeager-第一个突破声障的飞行员)到尼尔·阿姆斯特朗(Neil Armstrong——"阿波罗"登月航天员)的转变。[27]这些年轻飞行员中的许多人都有高等工科学位,他们对飞机有扎实的技术理解,而且他们以工程师的理性方式对待风险,对其进行分析并使之最小化。

这并不是说他们很沉闷,或者枯燥乏味,帕克也有幽默的一面。在 U-2 的一次飞行中,发动机出现了燃油问题,他不得不将飞机滑翔迫降到基地,几乎撞倒跑道尽头的围栏。本·里奇急忙跑过去见他,问到:"发生了什么事?"帕克回答说:"我不知道。我自己也刚到这儿。"[28]

但是,他们知道如何寻找乐趣。他们工作努力,尽情玩乐;基地最终有了一个篮球场和垒球场,其中一些人通过玩模型飞机,迷上了无线电遥控模型。他们热衷于聚会。爱德华空军基地拥有一家"快乐屁股骑马俱乐部"（Happy Bottom Riding Club），它是由潘乔·巴恩斯（Pancho Barne）经营的一家沙龙，因电影《太空先锋》（The Right Stuff）而名声鹊起。51区也有自己的酒吧，名为"萨姆之家"（Sam's Place），这个名字来自萨姆·米切尔（Sam Mitchell），他是中央情报局雇员和51区早期的基地指挥官。"萨姆之家"是基地的主要酒吧，后来洛克希德的工程师在宿舍区的79号楼里开设了一家私人酒吧。为了纪念控制系统工程师，他们将其称为"锥头酒吧"（Conehead Bar），酒吧的徽标上带有十六进制数字4F，转换为十进制时就是79。他们的机库也有名字：由于位于51区飞机场的南端，所以被称为巴哈·格鲁姆湖畔。[29]一位飞行员回忆说，在"锥头酒吧"整夜喧嚣，有人醉酒"放翻在地，然后拖出去……男孩嘛就是男孩。"[30]

这种狂欢作乐掩盖了个人付出的代价。紧迫的进度要求，使他们除了忍受51区长时间的工作压力，还使婚姻和家庭关系异常紧张。每周一早上，"海弗蓝"的工程师和试飞员都会离开位于伯班克地区的家，然后一周时间内都消失在他们无法透露的地方。（40年后的今天，他们中的大多数人仍然拒绝透露测试地点。）有些人会在周末回家，而另一些人则因为时间紧张又连着呆上几个星期。洛克希德公司会给他们的配偶一个特殊的电话号码，如果家里有紧急情况，可以拨打这个电话；电话应答会传达口信。洛克希德公司还为在城外工作加薪。尽管如此，有些工作人员还是退出了项目，这不足为奇，他们认为与个人关系上的紧张相比，这些回报并不值得。[31]

1977年12月1日，在洛克希德赢得合同后的第20个月，"海弗蓝"迎来首飞，坐在驾驶舱内的试飞员是帕克（帕克坚持要驾驶这种不稳定的飞机作为对自己的奖励，本·里奇同意了）。试飞通常在日出之后、基地的工作人员上班之前进行，以避免引起好奇。如果得知有苏联卫星从飞机上空经过，飞机就会停在机库里。

这种特殊的工作一直持续到最后。在首飞前的72h，机组人员进行了发动机的最后测试，发现发动机使机身过热。墨菲决定做一个临时的隔热罩。他在机库的一角看到了一个钢制柜子，认为"钢就是钢"，于是把柜子切成小块钢板。那已不是他在"海弗蓝"上的最后一次即兴发挥。[32]

图 7-1 飞行员肯·戴森（Ken Dyson）驾驶"海弗蓝"起飞，进行试飞。这是第二架测试飞机，没有安装长长的空速管

图片图片来源：本·里奇论文，亨廷顿图书馆。

在美国航空史上，扫帚的地位特别突出。许多人都知道查克·耶格尔（Chuck Yeager）在 1947 年完成了"突破声障"的飞行，当时他的飞行工程师临时锯下来一截扫帚把，作为把手安装在舱门上。30 年后，"海弗蓝"即将上演处女秀。当洛克希德和美国空军的高级官员到场时，比尔·帕克正坐在跑道上的飞机驾驶舱中。但是，在将燃油从机身油箱转移到机翼时出现了问题。鲍勃·墨菲接上燃油泵进行处理。这时燃油箱鼓出一个气泡，将盖子吹掉了。"哦，见鬼。"盖子掉在油箱顶部的狭窄的平台上，墨菲的手无法够到。帕克一直追问："到底怎么回事？"墨菲对帕克说："没事！"他在附近看见一把扫帚，拿了过来。扫帚杆的粗细刚刚好，墨菲取出了盖子，然后对帕克说："发动引擎"。[33]

首飞很顺利，但是随后的飞行却暴露出了设计和生产上的问题。例如，"鸭嘴兽尾"上表面会受到发动机尾气的加热，使得其上面温度升高，而下表面温度较低。由于受热膨胀的程度不同，"鸭嘴兽尾"像土豆片一样卷曲，破坏了雷达特征信号。结构工程师尝试了多种不同的新设计，用大功率石英加热灯反复测试，最后找到了保持平直的解决方案。[34]

　　试飞也暴露出刹车的问题。为了省钱，"臭鼬工厂"没有在"海弗蓝"的刹车上多下功夫。第一架飞机装有减速伞以降低飞机速度。然而，每次飞机降落后滑行结束时，地勤人员都会发现刹车片热得发红。机组人员不得不在跑道尽头放置了几个大风扇，对着飞机吹风，给刹车降温，以免着火。[35]

　　发生的多次险情中，有一起是刹车问题引起的。在1978年5月的一次飞行中，帕克为了尽量少用刹车，就在降落时尝试降低速度。然而就在触地前，他将飞机速度放得太慢了，飞行控制系统使飞机直接掉落在跑道上。飞机被反弹回起来，帕克本能地加大油门复飞，准备再次降落。但是地面撞击使一个起落架发生弯曲，当帕克想收回起落架时，它却卡在了轮舱内。他试图以大过载数转弯放下起落架，然后又用仍能正常工作的起落架进行艰难地触地复飞，但仍无济于事。试飞员此前曾讨论过这种情况，认为如果仅有一个起落架可用，他们将弹射跳伞。因为仅放下一个起落架的飞机在着陆时，可能会滚转成一个金属球。那时飞机已经没有了燃油，帕克别无选择，只得弹射跳伞。弹射的力量将他撞到座舱盖上，落地时摔断了一条腿，最后他脸朝下趴在地上昏迷不醒，满嘴的脏污使他窒息。[36]

　　之前"海弗蓝"每次飞行时，都会有一架载有医疗人员的直升机升空，以防不测。当天清晨，基地指挥官找到帕克，并告诉他正在打算取消直升机，让医务人员回到基地，因为经过5个月和36次试飞，"海弗蓝"似乎没有任何风险。帕克坚持让直升机升空，基地指挥官让步了。这可能挽救了帕克的性命。当医疗人员找到他时，他的肤色已开始发青。他们给他清理了呼吸道，然后送往医院。这是他的最后一次飞行。[37]

　　肯·戴森随后接替了他。在成为试飞员之前，戴森曾在越南驾驶过飞机，是代替帕克的合理人选，他也曾在第一架飞机上飞过一些架次。戴森个子很高，不得不弓着腰以适应"海弗蓝"的狭窄座舱，即使如此，他的头也会撞到座舱盖上；一名飞行技师在他的头盔上涂了一层橡胶，以防止划伤玻璃。

　　两架"海弗蓝"原型机中的第一架坠毁时，第二架正好到场，因此飞行计划没有出现任何中断。不过，第二架飞机与第一架有所不同。第一架用于测试飞行稳定性，而不是雷达性能，因此它的机头上伸出了一根6ft长的空速管，用于收集飞行数据，机尾也设有减速伞箱。第二架飞机则没有空速管，也没有减速伞箱（和第一架飞机一样，它装有三个非常短的、低雷达信号特征的空气压力探头，并安装了 8 个与机身表面平齐的静压口）。此外，在罢工期间，第一架飞机是由生产管理人员在设计工程师的协助下制造的。而第二架飞机生产时，车间的正式工作人员已结束罢工，回到了工作岗位。在戴森看来，公差控制似乎更严格了些。[38]

到 1979 年 7 月，戴森在第二架飞机上，已经针对地对空和空对空雷达系统的探测能力进行了超过 50 次的飞行，所有这些都证实了"海弗蓝"的雷达隐身性能。就在项目计划还剩最后几次预定飞行时，戴森在一次飞行中，飞行控制系统忽然失去液压，这意味着飞机突然间变得只比风中的铁皮房子能好点。机头剧烈下压，这给戴森造成约负 6g 的载荷，然后又向上仰，接着再次下压。戴森设法安全弹射跳伞。当他挂在降落伞下面晃来晃去时，眼看着飞机一头扎入沙漠，冒起一团火球。弹射时的作用力使他的三截椎骨发生压缩性骨折。戴森仍然没有完成隐身飞机的试飞。他向家人编了一个故事掩盖事实：他告诉女儿，他是在爬梯子进入驾驶舱时受的伤。[39]

图 7-2　从下方观察到的飞行中的"海弗蓝"。中心靠右的可伸缩天线处于伸出位置。起落架舱门边的微小缝隙（不到 1/4in）是由高度变化的压差造成的。这个间隙使头向的雷达截面积增加了 3 倍，在 F-117 上进行了重新设计
图片来源：洛克希德－马丁"臭鼬工厂"。

随着第二架也是最后一架飞机像第一架一样烧成残骸，没有"海弗蓝"幸存下来最后进入博物馆。它们达到了设计目的，达到了设计包线——可在最高 45000ft 的高空以马赫数 0.8 的速度飞行。通常它会在 30000ft 以下的高度飞行，

以免形成尾迹云，同时也证明了其飞行控制电子系统。[40] 简而言之，它证明了"铁皮房子"确实可以飞，而且还可以躲避雷达。

没有谁能保证空军会签订"海弗蓝"的批量生产合同，可能进行到试飞阶段，项目就算是结束了，这是一次令人印象深刻的演示，仅此而已。此外，还有另外一个因素。1977年和1978年，隐身飞机的问世适逢美国一批杰出的国防政策制定者上台，他们非常有资格对诸如隐身飞机之类的技术做出评估。曾担任海军核力量工程官员的卡特（Carter）总统，在1977年1月就职后，就着手组建一支技术上过硬的国防部人员团队。这个团队的科学专业知识的广度和深度独一无二。首先是国防部长哈罗德·布朗（Harold Brown），他获得了哥伦比亚大学的物理学博士学位，刚刚担任数年加州理工学院的校长。布朗是第一位担任国防部长的博士科学家。五角大楼的工作人员随即大吃一惊，他们发现他仔细地核对了他们的技术评估报告，在备忘录边缘的空白处留下了技术方程式的推导过程。[41]

布朗选择威廉姆·佩里（William Perry）担任主管国防部研究和工程署（通常称为DDR&E）国防部副部长。佩里是一名数学物理博士，也是位于硅谷的一家防务电子公司电磁系统实验室（Electromagnetic Systems Laboratory）的联合创始人。因此，佩里非常了解新数字技术的潜力。空军副部长汉斯·马克（Hans Mark）是麻省理工学院的物理学博士，曾领导美国国家航空航天局的艾姆斯（Ames）试验中心，年轻时的理查德·舍勒在加入洛克希德之前，也曾在该实验室工作过。佩里同时聘请了一位特别助理，一位名叫保罗·卡明斯基（Paul Kaminski）的年轻空军军官，他从斯坦福大学获得了航空航天学博士学位。柳·艾伦（Lew Allen）将军随后也加入了这个满是精英齐聚的团队，他拥有核物理博士学位，并于1978年7月被卡特任命为空军参谋长。艾伦是空军技术部门出身，从非指挥或作战飞行员升任该职位的第一位参谋长。有传言说，他的任命让强硬派的前空军参谋长寇蒂斯·勒梅（Curtis LeMay）心脏病发作。[42]

由具有博士学位的科学家和工程师担任诸如国防部研究和工程署（DDR &E）署长这样一些职位的情况并不少见。但是不寻常的是，从国防部长到空军参谋长，到处都是高学位的人才，实际上这在美国历史上也是独一无二的。这个强大的科学家和工程师团队毫无意外地接受了一种想法，即采用技术抵消苏联在常规武器（如士兵、坦克和飞机的数量）方面的优势。之前美国曾依靠核武器抵消苏联的这种优势，但是到了 20 世纪 70 年代中期，苏联已经实现了核对等。随着苏联人在核武器上更多地投入，并在常规武器上保持遥遥领先，美国将技术作为一种非对称方式，以实现战略层面的平衡。布朗和佩里特别力推这一新的"抵消"战略，并让隐身飞机成为核心，即便这意味着要侵占其他项目的资金，也要筹集资金以推动其快速发展。[43]

经过卡明斯基的仔细评估后，国防部研究和工程署署长办公室得出结论，隐身飞机的确是一项突破。卡明斯基的报告指出，由于是由空军的机械师而非洛克希德技术人员进行维护，隐身飞机在战场上有可能无法正常使用——雨水、沙尘和污垢可能会降低其性能。但是报告同时也指出，"隐身"在实战中也将占有优势：它可以通过谨慎选择飞行路线躲避苏联最强大的防御系统，并可以通过选择充满杂波的航路，利用会产生虚假雷达反射信号的地形特征，进一步挫败苏联的雷达。[44]

佩里将卡明斯基的建议传达给空军，但是在此之前还要考虑另一种可能：停止隐身飞机项目，因为担心美国的计划会泄露给苏联，而苏联随后将利用这种技术突破美国的防御系统。但是，佩里认为，与苏联人展开高科技竞争要好于阻止高科技发展，也就是说，采取进攻胜于防御的策略。而且苏联人在防空系统上的投入远远超过美国，所以他们对隐身技术的需求不像美国那样迫切。[45]

1978 年 11 月，空军根据一项名为"高级趋势"的新计划向"臭鼬工厂"授予了生产合同，这一次由空军独家采购。这种飞机的验证机称为 YF-117A，用于飞行测试生产型 F-117A。尽管并不是真正的战斗机，但仍以"F"（战斗机）命名，而不是以"A"（攻击机）或"B"（轰炸机）命名，即使这种飞机并非要设计成用于空战，更多的是用于执行空对地轰炸任务。艾伦·布朗回忆，负责战术空中司令部的空军将军说道："如果让我的顶级战斗机飞行员去飞这种飞机，他们中的任何一个都不会去飞'A'打头或更差一点的'B'打头的飞机……所以，以'F'打头。"（也就是这位将军，在听过洛克希德关于飞机视觉伪装广泛研究的简报后，问道："飞机将在夜间飞行，不是吗？"布朗回答说："是的。""那好，把飞机涂成黑色。"洛克希德涂装工程师已经在涂装方案上花费了无数小时，他们在得知此命令时，抗议道："你不能这样做！"）[46]

　　由于"隐身飞机"似乎是美国冷战时期武器库中的"杀手锏"，因此空军希望尽快拥有它，并计划进行以 SR-71 为样板的批量生产：造出少量飞机，但一定要快。"臭鼬工厂"将建造 5 架 YF-117A 和 59 架 F-117A；根据时间表，要在 22 个月内进行首飞，在 51 个月之内，也就是 1982 年 12 月之前进行列装。优化后的时间表与管理措施相互配套。最初的合同只有 70 页，洛克希德和空军的管理人员通过日常电话和空军管理人员的频繁拜访代替了文书工作，其中一些人在关键阶段全天住在"臭鼬工厂"。[47]

　　空军最初要求洛克希德同时研究"小型战斗机"（F-15 般大小，机长 64ft，翼展 43ft）和"大型战斗机"（B-58 般大小，机长 97ft，翼展 57ft）两种机型，最终合同落在"小型战斗机"上。[48] 选择它的原因之一就是：由于作战版的飞机必须携带武器和燃油执行远程任务，所以即使是"小型战斗机"版本，也比"海弗蓝"大了约三分之一，而要按比例进一步增大尺寸将面临更大的挑战。"海弗蓝"机长约 47ft，高 8ft，翼展 23ft；F-117A 长 66ft，高 13ft，翼展 43ft。与"海弗蓝"相比还有其他设计上的改进，最明显的就是尾翼。洛克希德的工程师

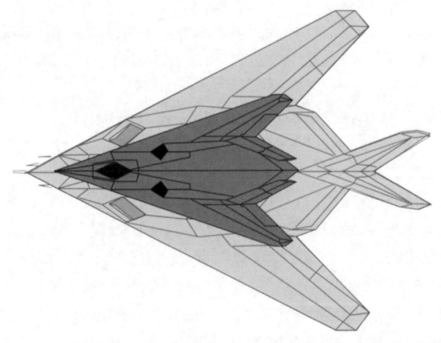

图 7-3　"海弗蓝"（较小的深灰色图形）与 F-117（较大的浅灰色图形）的相对大小比较

图片来源：艾伦·布朗。

发现,"海弗蓝"向内倾斜的尾翼会聚集尾气热量,从而形成一个巨大的红外目标,因此在 F–117 上,就修改为向外倾斜的 V 形尾翼,同时将位置后移,从而降低了红外特征,而雷达截面积付出的代价并不大。[49]

"海弗蓝"用了 18 个月建造完成。本·里奇答应在 22 个月内造出第一架 YF–117,它要比"海弗蓝"大得多,也更为复杂。但他很快就后悔了,因为飞机的设计带来了生产上的问题。外部环境也给该项目的实施造成很大障碍。飞机制造的前 3 年还一直受到来自高通胀的困扰,并且由于 1979 年的石油危机而一度中断,也因此蚕食了洛克希德的成本利润率。

同时,新的国防建设和民用航空业务的激增,使工人和物资都变得紧俏起来。特别是波音公司正在蓬勃发展。1979 年,它每个月要生产出 28 架大型民用

图 7–4 雷达目标散射测试场内的 F–117 全尺寸模型
图片来源:本·里奇的论文,亨廷顿图书馆。

客机，其中包括波音 747 巨型客机，这等同于几乎平均每天都从波音工厂开出一架新飞机。[50] 对洛克希德来说，则意味着缺乏经验丰富的生产工人，尤其是机械工和电工。即便将工作外包出去也没有多大帮助，特别是由于波音公司的许多分包商都在南加州（仅波音 747 就有近千家分包商），因此超额预订的机械加工厂根本无法兑现洛克希德的订单。这也意味着材料短缺：波音已经垄断了航空航天业用铝材的 30%。[51]

制造"海弗蓝"需要数百人。而制造 F-117 则需要数千人。由于极度缺乏可用的劳动力，"臭鼬工厂"只得使用缺乏经验的工人。此外，能够通过安全审查的工人很少，而能够通过安全调查的工人就更少了。"臭鼬工厂"超过 40% 的求职者因为滥用毒品未能通过安全筛查。而通过安全调查的人必须等待数月才能获得许可，在此期间，他们无法从事诸如隐身飞机之类保密项目的工作。因此，"臭鼬工厂"不得不先雇用他们，再申请工作许可：先将他们派往"非保密级别"的建筑物中，在那里，他们拿着全职的薪水，做着螺母和螺栓分类或其他琐碎的工作，直到工作许可发放下来。鲍勃·墨菲回忆起为组建生产队伍而付出的努力时说："这是谋杀，简直就是谋杀。"[52]

高通胀、劳动力和物资短缺、工作许可的延误，加上经验不足的车间工人，这一切使 F-117 的计划成本上升了 1 倍以上，从 3.5 亿美元增至 7.73 亿美元，

图 7-5　在第一架 YF-117 上天之后，比尔·福克斯（Bill Fox）为哈尔·法利（Hal Farley）举行了传统的浇水仪式
图片来源：洛克希德－马丁"臭鼬工厂"。

图 7-6　YF-117 首飞之后,"臭鼬工厂"团队举行的聚会。飞行测试是男人的世界。本·里奇在第三排靠右的位置,在身着深色 T 恤衫男子的左边;艾伦·布朗在第二排的中间位置,在身着格子衬衫男人的右边;鲍勃·洛施克戴着一顶帽子,站在第二排左数第四的位置

图片来源:斯科拉齐·安德森(Scratch Anderson)提供。

这也延迟了时间进度。YF-117 于 1981 年 6 月首飞,比原定计划晚了 11 个月,而自合同签订之日,已经过了 31 个月。由试飞员哈罗德·哈尔·法利(Harold "Hal" Farley)进行首飞,飞行时间由于尾气喷管过热,首飞时间被缩短。该次试飞还证实了人们的担心,即尾翼太小太软无法控制飞机,随后工程师们将它们改大了。测试证明,飞机能够飞起来,作为常用的庆祝方式,法利被浇了一桶水。那天晚上,51 区的"臭鼬工厂"的工作人员进行了一整夜的啤酒狂欢。

　　然而,排气管问题却是不祥之兆。排气管一直是生产中的难题。YF-117 的喷管呈扁平矩形,内衬有隔板和吸热瓦,这非常有助于减少雷达波反射和红外辐射,但不利于尾气从飞机中排出。常见的尾喷管设计为圆形且直通的是有原因的:扁平管道的结构强度较弱,挡板会阻碍尾气的排出,在高温和高压下,整个尾喷管有开裂或撕破的趋向。在后续的一次测试飞行中,尾喷管的衬层松动并滑脱,堵住了尾喷管。而尾气必须排放出来,所以就在尾喷管上吹出一个洞,刚好在机身的外侧。

图 7-7 从上方看飞行中的 F-117
图片来源：洛克希德 - 马丁"臭鼬工厂"。

在试飞过程中还出现了其他问题，一方面是因为赶进度；另一方面是由于飞机太过新颖，而测试工程师实际上就是要在飞行中解决问题。首架生产型飞机未能通过测试程序。生产线上的工人动了一个飞行控制单元，重新接好线，其间无意地颠倒了俯仰和滚转的控制装置。试飞员鲍勃·里登瑙尔（Bob Riedenauer）刚一升空，飞机即向一侧滚转，在地面上掠过。里登瑙尔侥幸生还，但在医院里呆了几个月。[56] 后来的一次飞行途中，一个尾翼直接折断。伴飞飞机的飞行员惊恐地看着尾翼飘落在沙漠的地面上，而试飞员却从容地将飞机飞了回来。[57]

在另一次试飞中，飞行员汤姆·莫根费尔德（Tom Morgenfeld）起飞时前轮掉落。测试工程师告诉莫根费尔德弹射跳伞。他们担心，如果试图以剩下的前起落架支柱着陆，飞机会在地面上翻跟头。无论如何，他还是降落了，他试图用像摩托车抬起前轮一样的特技使机头上抬，结果是机头金属材质的起落架支柱碰触到跑道后，一路火花四溅。凯利·约翰逊和本·里奇后来模仿工会不满的口气和莫根费尔德开玩笑，说这是"由未经授权的人员打磨部件"。[58]

F-117 还证明了飞机在不同开发阶段需要不同类型的管理人员。由于艾伦·布朗更侧重于研究和设计，而不是制造，洛克希德管理层和空军同意他们安排新的项目经理负责生产和后续的部署，并于 1982 年 2 月将该工作交给了谢尔曼·穆林（Sherman Mullin）。穆林在普林斯顿（Princeton）大学中途辍学,曾想以写小说为职业,但在进入美国陆军之后,他发现美军对他另有安排。在给他教授了电子学知识之后,陆军在 1955 年将穆林分配到得克萨斯州布利斯堡(Fort Bliss)的制导导弹学校(Guided Missile School)任教,教军官和现役士兵,当时他才 19 岁。然后他在几个行业相关工作中学习了新兴的数字计算机技术,最后在新泽西的一家名为斯塔韦德(Stavid)的小型公司任职,该公司于 1959 年被洛克希德收购。此后,穆林学习了系统工程,从事反潜作战项目,还担任了 5 年的 P-3 "猎户座"(Orion)飞机项目经理。P-3 教会他在新飞机的部署期间如何与行动指挥官和维修人员相处,而且 P-3 先进的成套航空电子设备还为他提供了良好的培训机会,为迎接 F-117 的到来做好了准备。[59]

穆林的职业生涯表明,有多种途径可以成为一名航空航天工程师。他没有大学学历,但擅长数学,并且在电子学方面免费得到了美国陆军的全面培训,这是他这一代人的普遍经历。他对工作也很感兴趣。作为 F-117 项目经理,穆林与同事和军方的管理人员建立了密切的联系,同时作为前陆军中士,他则会对技术问题和人员直率、一针见血地表达意见。穆林努力解决了飞行测试和生产中的问题,并为项目计划挽回了时间。剩下的最关键的问题之一就是红外和激光瞄准系统的窗口,这激发了另一个神来之笔的创作。该系统位于机身内两个箱形空腔中,一个位于飞机的前部,另一个位于飞机的底部。红外传感器将探测潜在目标产生的热量,然后用激光将飞机上装载的炸弹导向目标。因为盒状的空腔会产生巨大的雷达回波,所以系统的关键就是在屏蔽掉窗口雷达波的同时,仍然允许红外线和激光通过。普通的玻璃窗肯定不行,因为很多波长的红外线无法穿过玻璃。他们尝试了更奇特的固态晶体,如硒化锌,但尺寸仅几英尺的固态晶体面板价格昂贵(一架飞机上的两个窗口面板接近 100 万美元),而且更糟糕的是,它非常易碎。

一个周末,艾伦·布朗回到家里,他有了一个主意:也许窗口不一定要密闭。这样,钢丝做的网格就可能屏蔽掉雷达波,红外线仍可以通过。钢丝将承受很大的张力,因此布朗使用了钢琴丝。预期的最短雷达波长约为 0.5in,比红外线波长长得多,因此,间距约为 1/10in 的网格就可以了;网格间隙必须足够大,可以使红外和激光辐射不受干扰地通过,但又要足够细密,既可以阻挡雷达波,还可以避免空气湍流。"臭鼬工厂"的车间订购了一束钢琴丝，并制作了一些原型。在工程团队提出更好的解决方案之前，可作为临时的解决方案。然而工程团队却从未给出更好的方案，在整个服役期间，所有 F-117 上安装的都是钢琴丝制作的网格。[60]

F-117 于 1983 年 10 月投入使用，比原计划推迟了 9 个月，但自批准到列装的时间还不到 5 年，比 F-15（6 年）和 F-16 及 F-18（都是 7 年）都快。[61] 空军将其部署在第 4450 战术大队，该大队位于托诺帕试验靶场（Tonopah Test Range）内一处耗资 2 亿美元新建的基地，又称为 52 区。[62]

此时，美国正在开发隐身飞机已为公众所知。但美国制造和部署这种飞机的实际情况仍然保密。猜测一直没有停止。1986 年，玩具模型飞机制造商泰斯特公司（Testor Corporation）推出了一种隐身战斗机模型，名为 F-19，从逻辑上讲，它采用的是 F-18 之后的下一个编号。该模型引发了争议，并上了报纸的头版头条。一家从大萧条时期开始制造胶水的玩具公司怎么可能推出绝密的隐身飞机设计？愤怒的国会议员在国会大厦内挥舞着飞机模型，并要求知道为什么一家玩具公司知道他们不知道的秘密。实际上，该模型的设计师约翰·安德鲁斯（John Andrews）是一名航空爱好者，他只是循着有关隐身飞机的故事，根据自己的知识做出一些猜测，想象出一种看起来像是缩小的，带各种新奇装置的 SR-71。泰斯特公司靠舆论宣传赚得盆满钵满自然是满心欢喜，仅第一年就售出 50 万套，整个销售期间共售出 100 万套，成为有史以来最畅销的模型飞机。据说苏联使馆曾派人到华盛顿的一家模型商店购买该模型，结果发现已经售罄。[63]

猜疑迭起，同时五角大楼也正计划向公众宣布 B-2 隐身轰炸机（其存在早已众所周知），五角大楼于 1988 年 11 月 10 日宣布了隐身战斗机的存在，这离飞机的列装已过去了 5 年，离首次试飞已过了 7 年。（由于指责卡特曾在 1980 年大选前通过宣布隐身飞机玩弄政治手段，里根政府把原定的新闻发布会推迟到 1988 年大选后举行。）五角大楼发布的模糊照片几乎没有给出任何细节，却引发了公众的兴趣，这些美国纳税人并不知道他们为这种飞机掏了多少钱，也不知道为什么要制造这种飞机。[64]

如果不是过度杀伤的话，那么用隐身飞机进行的首次作战真可谓虎头蛇尾。1989 年 12 月，美国对巴拿马的曼努埃尔·诺列加（Manuel Noriega）失去了耐心，他曾经是美国的盟友，后来成为大毒枭。就在诺列加政权向美国宣战并杀死了一名美国海军陆战队员之后，布什政府发起了"正义事业行动"（Operation Just Cause），意图推翻并逮捕诺列加。入侵作战期间，两架 F-117 在巴拿马军营附近各自投下一枚 1t 重的炸弹，想在近距离震昏巴拿马军队，又不至于杀死他们。这次首秀并不顺利；由于目标判定信息的混乱，其中一颗炸弹落在附近的山坡上。由于巴拿马几乎没有什么防空力量，这次行动根本算不上对隐身飞机的严格测试。一些爱挑刺的观察家认为，空军只是希望有机会炫耀其秘密武器。[65] 直到 1 年后，在巴格达上空，才算是对隐身飞机进行了一次真正测试。

第8章 秘密与战略

在 1983 年列装之前，只有国防部预先研究计划局、空军和两家参与隐身飞机计划公司的部分工程师对其知情。所有人都在极端保密的环境下工作，被称为"黑色世界"，它与开放的、不保密的世界完全不同。7 年来，隐身飞机一直是美国保密性最高的项目之一，即所谓的"特殊接触项目"；甚至连项目是否存在的基本事实都受到严格保密，但也不总是那么保密。哈维（Harvey）项目被列为最低级别的秘密，并且随着试验生存性测试平台（XST）计划的进行，才提高了保密级别。直到 1976 年，"海弗蓝"项目才将隐身飞机完全列入到特殊的"黑色世界"。然而，正如人类学家米希尔·潘迪亚（Mihir Pandya）所揭示的那样，这种不为人知的隐身飞机的制造项目，就隐藏在霍桑和伯班克并不起眼的办公楼里，其保密性代表了冷战对美国社会的深远影响。[1]

保密有充分的理由。自 20 世纪 70 年代初开始，苏联在名为 X 线（Line X）的克格勃（KGB）指挥下，实施了一项强有力的间谍计划，旨在渗透到美国的国防和电子公司。[小说和电影《叛国少年》就是根据雷东多海滩（Redondo Beach）天合汽车公司（TRW）的一名工程师的经历改编的，他在 20 世纪 70 年代中期被发现从事间谍活动]。1981 年，一个由法国情报部门培植的克格勃线人透露了 X 线（Line X）所做的工作，后来法国人在名为《告别档案》（Farewell Dossier）的文件中给美国分享了这一情况。中央情报局转而对苏联采取了反制行动，向他们提供了虚假的设计和蓝图。[2]

然而保密也是有成本的。针对单个员工的保密审查可能需要花费 10000 美元，而更全面的"最高密级"调查费更是这个费用的 2～3 倍。这些调查可能要花费数周或数月的时间，新雇用的员工必须在"冰箱"中耐心等待，打牌或干些无足轻重的工作，直至获得许可，才能从事实际工作。接下来就是日常的安全琐事：保密文件的存放和追踪，保密计算机的维护，保管打印涉密文件用的打字机色带。举一个例子：美国了解到克格勃［特别是特雷门琴的发明者莱昂·特雷门

（Leon Theremin）〕开发了一种监听建筑物内对话的方法，他们通过将红外光束对准窗户，探测由说话引起的玻璃振动进行监听。保密项目必须封住窗户或涂上特殊涂料以防止振动。[3]

其他费用更是无法计算。在冷战期间，"黑色世界"的规模令人震惊。任何时候，美国都有数百万人在接受安全审查，可能占到成年公民人数的六十分之一。像南加州这样的地区，受到安全审查的人员比例更高。同样，据历史学家估计，保密文件的数量达到数十亿页，可能比国会图书馆的全部藏书还多。[4]至今仍有很多历史记录处于保密状态，因此我们对冷战的了解还只是冰山一角。[5]

这种庞大的安全制度以一种鲜为人知的方式塑造了美国社会。对于隐身飞机而言，不仅是飞机的设计，包括预算及项目是否存在都对公众保密。五角大楼向几位选定的国会议员做了情况简报，包括国防委员会的主席和少数高级成员。听取情况简报的成员必须说服其国会同事，秘密筹措资金是为了一项有价值的计划。[6]

这种保密方式大有裨益。例如，在第二次世界大战的"曼哈顿"计划中，项目负责人利用保密措施阻止国会或其他执行机构介入，并且避免与原子弹爆炸相关的工作延期。[7]同样，20世纪70年代和80年代对隐身飞机计划的保密措施也提高了项目效率。从签订合同到首飞，洛克希德在20个月内造出了"海弗蓝"，在31个月内造出了F-117。"臭鼬工厂"之所以能这么快地工作，就是因为其严格的保密性，没有审计人员和采购官员盯着它的一举一动。但是从根本上说，这种行政效率给美国的民主带来根本性的矛盾：如果公民或民选代表不了解这些计划，该如何作出有意义的投票？[8]

也许最令人胆战心惊的是，保密措施的个人或心理成本。保密审查过程不仅费用高，而且还具有侵扰性，它会提出试探性的、令人不安的问题。一切都可成为关注对象：个人的人际关系、心理健康、吸毒和酗酒、财务状况、性取向。一旦不小心透露了一个令人尴尬的细节，比如在大学里一段失败的恋爱关系，或是抽过大麻（如或在大学里抽烟），被调查人员发现，就将无法通过调查，并因此丢掉工作，而且无权上诉。[9]

一旦进入"黑色世界"，就要面临保守秘密的心理代价。航空航天工作者不能与家人谈论其工作；他们不能向配偶或孩子们解释他们要去哪儿，也不能说出他们在沙漠中某个不知名的地方一连数周做了些什么。他们建立了关于保密的个人纪律，实际上使监视走向内部化：始终警惕一个人在说什么或在做什么，以及谁在看或听。一位退休的航空工程师试图在谈论自己的工作时解释所遇到的困难，他说："你必须了解，我花了 40 年的时间想要保持面无表情。"甚至在数十年之后，一些参与者仍然拒绝谈起他们的工作，即使是笼统地谈论，因为他们害怕因为破坏黑白两个世界之间的界限而泄密，并因此遇到麻烦。[10]

"黑色世界"反映出对冷战的终极讽刺：为了捍卫美国的自由，航空航天工程师放弃了公民自由。

尽管拥有如此庞大的安全制度，苏联人还是在首个隐身概念研究的一年后，就获悉到了隐身技术。他们不是通过高科技间谍活动，或是其他秘密活动，而只是通过阅读美国的行业出版物获知这些信息的，比如美国的《航空周刊》（Aviation Week，更出名的叫法是《航空泄密》（Aviation Leak））之类的杂志，这些杂志提供了业界的小道消息。1975 年 6 月，《航空周刊》宣布，美国国防部预先研究计划局（ARPA）为诺斯罗普、洛克希德和麦克唐纳 – 道格拉斯出资，研究"可以躲避敌方雷达、红外和视觉探测的战斗机或攻击机"，即"高隐身性飞机"的可行性。[11]随后在《航空周刊》上发表的文章先后揭示了洛克希德与诺斯罗普之间的竞争，洛克希德赢得合同（即后来的"海弗蓝"），以及随后的隐身验证机的试飞。[12]

中央情报局对泄密事件并非完全不满。这些文章经常将事实和幻想结合在一起；公布的 B-2 的雷达截面积的估计值从 $5.0 \sim 0.000001\mathrm{m}^2$ 不等，这相当于谷仓大门与针孔的差距。中央情报局后来在 1988 年的一份报告中指出，这些猜测"让美国的隐身计划隐匿在神秘之中，使关于隐身飞机技术的传言经久不衰，并使那些努力确定美国隐身飞机系统性能的苏联分析人员面对更为复杂的情况。"[13]

卡特（Carter）政府也不介意泄露隐身飞机的消息。1980 年夏天，在出现大量关于隐身轰炸机的新闻报道之后，五角大楼召开了新闻发布会，比尔·佩里和国防部长哈罗德·布朗在会上公开了隐身飞机的存在。当时正值激烈的总统竞选活动期间，考虑到这一时间安排，一些观察家嗅到了发布会公告，以及可能促成这次发布会的透露事件背后所存在的政治动机。卡特政府在 1977 年取消了 B-1 轰炸机计划，在 1980 年的竞选中，罗纳德·里根（Ronald Reagan）利用这一问题抨击卡特，说他的国防政策软弱。卡特询问布朗和佩里，政府是否可以透露"隐身飞机"计划，并且补充说，即便他们反对，他也会尊重他们的判断。布朗和佩里认为在不透露其细节的情况下公开隐身飞机的存在是安全的。F-117列装已大约两年，隐身轰炸机计划也将开始，需要大量经费预算，他们认为无论如何都要在明年或后年宣布这一消息。[14]

记者并不是唯一对宣布时间有疑问的人。国会也质疑这种突然改变，正如国会调查所描述的那样："从一项甚至连名称都根本不让提及的秘密，到一场向全世界公开的新闻发布会。"由众议院军事委员会的一个分会进行的调查得出结论："在正式的新闻发布会上发布有关隐身飞机的信息，使国防部和政府在选举年中看起来表现不错。"报告指出，由于隐身轰炸机离列装还有10年的时间，这一公宣使苏联人有了10年的先机，不仅可以开发自己的隐身轰炸机，而且还可以制定应对措施。[15]

鉴于当时行业媒体已经就隐身飞机讨论了5年，军事委员会表现出的愤慨有些言不由衷。其中同样令人好奇的是，国会是由民主党控制的，而在关键的竞选活动中却在攻击身为民主党的总统。实际上，国会与总统之间就军事问题相互开火的类似举动有很多先例（例如，第二次世界大战期间的杜鲁门政府的军事委员会和朝鲜战争期间的约翰逊政府的军事委员会），这只能证明政客们重视个人的公众形象，要甚于对其党派的忠诚。而具有讽刺意味的是，秘密计划竟然可以大肆宣传。隐身飞机已经变成了政治足球，而关于隐身技术的竞争才刚刚开始。[16]

新闻发布会还使哈罗德·布朗提出一个隐晦的观点，揭示了隐身飞机意想不到的结果。从18世纪的潜艇到20世纪的战略轰炸机和原子弹，美国一直在追求新式武器，即那些可以阻止对手并保障美国安全的新技术。一小部分美国人痴迷于追求技术的极致，从洲际铁路到登月，都是其中的一部分。这种趋势通常催生出令人眼花缭乱的精湛工程，而隐身飞机只是这一长期计划中的最新成果。[17]

然而，如果把技术上的非凡成就掩藏起来，就不会让人头晕眼花了，正如虚构的斯特兰奇洛夫（Strangelove）博士在谈到苏联著名的世界末日机器时所说的："如果单纯为了保守秘密，那就没有任何意义了！"从这个意义上讲，隐身飞机的相关泄密和新闻发布会发挥了重要作用，当时布朗和佩里曾就此讨论过。[18]没有证据表明美国透露了隐身飞机的存在是针对苏联恐吓战的一部分（或该技术本身是"刺痛行动"的一部分，正如一些支持者后来关于里根的战略防御计划，又称为"星球大战"）。毕竟，美国依然在隐身飞机的保密方面投入了大量资源，既采取了安全制度，又精心安排了测试飞行，以避免在飞行时有苏联卫星从上空经过，因为该飞机将用于作战目的。但是，通过宣布隐身飞机的存在，美国出乎意料地取得了其最重要的一项成果，即对苏联的想法产生了影响。

从这个意义上讲，隐身飞机就像核武器一样，仅仅通过其存在就可以达到目的。正如布朗在新闻发布会上所说的那样："潜力已经发挥了作用。"[19] 这些技术的战略作用就在于它们的存在，而不是其实际运用。它影响的是对手的想法，而不是对手的武装力量。隐身飞机令苏联人着实感到恐惧。

泄密引发了一场苏联战略家们的狂热而富有成果的理论大讨论，他们得出结论，"军事技术革命"即将到来，而美国正在领导这场革命。

1962 年，苏维埃联盟元帅索科洛夫斯基（V. D. Sokolovsky）描述了 20 世纪的两次军事革命，每次革命都采用新技术显著地拓展了战争的范围和速度。第一次革命将坦克和飞机与无线电网络连接起来，从而实现了快速纵深打击，例如，纳粹的"闪电战"。第二次革命将核武器与弹道导弹相结合，可以在半小时内实施洲际打击。[20]

20 世纪 70 年代后期，苏联总参谋部开始编制第三版的"军事技术革命"，其中提到传感器、计算机、精确制导武器和隐身技术将使敌方甚至能够识别并攻击前线纵深后方严密防守的目标。尽管隐身飞机只是苏联称之为"侦察打击综合体系"中的几个组成部分之一，但其重要之处在于它能够避开防空系统。这种观点的主要支持者尼古拉·奥加科夫（Nikolai Ogarkov）于 1977 年晋升为元帅和总参谋长。从那时起，苏联军事期刊上就开始充斥着与军事革命的战术和战略意义的相关文章，包括由隐身飞机开创的纵深打击能力。[21]

毫不奇怪，苏联人首先意识到基于技术的军事革命——毕竟，他们接受过革命的和唯物主义历史观的锤炼，亲身经历了德国"闪电战"的毁灭性打击。他们对系统理论也具有文化和意识形态上的偏爱。[22] 军事技术革命是更广泛的"科学技术革命"的一个特定分支，在这场革命中，计算机、自动化与核能的无限能量相结合，将改变劳动和生产方式，并实现向共产主义的最终过渡。[23]

苏联理论家认识到，军事技术革命对苏联构成了特别威胁。首先，它对苏联的"纵深作战"的理念提出了挑战，因为蛙跳式的空袭威胁了苏联战线的后方梯队。其次，它用技术抵消了苏联在人力和物力上的数量优势。最后，对于由低学历的应征者构成的军队，该如何发挥计算机和电子设备的作用，其前景令人不安。[24] 正如奥加科夫于 1983 年向一位美国到访者所说的那样，"现代军事力量基于技术，而技术基于计算机。在美国，小孩（甚至在他们上学之前）就在玩计算机。计算机在美国无处不在。而在苏联，甚至国防部的每间办公室里都不一定有计算机。"[25]

最后，军事技术革命对苏联国防工业提出了特殊挑战。第二次世界大战后，苏联人决定要为战争做准备，这意味着不仅要储备武器，而且还要储备制造武器的工厂，然而，这样做的前提是假设人们知道军方需要什么武器；毕竟，苏联的体系是以计划为基础的。20 世纪 70 年代后期，苏联理论家意识到技术的飞速发展使得无法为生产能力制订计划，因为这需要花时间建立生产线。苏联人无法快速地转换他们的生产力，从而跟上美国技术的步伐。[26]

1981 年，亚历山大·波扎罗夫（Alexsandr Pozharov）在为总参谋部撰写的题为《社会主义国家军事力量的经济基础》的报告中，对这一认识做了总结，他说服了奥加科夫，要努力重新构建苏联经济，走向更加灵活、反应迅速的体系。但是这一切远在戈尔巴乔夫（Gorbachev）上台之前，更不用说接受经济和政治体制改革了。这导致了奥加科夫的垮台。苏联国防工业的领导人通过大规模生产老式设备，粗制滥造出数十万辆的坦克、卡车、飞机和舰艇，积攒了数量相当庞大的军事力量。这些"以金属为食者"对从重工业向高科技的转移毫无兴趣。1984 年，在他们的帮助下，奥加科夫被赶下台，苏联领导人对他失去兴趣，厌倦了他对美国高科技优势的喋喋不休。[27]

军事技术革命对核武器的地位也有特别的影响。在 1984 年的一次采访中，奥加科夫指出，隐身、精确制导弹药和巡航导弹等新技术，具备"大幅提高（至少一个数量级）常规武器杀伤作用的潜力，也就是说，达到接近大规模杀伤性武器的效力。"[28] 隐身飞机可以帮助常规攻击做到与核武器打击一样有效。

在 20 世纪 70 年代初由美国国防部预先研究计划局和国防核武器局共同发起的远程研发（LRRD）会上，这种思路已经逐渐成形，即在不使用核武器的情况下，新型常规武器可能会削弱苏联对西欧的攻击。在 20 世纪 80 年代，一些美国战略专家注意到苏联理论家发出的警告，呼吁对美国的冷战战略重新评估。

这项呼吁由阿尔伯特·沃尔斯泰特（Albert Wohlstetter）主导，一位学者在冷战期间将其称为"战略研究界的泰斗"。沃尔斯泰特是兰德（RAND）公司颇具影响力的核战略构建者，他随后在芝加哥大学任教，在该校任教期间他极力倡导新保守主义运动，现在他经营着自己的泛启发式（PanHeuristics）咨询公司。[29]沃尔斯泰特曾在 20 世纪 70 年代早期担任远程研发（LRRD）研讨会的主席。10 年后，他将他们的想法进一步发扬光大。

沃尔斯泰特认为，自从核理论发展以来，战略和政治格局都随着技术发生了变化。[30]20 年来，美国主要依赖的是共同毁灭的战略，该战略假定美国威胁将以热核武器应对苏联的任何袭击，以遏止苏联人发动进攻。但是，双方的核武器剧增，到 1980 年，美国和苏联两国的核弹头数量已超过 5 万枚。从字面意义上看使核威慑"越来越难以置信"。双方都认为对方不会真的为捍卫一小片领土而开启自杀模式。举个恰当的例子：核武器显然未能阻止苏联入侵阿富汗。沃尔斯泰特宣称，美国目前所依靠的是"虚无的威慑"。他还指出，美国和北约计划依靠核武器制止苏联入侵西欧，意味着要用自己的核武器自毁北约，这并不是最佳策略。在政治方面，美国和北约民主国家需要获得公众的支持打一场战争，如果电视广播节目显示互掷核武器的毁灭性影响，那这将是一项不可能完成的任务。沃尔斯泰特指出，"冻结"核武器运动直接表明公众越来越反对核武器。[31]

简而言之，沃尔斯泰特认为，核武器已经影响了基本的战略和政治问题。然而，新技术为此提供了解决方案。现在似乎有可能通过常规武器，以足够的精度摧毁任何目标。他补充说，这种可能性，从根本上削弱了依赖核武器做出"自杀性反应"必要。[32]

在泛启发式公司为沃尔斯泰特工作的理查德·布罗迪（Richard Brody）总结了这一转变。通常，有两种方法可以摧毁目标：一枚靠近目标的小型炸弹，或一枚距离目标较远的大型炸弹。第二次世界大战中的战略轰炸使用的是大型炸弹，手段简单粗暴，而美国的核战略则在冷战期间将这一理念推向了极致。美国计划对苏军使用核武器，因为炸弹或导弹不一定总能接近目标。因此，对目标实施核爆是确保其被摧毁的最佳方法。也许会过度杀伤，但军事计划人员不喜欢不确定性。以极高精度投放常规武器的能力改变了这一情况。现在不再需要大型炸弹，只需一枚小型炸弹即可达到目的。布罗迪总结说，新技术使核武器变得"既浪费也无关紧要"。[33]

自 1982 年起，在由美国国防部核武器局主持的一系列"新替代方案"研讨会上，以及后来自 1986 年起，在名为的远程研发 II（LRRD II）的研讨会（20 世纪 70 年代初的 DNA-DARPA 联合研讨会的后续活动）上，有一群美国国防规划人员一直推崇这种想法。[34]远程研发 II（LRRD II）的规划人员将隐身飞机列为五项高优先级的技术之一，其他还包括精确制导武器和传感器，这些都推动了军事革命的发展。[35]

这些头脑风暴会议及其背后的基本概念几乎没有引起公众的注意。1983 年 3 月 23 日，里根总统在的黄金时段电视讲话中提到了这些想法，但这些想法还是被忽略了。里根断言："美国确实拥有这样的技术，能够非常显著地改善常规非核力量的有效性。"[36]

该消息被忽略了，因为里根在同一次讲话中，透漏了一项非常建议，建立一个庞大的战略导弹防御系统，即所谓的"战略防御计划"或"星球六战"。媒体和公众将绝大部分注意力都集中在关于导弹防御的内容上，而忽略了其关于常规武器的观点。[37]直到后来，一些行政官员，特别是里根的科学顾问乔治·基沃思（George Keyworth）才意识到，新型的常规能力为实现"星球大战"的目标提供了另一种途径，即里根在讲话中所说的，使核武器"过时"。[38]

然而，新型常规武器的战略意义之所以被忽略，部分原因是"星球大战"计划主导了战略对话。各军种都存在明显的抵制［沃尔斯泰特曾抱怨海军和空军都在抵制新技术］，而且在政治上受到左派和右派的反对。[39]沃尔斯泰特认为，一些保守党看到依靠核武器没有什么不妥，因为他们认为美国可以从核战争中生存下来并获得胜利。与此同时，左派政治批评家认为新型常规技术与核武器之间并没有什么区别，他们担心新的非核军备竞赛会损害威慑力，使战争更可能发生，并进一步从社会福利计划中抢夺资源。[40]

其他人对技术向精湛化发展的趋势感到惋惜，武器越来越复杂、价格越来越昂贵，以至于当时有一本书名就叫《巴洛克式的武器库》（"the baroque arsenal"）。

记者詹姆士·福洛斯（James Fallows）在 1981 年有影响力的《大西洋月刊》上一篇题为《美国的高科技武器》的文章中指出，一架战斗机（如 F–14 或 F–15）的价格目前已达数千万美元。"追求更费时费力的技术成功已经成为一种常态。"按照这种观点，美国应该制造更多的简单武器，而不是制造少量昂贵的高科技武器；也就是说应注重数量，而非质量。换句话说，为了抵消苏联的数量优势，美国应该通过自行制造更多武器，而不是尝试制造出更好的武器。[41] 类似的观点引起了大约 20 多名国会议员的共鸣，其中多数是共和党人和保守派的民主党人，他们在 1981 年联合起来，组成了军事改革核心小组。其纲领包括努力结束一位国防分析师所说的"对片面追求技术的高价武器的迷恋"——这类武器很可能包括了隐身飞机。[42]

常规武器的战略推动终于在综合长期战略委员会中得到了广泛的关注，该委员会是五角大楼和里根的国家安全顾问于 1986 年组建的一个重要研究机构，其目的在于展望未来 20 年的国家安全。该委员会的著名战略家包括兹比格涅夫·布热津斯基（Zbigniew Brzezinski），塞缪尔·亨廷顿（Samuel Huntington），安德鲁·古德帕斯特（Andrew Goodpaster）和亨利·基辛格（Henry Kissinger）；因为两位联席主席弗兰德·伊基尔（Fred Ikle）……还有沃尔斯泰特都参加了 80 年代的战略研讨班：他们对军事技术革命的重视也就不足为奇了。[43]

该委员会的一篇题为《区别威慑力量》（Discriminate Deterrence）的报告，敦促美国军方将"隐身飞机"作为头等大事，称其与精确制导武器结合，完全具有取代核武器的潜力。"新技术的打击精度将使许多曾经须由核武器承担的任务交给常规武器来完成……其中尤为重要的是未来可将"低可探测"（隐身）技术、极度精确武器和改进的目标定位手段结合起来加以使用。"[44]

然而，尽管倡导者们声名显赫，但这种论点并没有引起多少注意。那时隐身飞机本身已被纳入战略范畴，用 B–2 作为核武器的投放工具，显示出了核武器在军事、政治和智库方面的已有的十足的影响。美国已经在核力量上花费了数万亿美元，不会那么轻易放弃。[45] 要解决核武器问题仅通过技术方式是不太可能的。

美国最初开发"隐身"技术是为了解决战术问题：在苏联以常规作战方式入侵西欧的情况下，如何战胜苏联的防空系统。这种对战术、战场层面的关注似乎与核战略相去甚远。但是苏联的理论家开始认识到，隐身技术和其他新技术，尤其是精确制导武器，模糊了常规武器与核武器之间的明显区别。在20世纪80年代，这种理论上的飞跃使美国的战略家开始从根本上重新考虑核武器的作用，包括核武器是否真的像理查德·布罗迪说的那样"既浪费又无关紧要"。如果说有人想让核武器被时代"抛弃"——正如沃尔斯泰特所说的，这种说法与里根遥相呼应——这曾经就是一个机会。[46] 然而，最终，军事技术革命只是美国错失的在冷战结束前从核武器中脱身的一个机会。

第9章 "鲸　鱼"

尽管 F-117A 和 B-2 已广为人知，但很少有人听说过一种名为"沉默之蓝"（Tacit Blue）的飞机。这也可以理解，因为这种飞机仅建造了一架，且从未列装。然而，"沉默之蓝"项目却创造出了另外一种完全不同的"隐身"飞机，成为两种著名飞机之间的重要过渡机型。

"沉默之蓝"是 20 世纪 70 年代初期远程研发（LRRD）学术委员会，以及他们对未来高科技战场预期的的另一副产品——设想的战场是冷战期间最著名的军事要地之一，即民主德国（东德）与联邦德国（西德）（1990 年 8 月合并）接壤的富尔达河沿岸的走廊——富尔达峡谷（Fulda Gap），所幸那里从未发生过战斗。该峡谷也是苏联对西欧入侵行动的假定路线。它从东到西穿过一系列山脉。一旦穿过峡谷，苏联的坦克就将踏入法兰克福的门户，这里也是西德的金融中心和美国主要的军事中心，其中包括一家空军基地。越过法兰克福之后，就是一马平川，可直抵莱茵河。

众所周知，苏联红军采用了梯队的概念，他们以波次发动攻击，使战场不再是一条线，而是一个区域。美国和北约的反击策略是越过苏联先锋部队并袭击后方的后续梯队。（这种蛙跳式的机动，被称为"纵深攻击"，后来在 1981 年作为"对敌后续部队攻击"（FOFA）理论被北约采纳，代号为 FOFA，并在 1982 年成为美国的"空地一体战"理论。）[1] 苏联的作战梯队将在通过富尔达峡之后的集结区域待命，苏联坦克和部队在东德铁路线尽头集结。集结待命区域被峡谷周围的山脉所遮蔽，其中包括福格尔斯伯格（Vogelsberg）和荣恩（Rhon）山脉，山峰高 2000 ~ 3000ft。

美国防务人员试图使用机载雷达探测远在前线后方的苏联坦克，然后使用精确制导武器瞄准这些坦克。该计划始于 1978 年，最后被称为"突击破坏者"。[2] 其中的关键点在于："突击破坏者"计划需要一种从山脉上空俯瞰苏军集结待命区域的方法。为此，美国需要一个强大的雷达，该雷达可以在高空巡逻而不会被击落。解决方案是安装有雷达的隐身飞机，以躲避苏联的防空系统。雷达天线呈盒状。但问题来了，该如何制作一个能飞行的隐身"盒"，同时里面装有强大的雷达？

1976年4月，诺斯罗普得知它在试验生存性测试平台（XST）项目的对决中失利，但很快获得了安慰奖。为了让诺斯罗普的隐身团队继续留在隐身飞机的竞赛场上，美国国防部预先研究计划局（DARPA）于1976年12月要求诺斯罗普进行这种隐身飞机的开发工作。由于项目要求很高，美国国防部预先研究计划局将其命名为"试验性战场侦察机"或BSAX（Battlefield Surveillance Aircraft-Experimental）。该项目要求设计人员制造出一架执行任务的隐身飞机，然后在里面安装一台不会有损其隐身性的雷达。这项工作最初由约翰·卡申（John Cashen）负责，他之前在诺斯罗普任项目经理。

试验性战场侦察机需要在飞机内部安装一台大型雷达天线，从而加剧了隐身设计的难度。雷达需能通过飞机的舱壁，因此工程师需要对飞机的内部进行设计，从而使射入的雷达波（穿过舱壁后）不会反射出去（这也是谐振效应）。大多数人认为隐身只是涉及飞机外形的技术。而试验性战场侦察机的内部也是隐身的：实际上，安装雷达的内部空间是一个无回波室，在壁面上装有雷达波吸收锥，以发散射入的雷达波，类似于录音棚中鸡蛋托盘状的吸声壁。

这样做只是解决了雷达舱的隐身问题，随后诺斯罗普的设计师还要使雷达本身隐身。如果敌人可以简单地通过雷达波束发现目标，这对隐身飞机来说不是好事。随着隐身飞机项目的推进，肯·珀科（Ken Perko）领导的美国国防部预先研究计划局战术技术办公室也正在实施另一项名为"铺路机"（Pave Mover）的计划，以开发一种雷达，其功能包括提供移动目标指示（MTI），以便将坦克与背景地形区分开来。移动目标指示雷达利用了多普勒频移的特点，就像救护车警笛或火车汽笛的声高随着车的移动而变化，同样也是多普勒频移效应：从移动目标反射回的雷达波频率会发生改变。系统将接收到的雷达特征信号馈入一个滤波器，将其与发射信号进行比较，所有没有多普勒频移的静止物体（如巨石或建筑物）都会被过滤掉。[3]

试验性战场侦察机将在战线的友方一侧，在类似长跑道的航线上飞行，在沿前线朝一个方向飞行数英里之后，飞机掉头以反方向飞行。雷达天线从飞机的一侧向外探测敌军；飞机另一侧，数据链将无线电信号发送回地面上的友军，后者会将反坦克导弹瞄准目标。无线电信号搭载的是未经处理的雷达数据，处理这些数据需要更高运行能力的计算机，当时的机载计算机无法满足要求，因此由地面上的计算机处理这些数据并检测目标。两个天线都安装在转盘上，因此，当飞机在航线的一端掉头时，雷达和数据链天线将会对调位置。

试验性战场侦察机设计用于测试休斯公司制造的"铺路机"雷达的保密版本，也称低截获概率雷达。雷达必须一直跟踪目标，但是如果雷达波束像探照灯光束一样明显，将无法达到隐身目的。为了避免被发现，雷达波束不能在地面上的任何一点停留太长时间（不能"滞留"），也不能以有规律、可预测的扫描形式扫过地面。因此，它需要以看似随机的方式移动，从地面上一点突然移动到另一点。此外，雷达发射机将在较宽的波段内调整波形和跳频，因此不会产生在单一频率上可预测的正弦波。

对于"铺路机"的波段，卡申与休斯的工程师合作，选择了 12 ~ 18GHz 的 Ku 波段。由于 Ku 波段的波长相对较短，因而所用天线也更小，并且对于战术雷达来说，这也是不常见的波段，因为该波段的雷达波会被暴雨吸收。卡申认为，暴雨通常发生在小范围内，而且在西欧地区不如热带地区普遍，因此不太可能影响雷达性能。此外，覆盖雷达的飞机舱壁是一个"带通雷达天线罩"，其窄小的缝隙仅允许与雷达频率匹配的电磁波通过。因此，用于 Ku 波段的带通天线罩会滤除常用的雷达波频段。[4]

最终，试验性战场侦察机又在"铺路机"里增加了"合成孔径雷达"，该合成孔径雷达将飞行路线沿线的多点的雷达数据结合起来，模拟大型天线，从而获得更高分辨率的雷达图像。这是一项需要大量计算的技术，需要整合大量的雷达数据。试验性战场侦察机是对实时机载合成孔径雷达的首次尝试，通过数据链连接地面计算机进行实时处理[5]。

对于隐身飞机计划来说，所有这些都是新的，因为试验生存性测试平台竞赛项目的飞机并不包括雷达。对于飞机的外形，试验性战场侦察机也提出了不同的要求。它不是那种在低空高速接近目标的攻击机，要求其前向不得在雷达屏幕上显示出来；它是一种高空侦察机，要求从各个方向上看都是隐身的，也就是工程师所谓的"全向"隐身。尤其是飞机面对侧面探测时需要隐身，因为这种飞机通常会与战线平行飞行，从而将其侧面朝向敌方的防空雷达。

第一步是确定飞机的俯视图，即从上方观察时飞机的轮廓。俯视图在很大程度上决定了在不同方位角上的雷达散射情况，也就是与飞机同一个几何平面上的任何角度的散射情况。众所周知，诺斯罗普和洛克希德都相信笔直的边缘，宁愿接受出现一个高而窄的雷达特征信号尖峰，这就像镜子的一道反光，由于飞机处在运动中，这道反光从地面上一闪而过，其速度超过雷达的跟踪速度。防空雷达必须扫描天空，如果飞机回波闪现的时间足够短——也就是雷达波的尖峰足够窄，这时雷达因可能正朝另一个方向而完全错过了飞机，或可能只是闪现了一下，但由于时间太短，雷达根本无法对其进行跟踪。[6]

实施低空打击的飞机需要大后掠机翼，以最大程度地减少飞机前向的雷达波反射。而试验性战场侦察机所面临的挑战是最大程度地减少飞机侧向的反射。碰巧的是，在试验性生存测试台做出决定后不久，美国国防部预先研究计划局还要求诺斯罗普研发一种名为"青色黎明"（Teal Dawn）的隐身巡航导弹。诺斯罗普最终退出了该计划，但在此之前，它提出一些基本的想法。该巡航导弹弹体细长平直，弹翼和尾翼短粗且呈四边形——称为翼－身－尾设计，与试验生存性测试平台设计的翼身融合或三角翼相比，看起来更像是常规飞机。长而直的边缘会产生较高的雷达波尖峰，但非常窄。这点帮助说服了卡申接受试验性战场侦察机的翼－身－尾布局，采用细长平直的机身。

另一个设计原则是边缘越少越好，以减少雷达反射波闪现的次数。可能的话，这些边缘应该平行。实际上，两个平行边缘在同一方向上只产生单个雷达尖峰，与单个边缘的反射情况相同。因此，诺斯罗普团队采用他们所谓的平行化布局。一架简单的四四方方的飞机，在机身、机翼以及机头和机尾上具有相互平行的边缘，只产生少量的雷达反射波尖峰。试验性战场侦察机实际上是一架反射尖峰为6波系的飞机。机翼采用最小的后掠角，约为10°，以防止向侧向反射雷达波，即朝向敌方军队一侧。[7]

确定好飞机的平面形状之后，下一步就是增加飞机的内部空间。使雷达截面积最小化的理想形状是无限薄的平板。但是，一架真正的飞机需要内部空间：它必须装载飞行员、发动机和燃油，本架飞机本身当然也需要携带雷达。因此卡申从平板开始，接着在其上方增加内部空间。其结果是机身侧边带有边条，形成平坦、向外逐渐变薄的表面，就像 SR-71 那样具有与众不同的形状。这样一来，将边条与看上去四四方方的飞机结合在一起，并未带来多少光顺的感觉，而使飞机外观看起来像个笨拙的黄油盘子。但是，这种边条达到了一个目的：设计师通过将所有常见的雷达截面积的不利部位（驾驶舱、发动机进 / 排气口）布置在飞机上部，也就是在边条以上的位置，从而有效地避开地面雷达的探测。[8]

图 9-1　从上方观察飞行中的 "沉默之蓝"
图片来源：诺斯罗普 – 格鲁门公司提供。

　　设计上的另一个主要挑战是要为雷达留出空间。卡申想到了像休伊（Huey）直升机那样的设计，一个横向穿过中央机身的大矩形开口，从驾驶舱后部一直到发动机进气口和发动机稍前的地方。如果卸下天线罩及其下面的天线，就可以通过侧边一个矩形的大缺口直接看穿飞机。[9] 机身壁面倾斜 15°；也就是说，底部要比顶部宽，以使雷达波向上反射，而不是向地面反射。最后，卡申还采用了另一个非常规办法：不同于试验生存性测试台上的一对向内倾斜的尾翼，试验性战场侦察机采用了向外倾斜的 V 形尾翼，其灵感来自于比奇飞机公司（Beechcraft）

的老式"富豪"飞机（Bonanza），这是一种受欢迎的小型飞机，供私人飞行员驾驶。

采用比奇飞机公司的 V 形尾翼让人想到，尽管试验性战场侦察机引入了许多创新，但从某种意义上来说，也是一种倒退。首先，它是一种传统的翼－身－尾设计，这与许多当时更新潮的翼身融合的圆滑设计相去甚远。其次，它的机翼采用的是克拉克 Y（Clark Y）翼型，这是美国飞机设计师维珍纽斯·埃文斯·克拉克（Virginius Evans Clark）于 20 世纪 20 年代推出的，用于林登伯格（Lindbergh）的"圣路易斯精神"（Spirit of St. Louis），以及洛克希德的伊莱克特拉（Electra）飞机，阿米莉亚·厄尔哈特（Amelia Earhart）曾驾驶后者进行了环球飞行。卡申希望使用平底机翼来改善雷达截面积，这种飞机只须要低速飞行时性能出色的机翼，而无须考虑高速时的机动性。平底的老式克拉克 Y 翼型就可以满足要求。[10]

图 9-2 "沉默之蓝"侧视图
图片来源：美国空军。

作为对之前技术的认可，飞机采用了一种机翼扭弯的方式，这与 75 年前的莱特兄弟（以及更早之前的鸟类）所采用的滚转控制技术相同。顾名思义，机翼扭弯会弯曲机翼并使飞机转向。它还会造成很大的结构应力，大多数飞机都采用了副翼，也就是为人熟知的机翼后缘处的翼面。但是，在试验性战场侦察机上，当以传统的副翼转动使飞机滚转时，铰链连接的翼面会形成一个角度，使飞机在雷达屏幕上现身。因此，诺斯罗普的设计人员将副翼的内侧固定在了机翼上，只让其外缘可动，并沿其长度方向扭转，这样既达到了所需的操纵要求，飞机也不会在雷达屏幕上显现。[11]

1977 年中期，诺斯罗普已经为试验性战场侦察机确定了翼 – 身 – 尾构型布局，这是一种笨重的箱形结构，机身下部带有一圈边条，飞机采用了 V 形尾翼。从许多方面来说，它与外观简洁、大倾角的试验生存性测试台迥然不同。但那时，试验性战场侦察机有一点仍然与试验生存性测试台相似：即飞机的前部，大致在驾驶舱与边条相交的位置，有多个平板多面体表面，以避免雷达探测到飞机的箱形结构。但是，这些小平面极大地增加了飞机的雷达特征信号，在 6 个雷达波反射尖峰设计的基础上又额外增加了反射尖峰。他们在雷达测试场尝试了各个模型，机头部分都在雷达显示屏上形成光点，就像"鲁道夫驯鹿"（Rudolph the Reindeer）一样。

多面体问题产生了三个后果。首先，珀科对诺斯罗普变得不耐烦起来，并悄悄鼓动洛克希德研究试验性战场侦察机的设计。其次，珀科责备诺斯罗普，要求其尽快打破困局。1977 年 7 月，诺斯罗普任命伊夫·瓦兰德（Irv Waaland）担任项目经理，将卡申降职为该项目的首席工程师。不出所料，卡申并没有生气，而是冷静地做出回应："这个游戏的规则之一是，当你是一个好的项目经理时，就会被解雇。"或者，正如瓦兰德更尖刻的说法，"坏事总是会发生"。[12]

第三，这些小平面再一次将隐身飞机与迪士尼乐园（Disneyland）联系在一起，在此过程中，诺斯罗普对曲线进行再研究。灵感来自弗雷德·大城（Fred Oshiro），作为诺斯罗普雷达小组的第一批成员之一，我们在 20 世纪 60 年代初就对他有所了解。他是日裔美国人；在第二次世界大战期间，当时还是个小男孩的大城和他的家人被送到拘留营，这种经历显然给安全制度带来了很大的麻烦，其中包括他在诺斯罗普工作所需的最高密级审查。[13]

大城的灵感产生于迪士尼乐园的诺斯罗普之夜，这是公司为员工及其家人组织的外出游玩活动。当他的孩子们坐在马特洪峰（Matterhorn）和茶杯转椅（由他的在洛克希德工作的的同行迪克·舍勒在几年前设计）上时，大城坐在长椅上，仔细思考着试验性战场侦察机机头的问题。他习惯随身在口袋里带上一团造型泥巴，坐下时掏出泥巴开始摆弄。也许是游乐设施启发了他。第二天早上，他去上班，将泥巴摆在车间的桌子上，然后说："做一个这样的模型。"大城将那团泥巴做成复杂的双曲率形状，以取代试验性战场侦察机正面上遍布的小平面。当诺斯罗普的团队将大城的曲面引入模型，并在雷达测试场检测时，雷达反射消失了。[14]

大城不是唯一玩泥巴的人。诺斯罗普雷达散射截面小组的一位电气工程师同事，肯尼斯·米茨纳（Kenneth Mitzner），该小组的常驻理论家，也用泥巴制作模型（他喜欢雕刻一些泥巴小动物，并作为礼物分给大家）。卡申也用泥巴来帮助设计飞机。他们把这称做现象学，这是一种利用物理学家对雷达波行为的直觉，将方程式或法则的涵义可视化的方法。诺斯罗普代码仅适用于二维；泥巴使他们能够进行三维的可视化。卡申称之为"看见雷达波"，或者说在想象中乘着从飞机反射回的电磁波中冲浪。

这并不是说诺斯罗普的设计团队忽略计算机代码或者仅依靠直觉和猜测。米兹纳和大城都曾在俄亥俄州立大学的一所暑期学校研究雷达散射，他们深入研究过绕射的数学计算。正如米兹纳所说："看，我为一个算子是否紧凑而苦恼了数周，这并不是低技术含量的工作。"[15]但是，这种直观的方法确实与洛克希德对计算机代码的依赖形成了对比——它有助于解释为什么诺斯罗普青睐曲线，而洛克希德更中意多面体。

越来越多的曲线得到使用。卡申将试验性战场侦察机的底面设计为平面，但是当瓦兰德接任项目经理时，他很快意识到这样飞不起来。瓦兰德是一位空气动力学专家，他指出，平坦的底面会破坏飞机的俯仰动作，这将使机头不断向上仰起。卡申要求米兹纳绘制出一种不会破坏雷达截面积的曲线。米兹纳仔细研究了这些方程式，并决定采用以德国数学家卡尔·弗里德里希·高斯（Carl Friedrich Gauss）命名的高斯曲线，其中最著名的例子就是钟形曲线。这最终成为"肯（Ken）高斯底面"（Ken's Gaussian Bottom），作为冷战时期的玩笑话，也被称为KGB（克格勃）。[16]

在试验性战场侦察机上，诺斯罗普对曲线的应用全面开花。除了腹部的"肯高斯底面"和机头周围的大城曲线之外，排气管在飞机背部呈渐变的弧形，两侧的尾翼以优美的弧形向顶端张开。

图 9-3 "沉默之蓝"的前视图。请注意大城在驾驶舱周围设计的曲线以及向外张开的尾翼
图片来源：诺斯罗普 - 格鲁门公司提供。

　　诺斯罗普在试验生存性测试台竞赛中的弱势可能是因为它采用了曲线型设计。诺斯罗普不允许雷达专家像洛克希德那样对设计进行控制，这给了空气动力学专家更大的话语权——空气动力学专家更喜欢曲线。此外，诺斯罗普没有像洛克希德一样过早地采用电传飞行控制，从而加大了对空气动力学稳定性的偏好。因此，诺斯罗普在试验生存性测试台竞赛中的明显缺点变成了试验性战场侦察机中的优点，即鼓励采用曲线。最终，美国国防部预先研究计划局在试验生存性测试台上的独自研发策略奏效了：未将洛克希德与诺斯罗普的设计揉在一起，从长远来看，这可以使双方的弱项和强项得以长期并存发展。

　　诺斯罗普于 1977 年 12 月提交了试验性战场侦察机设计后，美国国防部预先研究计划局为了加剧竞争，决定后续合同须通过竞争才能获得，即与洛克希德公开竞争才能签订。诺斯罗普的管理者进行了一场豪赌：他们告诉美国国防部预先研究计划局，他们拒绝参与竞争。他们一直以为自己已经得到了这份合同并且抗议政府现在的竞争举措。诺斯罗普认为政府不希望洛克希德垄断隐身飞机，因此公司明确表示：如果你不把这项工作交给我们，那我们就走人。这意味着诺斯罗普将退出隐身业务，使洛克希德占据垄断地位，而政府对未来的项目将失去制衡力。这一招起作用了。美国国防部预先研究计划局放弃了这一要求，并于1978年4月向诺斯罗普授予了"沉默之蓝"的独家采购合同。从所下的赌注来说，这场赌博的结果更加引人注目：这是诺斯罗普进入隐身飞机的机会，并且真正重新树立了它在空军中的形象。[17]

在美国国防部预先研究计划局将洛克希德拒之门外之前，诺斯罗普做了一件极为关键的事。迪克·舍勒（Dick Scherrer）在中风康复后一回到工作岗位，就着手进行隐身版U-2的设计，即对老式侦察机的升级。在他职业生涯的早期，他曾尝试过为海军巡逻机设计飞翼，因为飞翼可以实现远程飞行。他还从洛克希德的"海弗蓝"项目工作中了解到平行的平面形状对隐身的重要性——也就是说，在平面形状中的边缘线对齐——并且尽量减少平行边缘的数量，因为每个平行边缘都会产生雷达尖峰。由于没有机身或机翼，飞翼构型的飞机可以将尖峰的数量减到最少。U-2的隐身升级计划（另一项远程飞机项目），使得飞翼构型成为合适的选择，舍勒绘制了只有4个雷达反射尖峰的飞翼构型，比诺斯罗普的试验性战场侦察机设计少了两个。[18]

美国国防部预先研究计划局经理珀科（Perko）因诺斯罗普在试验性战场侦察机上的抗争而懊恼，进而转向与洛克希德接触，舍勒向他展示了飞翼飞机的草图。珀科迅速建议将该设计用于试验性战场侦察机。舍勒和其他一些人开始了使其飞翼布局适应试验性战场侦察机任务的工作。他们去掉了飞机的尖机头，因为对于试验性战场侦察机来说，侧面上的雷达反射尖峰要比前面的更严重。还有一个问题，洛克希德公司的回声（ECHO）程序只能处理小平面，他们此时只了解小平面构型飞机的雷达散射情况，而舍勒的飞翼式飞机正是多面体的。舍勒意识到多面体方案在空气动力学上的劣势，而曲线甚至可能对雷达波的问题有所帮助，因此他提议对采用曲线翼型的飞翼飞机进行雷达和风洞测试。但是珀科只要求洛克希德大概关注一下，他没有为设计工作提供任何资金，只是给了一个可以竞争后续合同的机会。洛克希德公司的管理层拒绝自掏腰包为测试提供资金。因此，洛克希德飞翼构型仍然是多面体的，在空气动力学上处于尴尬境地，并且由于试验性战场侦察机任务需要长时间高空飞行，这种低升阻比注定了设计的失败。[19]

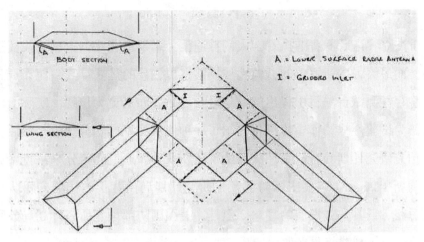

图 9-4 洛克希德公司设计的试验性战场侦察机多面体飞翼重建草图
图片来源：理查德·舍勒。

这一点很快就没有考虑的必要，由于美国国防部预先研究计划局对诺斯罗普要求的退让，使洛克希德无缘试验性战场侦察机工作。尽管如此，隐身飞翼型飞机的种子仍然在，随时都可以移植到新的环境中。美国国防部预先研究计划局的经理布鲁斯·詹姆斯（Bruce James）（珀科的上司）对飞翼概念十分感兴趣。1978 年元旦前后的某个时间，詹姆斯打电话叫瓦兰德回到华盛顿，讨论诺斯罗普的设计。詹姆斯将瓦兰德带到了一个密室，给了他一个新的雷达截面积指标值，该数值比当前的试验性战场侦察机设计还要低，并给了诺斯罗普三个月的设计时间。

返回霍桑后，瓦兰德和卡申立即明白，能够满足雷达截面积目标的唯一构型是 4 个雷达反射尖峰的设计，也就是飞翼。两人都猜想，洛克希德曾提出过一种飞翼构型，而美国国防部预先研究计划局现在正在向诺斯罗普推销这种构想。最后，他们出于几何构型原因拒绝了。试验性战场侦察机必须携带一架大型雷达，对侧面方向进行探测。很难将大型雷达安装在平坦的机翼上，而且更难使其对着侧面方向探测——因为根据定义，飞翼飞机没有侧面，整架飞机全部都是机翼（舍勒的设计使雷达从机翼的前后以一定角度向外照射）。诺斯罗普告诉美国国防部预先研究计划局，飞翼构型不利于雷达，而雷达监视毕竟是任务的重点——美国国防部预先研究计划局同意继续采用翼－身－尾设计。但是，卡申和瓦兰德在否决飞翼构型之前，他们对飞翼模型进行了雷达测试，对其散射雷达波的良好效果感到惊喜。即使回到原设计，他们也将这些测试结果留在了记忆中[20]。

由于杰克·诺斯罗普的执着，人们普遍认为诺斯罗普是一家制造飞翼型飞机的公司。而最终，诺斯罗普的试验性战场侦察机设计的是翼－身－尾布局，甚至比试验生存性测试台项目中提出的翼身融合三角翼布局更为传统。实际上，正是洛克希德为试验性战场侦察机项目提出了一种飞翼构型的隐身飞机。然后，美国国防部预先研究计划局将这一想法推给了诺斯罗普。通过间接分享洛克希德的想法，詹姆斯（James）和美国国防部预先研究计划局违背了不让两支团队相互之间交流思路、任其独立发展的理念。但是，美国国防部预先研究计划局鼓励两家公司竞争的总体战略将再次取得成果。

就像试验生存性测试台设计最终成就了"海弗蓝"一样，试验性战场侦察机的设计也成就了 1978 年 4 月签订的"沉默之蓝"原型机合同。瓦兰德是一名先进设计工程师，而"沉默之蓝"项目的要求是要真正地造出飞机，因此诺斯罗普聘用了新的项目经理史蒂文·史密斯（Steven Smith）。聘请史密斯加入项目可能还有另外一个原因：约翰·帕蒂尔诺（John Patierno）作为先进设计负责人，监管着所有这些项目。他是一个温和、烟斗不离手的领军人物，他厌倦了对卡申与瓦兰德之间没完没了地争执裁决，希望有人能帮他在中间协调缓冲这些争吵。[21]

史密斯拥有斯坦福大学的工程学学士和硕士学位，并在诺斯罗普就职后进入了管理领域。他涉足过对外军售，首先是 T-38（飞机中的大众"甲壳虫"，史密斯将这种飞机出售给西德——换句话说，西德向美国人出售了极低亚声速的飞机，而美国向西德卖出了超声速版本的飞机），随后担任 F-5 的项目经理。20世纪 70 年代，史密斯在伊朗呆了 3 年，帮助伊朗空军进行 F-5 的飞行和维护培训。1978 年初，他因"沉默之蓝"项目被召回美国，碰巧此时，伊朗发生革命，美国人很快不受欢迎。（洛克希德在伊朗也有数百人进行 P-3 海军巡逻机的工作，他们的遭遇比史密斯更为惊险；在沙赫政权垮台之前，他们的上司用包机将他们全部撤出伊朗。）[22]

赢得隐身飞机原型机的第一份生产合同后，诺斯罗普面临着与洛克希德相同的问题：制造一架真正的飞机。洛克希德的多面体设计遇到了一些特殊的问题，而"沉默之蓝"的曲线设计也给制造带来了一些不同的挑战。飞机的侧面形成复杂的 S 形曲线，机身边条的平面通过圆弧过渡融合到机身侧壁的平面，然后再通过另一条弧线与平坦的机顶融合到一起。而且，大城设计的机头为双曲率，即在蓝图上的平面和侧视图上都呈曲线型（圆柱体或圆锥体为单曲率，而球体或穹顶形则是双曲率；如果有一张纸，可以将它卷成圆柱体，但不能在无折痕的情况下将它做成穹顶形或球体）。[23] 飞机制造商以前制造过双曲面，看看客机的机头就可以证明这一点，诺斯罗普的车间现在不得不按照前所未有的公差要求加工出这些曲线。

要将设计师漂亮的曲线从二维工程图转换为三维的金属制品，需要用到神奇的放样工艺，这是在图纸和成品之间重要但经常被忽视的中间步骤。"放样"一词本身来自造船业，也在汽车制造业中应用。蓝图从三个方向为飞机提供了轮廓布局：俯视图（从上方看），侧视图（从侧面看）和正视图（正面）。从这三个角度来看，"放样"可以按特定的间隔或利用控制位置给出机身或机翼的横截面。在各个控制点，放样师将使用柔软的塑料条或样条来布置曲线，并用称作"鸭子"（duck）的小块压铁将其固定在适当的位置。俯视图和正视图的水平切片被称为"横剖线"，正视图和侧视图的垂直切片称为"纵剖线"（因此，放样有时也称为"放线"），这些都是借鉴造船业。在飞机的特定控制位置（例如，380 站位，即距机头 380in 的位置）上，车间的机械师可以由此得到经过该点的整个机身轮廓模板，然后在这些线之间用表示形状的数学公式进行插值。[24]

正如瓦兰德所说的那样，优秀的放样师"可以看到三个维度"。将曲线交付给车间时，放样师是否能够正确地理解曲线至关重要。问题在于，诺斯罗普的放样部门依靠的仍是二战时期的手册，那时候的公差要求较为宽松，而且用于较简单的形状。这使放样师苦于应对，特别是高斯曲线，高斯曲线与圆锥曲线（通常使用椭圆或抛物线）不同，瓦兰德继续笑着说："所以雷达截面积的设计师总是会说，'我们想要高斯曲线'。而构型师，也就是完成所有曲线布置的人则说，'嗯，他们想要高斯曲线，可车间根本就做不到，他们得到的是圆锥线'。"这当然不能满足雷达截面积的要求。米兹纳签发了一份备忘录，坚持要求诺斯罗普的放样师必须跟上时代，卡申指派了一名数学家休·希斯（Hugh Heath），对放样质量进行控制。希斯的工作是确保放样出来的线型符合雷达设计人员的设想，从而使标有"高斯曲线"的字样图样，放出的样和造出来的飞机都是高斯曲线。[25]

尽管"沉默之蓝"主要依靠外形来躲避雷达，但它也要借助雷达波吸收材料（RAM）解决另一个问题。这个问题是在诺斯罗普参与"沉默之蓝"计划数月之后、快要进入生产阶段时，五角大楼突然通知诺斯罗普的。20世纪70年代，巡航导弹在美国战略中取得了越来越重要的地位，可以从防区外攻击苏联，而不是直接向目标投掷炸弹。在空军加紧进行针对苏联雷达的巡航导弹测试时，发现苏联的低频远程预警雷达（如"高国王"（Tall King））很容易发现巡航导弹。空军参谋长卢·艾伦（Lew Allen）将军坚持认为，诺斯罗普应重视低频雷达对"沉默之蓝"的威胁。"沉默之蓝"团队没有改变飞机的形状，而是在飞机的整个外缘（即边条）上使用了雷达吸波材料，而未对外部型线做任何改变。边缘上的雷达吸波材料只须承受空气载荷，而不承受结构载荷，以满足结构工程师的要求（即它只能承受飞行速度产生的气压，而不承受飞机的重量）。然而，这一变更给车间带来了新的问题，并使生产推迟了大约一年[26]。

和洛克希德的"臭鼬工厂"一样，诺斯罗普也从设计和制造的整合中受益。"沉默之蓝"飞机的设计和生产地点都在诺斯罗普的霍桑工厂360号大楼。设计办公室位于二楼，就在车间的上方，因此设计和生产工程师只需上下走动，就可以和对应的人员交谈。[27]

每种新飞机设计进入飞行阶段之前，都有一个公开亮相仪式，届时飞机将首次从机库中移出。作为"最高机密"的"沉默之蓝"没法举行公开亮相仪式，只是进行了内部亮相。整个团队都已到场，包括负责该计划的空军军官杰克·特维格（Jack Twigg）少校。为了避免引起人们对"最高机密"计划的关注，特维格在拜访诺斯罗普时一直穿着便装。就在内部亮相仪式之前，他悄悄走进洗手间，换上制服，然后走上讲台。史蒂夫·史密斯回忆说："这是人们第一次看到他穿着制服。其中有一半人甚至都不知道他是空军。这是个令人激动的时刻，每个人都为之疯狂。"同时，制造团队还送给史密斯一根棒球棍，上面刻着："（S.R. Smith）的进度控制杆。友情提示：必须赶上时间进度。"[28]

然后他们将飞机运到沙漠地区开始飞行试验。

当诺斯罗普的工程师将"沉默之蓝"从51区的机库中移出时，一些洛克希德工程师感到困惑。有人问："什么时候把它从"箱子"里拿出来？"[29]"沉默之蓝"看起来像一个倒置的浴缸。它笨拙的外观和圆形的机头，加上向外张开的比目鱼形状的 V 形尾翼，为它赢得了"鲸鱼"的绰号。与"臭鼬工厂"的臭鼬徽标相对应，诺斯罗普的工作人员开始使用鲸鱼徽标。

"沉默之蓝"不仅看起来奇怪，飞起来也很奇怪。它的航向完全不稳定，有来回摆动的倾向，就像风向标一样，最终会使机尾朝前。它的俯仰也不稳定：如果它与水平飞行姿态的偏差超过 6°，就会从机背向后翻转。它又有了另一个绰号"HUM"，即"高度不稳定的母亲"（Highly Unstable Mother）的缩写。

为了驯服"沉默之蓝"，诺斯罗普的设计师将注意力集中到飞行控制系统，以吸取试验生存性测试台的教训，当时他们忽略了电传飞行控制。"沉默之蓝"拥有一套完整的电传飞行控制系统，由诺斯罗普的飞行控制工程师鲁迪·西曼斯（Rudi Seamans）开发，而在洛克希德，与他对应的同行是鲍勃·洛奇克（Bob Loschke）。而且，就像洛施克（Loschke）对"海弗蓝"的飞行员所做的那样，西曼斯也让"沉默之蓝"的试飞员在模拟器上，进行了无数小时的训练，接入飞行控制系统，测试其对各种突发事件的反应，例如，飞行员放下起落架准备降落时，忽然遭遇到每秒 10ft 的横向阵风[30]。

与"海弗蓝"一样，在飞机进入飞行阶段后，各种突发问题仍频频出现。初步测试显示，顶部的发动机进气道存在进气问题。如果遇到侧风，就会发生进气量不足，导致发动机转速下降。进气道由玻璃纤维制成，安装在铝制框架上，这时外场工程师就会拿出一把弓锯，锯下进气口，眼瞄出一条新模线重新敷设玻璃纤维。这根本算不上什么高科技。另外，为了节省成本，诺斯罗普工程师没有在驾驶舱门周围增加密封件以防雷达波束从间隙处反射回来，而只是用导电胶带，就像通风管用的铝制胶带。飞行员爬入座舱后，机组人员就用胶带把他封在里面。[31]

首飞由试飞员理查德·托马斯（Richard Thomas）执行，他于 1978 年被史蒂夫·史密斯招入项目。托马斯是一位拥有工程学位的前空军飞行员，于 1963 年加入诺斯罗普，在此之前他已经完成海军试飞员学校的学业。托马斯风度翩翩，梳着背头，鼻子下面留着小胡子，与飞行员埃罗尔·弗林（Errol Flynn）有点类似。托马斯也曾面临险境。1965 年 11 月，他驾驶 F-5 从爱德华空军基地起飞，飞机上的一个副翼被锁死，他不得不在塞拉山脉（Sierras）上空弹射跳伞，头撞座舱盖失去意识。飞机旋转下降，坠毁在欧文斯山谷（Owens Valley）。托马斯降落在惠特尼山（Mount Whitney）半山腰的一处巨石堆里，到达地面后，他点起火堆，向正在搜寻的救援飞机发出信号。10 年后，他对 F-5 进行了一百多次尾旋测试，其中一些测试显示出令人震惊的不稳定状态。测试要求托马斯在 35000ft 有意使 F-5 进入尾旋状态，然后尝试恢复。如果下降 10000ft 后仍无法恢复，飞机就会在 25000ft 的高度打开降落伞以阻止尾旋。即使如此，这些飞行体验仍然是种煎熬，让人神经紧绷。[32]

因此，托马斯深谙试飞的危险性。尽管如此，"沉默之蓝"仍使他踌躇不前。首飞定在 1982 年 2 月 5 日。前一天晚上，约翰·卡申走进测试场的酒吧"萨姆之家"。据他回忆，托马斯手里拿着一杯啤酒。"迪克，有点晚了。你明天一早还要飞呢。"托马斯回答："我睡不着。"根据他在飞行模拟器中的经验，他比任何人都清楚飞机的不稳定程度。卡申建议他们去隔壁的体育馆里打篮球。两人玩一对一的比赛直至疲倦，托马斯回去就睡着了。[33]

首飞确认了飞机的飞行品质很差。起飞时，一个保险丝烧断了，与地面通信的数据链中断，因此飞行工程师得不到任何数据。航管员开始对托马斯大喊以中止飞行，但他已经升空，快到了跑道尽头，无法降落飞机。然后飞机开始跃升，机头快速连续地下压、上仰、然后又下压，托马斯和飞行计算机都在试图稳住飞机。托马斯最终将他的指令与计算机同步，飞机拉平。他又飞了 20min。"沉默之蓝"一共进行了 135 次试飞，其中有一半是托马斯完成的。另一名驾驶"沉默之蓝"的飞行员是肯·戴森，他已从"海弗蓝"的弹射跳伞受伤中康复。他是唯一一名同时驾驶过这两架隐身飞机的试飞员。[34]

尽管成功地进行了一系列飞行测试，空军最终还是取消了计划。诺斯罗普只制造了一架完整的飞机，并没有后续的生产合同。与"海弗蓝"后来成就了 F-117 不同，"沉默之蓝"是一次性的。空军为何取消的原因仍不得而知：也许这就属于那种"非此处发明"的情况，因为它最初是由美国国防部预先研究计划局提出的。也许空军更喜欢作为替代的"联合星"（Joint STAR），它在一个更简单的非隐身平台上搭载了类似的雷达，需要战斗机护航。也许空军根本就不喜欢

"鲸鱼"的外观。它仅有一架，现在仍未解密，在机库中已尘封 10 年，似乎成为一个忘却的秘密。

"沉默之蓝"的设计师们没有时间为项目下马而忧伤。早在项目取消之前，事实上甚至在首飞之前，"沉默之蓝"就已留下了一份更为直接和重要的遗产。

第10章 多面体与曲线：B-2竞赛

20世纪70年代后期，洛克希德的F-117进入了生产阶段，诺斯罗普正在对"沉默之蓝"进行微调。在两架飞机都未飞行之前，美国空军就开始计划进行"隐身飞机"第三轮竞赛，这次要开发的是一种战略轰炸机，也是一种隐身飞机，它可突破苏联的防御系统投放核武器。与试验生存性测试台一样，这是一场赢者通吃的竞赛，尽管赌注更高，洛克希德和诺斯罗普都做好了再次大战一场的准备。

隐身轰炸机的研制源于对轰炸机缺点的共识。美国的战略威慑依靠核三位一体，即轰炸机、陆基洲际弹道导弹和潜射导弹。军事规划者们认为，尽管苏联可以消灭三个核力量中的一极或者两极，即轰炸机或洲际弹道导弹，但他们却无法一次将其全部消灭。因此，美国仍将保持发动毁灭性反击的能力，这种威胁将阻止苏联发动核战争。

问题在于，到20世纪70年代中期，至少在某些战略家看来，这三个方面都出现了弱点。精度和威力越来越高的苏联导弹似乎能够摧毁加固发射井中的民兵（Minuteman）导弹。作为回应，美国在20世纪70年代初开始研发一种新型的X导弹，即MX，与民兵（Minuteman）导弹相比，其体积更大，精度更高，而且生存能力更强。然而，如何最好地部署MX（无论是在超强加固的发射井中还是在移动卡车或铁路列车上，还是其他方案）久争不下，从而将系统部署时间推迟到了20世纪80年代。[1]

潜射导弹同样存在显而易见的弱点。美国科学家和工程师们正在开发新的方法进行深海探测，例如，使用蓝绿色激光和合成孔径雷达，这些技术可能会发现潜艇本身或其身后留下的水下潜波，那是一种类似水下伴流的现象。美国军事规划者们越来越担心苏联会取得突破，就像苏联海军上将谢尔盖·戈尔什科夫（Sergei Gorshkov）所说的那样，这项技术使海洋透明，从而可以发现美国潜艇的位置。[2]

由于苏联的防空系统的发展，核三位一体中的轰炸机也有其自身的问题。面对强大的苏联雷达，年事已高的 B-52 轰炸机似乎没有什么机会：这是一款已有 25 年历史的老设计，雷达截面积达 100m²，与谷仓一样大。空军不愿放弃核三位一体中的轰炸机，不只是因为飞机不像导弹，它需要飞行员。无论是从中西部大草原的地下发射井还是从大西洋的潜艇，导弹一旦发射，就无法停止飞行，直至搭载的核弹头摧毁其目标为止。俗话说得好，导弹是"发射后自导的"。相比之下，一架轰炸机可在其飞往目标的途中被召回。这为意外发生的核打击至少提供了些许保险，可能并不算多，但总比没有强。仅凭这个原因就使轰炸机成为核三位一体中的一极。

问题在于如何使轰炸机更有效。一种方法是通过低空快速飞行，实际上是低于雷达的探测高度，从而躲避防空系统。提案中的 B-1 轰炸机就是按照这种航线飞行，即通过计算机和雷达引导的贴地飞行导航手段，以接近声速的速度在离地面数百英尺的高度掠过。另一种选择是放弃试图突破苏联防御系统的思路，换作在防区外超出苏联防空系统射程范围，由 B-52 发射巡航导弹。在此期间，即 20 世纪 70 年代中期，空军开始测试新型空射巡航导弹，同样采用了新型的电子地形跟踪导航系统和更小的喷气发动机。它们几乎可以在近地 30ft 的高度飞行 1000 多英里。[3]

1977 年 6 月，经过辩论，双方各执一词，卡特总统最终取消了 B-1 项目。表面上看是由于 B-52 发射的巡航导弹可以更容易地突破苏联领空，且成本更低。而背后原因可能是隐身飞机，它提供了一种躲避苏联防空系统的新方法。从哈罗德·布朗（Harold Brown）和威廉·佩里（William Perry）开始，卡特总统的新国家安全小组就已经认可了隐身飞机，后来一些观察家声称隐身飞机在这一决定中发挥了作用。但是"海弗蓝"肯定不会再飞行 6 个月了，而隐身飞机仍然前景不明，也没有理由取消 B-1 这样的大型项目。因此，布朗有充分理由坚持认为在 1980 年 8 月的新闻发布会上公布隐身飞机不是导致卡特总统作出决定的原因。然而，在作出决定之后，隐身飞机可能为缓解长久以来的抵制声音有所帮助。[4]

无论出于何种原因，在 B-1 取消后不久，空军就考虑将隐身技术应用于战略轰炸机就不足为奇了。20 世纪 70 年代末期关于战争的研究得出结论，到 1995

年，无论美国是否部署了 B-1 那样的高速低空突防飞机，或是防区外巡航导弹发射平台，在大多数美国飞机投放武器之前，都会被苏联的防空力量击落。[5]隐身轰炸机将以不同的方式解决问题。不过，当时还不清楚像轰炸机这样的大飞机能否实现隐身。

在"海弗蓝"之后，"臭鼬工厂"研究了两种设计：一种是按比例放大的"海弗蓝"，作为一种小型战斗机/攻击机；另一种是中型轰炸机，大小约和 F-111 相当，可搭载 10000lb 有效载荷。空军选择了第一种设计，并于 1978 年将 F-117 的合同授予了洛克希德，同时，"臭鼬工厂"仍在继续研制隐身轰炸机。[6]

洛克希德的艾伦·布朗说过的一句古语"一事成，不一定事事成"再次得到应验。赢得 F-117 合同意味着洛克希德很快就将全神贯注于如何造出这种飞机，正如布朗所说，轰炸机研究实质上属于"第二梯队"。布朗本人作为 F-117 的项目经理，就是将重点放在 F-117 的其中一员。因此，他没有参与轰炸机的设计工作，这次也让他不幸而言中。[7]

1975 年，"臭鼬工厂"曾拒绝了多面体的想法，而到了 1978 年，它又接受了多面体的构型。据我们所知，理查德·舍勒曾为一款 U-2 隐身飞机绘制了一张多面体飞翼构型草图，然后将其修改为试验性战场侦察机，原计划在洛克希德不想出资进行曲线翼型测试时，将其拿给出资人。对于轰炸机设计，舍勒重拾隐身飞翼的想法。和试验性战场侦察机一样，轰炸机也必须进行长距离的高空飞行，飞翼的空气动力学效率可以保证做到这一点。舍勒再次提出，多面体构型在空气动力学上非常不利，破坏升阻比。但是，他的上司再次拒绝出资对曲线翼型进行风洞测试。多面体构型已经为洛克希德赢得了 F-117 合同，公司也乐见其成，不愿节外生枝。对舍勒而言，"我很清楚，多面体构型的先进技术轰炸机（ATB）（轰炸机）注定会失败，因为物理定律不会因公司的政策改变。"[8]1979 年 6 月，舍勒最终放弃并黯然离开洛克希德。

洛克希德的轰炸机设计结合了飞翼构型的某些元素，毕竟他们曾经为"沉默之蓝"提出过这样的方案，否则它就会像是放大版的 F-117。细长的机翼从菱形的飞机主体上向外伸出，使它与飞翼构型有些相似，但这种效果被带有 V 形尾翼的尾梁削弱了，尾梁就像剑龙的尖尾，从菱形主体的背部直接伸出。舍勒和丹尼斯·奥弗霍尔泽（Denys Overholser）曾力求采用纯粹的飞翼构型，但"臭鼬工厂"的空气动力学专家们为了确保稳定性和操纵性，坚持要求保留尾翼，而舍勒和奥弗霍尔泽则在辩论中落败。最重要的是，设计卡在了多面体上：平板、尖锐边缘和钝角。一名空军管理人员向艾伦·布朗描述了空军对其设计的主流看法："拿着F-117设计，然后噗地吹一口气，让它胀了起来。"[9]

"沉默之蓝"计划进行中的某一天，一些空军工程师与诺斯罗普的同行们坐在一起，讨论隐身飞机的下一步工作。诺斯罗普的成员包括约翰·卡申和伊夫·瓦兰德，以及他们的老板约翰·帕蒂埃诺（John Patierno）。卡申回忆说，一名空军工程师说，做轰炸机怎么样？帕蒂埃诺正抽着烟斗，回答道："诺斯罗普是造战斗机的。我们不做轰炸机。"卡申和瓦兰德感到震惊。他们听说洛克希德正在进行隐身轰炸机的研究，由此推测空军对洛克希德的进展不满意，希望诺斯罗普加入竞赛。[10]

卡申和瓦兰德是正确的，而空军也不认为诺斯罗普真心拒绝参与轰炸机的制造。它已经认同诺斯罗普在"沉默之蓝"上的开局，以免真的出现一家公司垄断隐身飞机的状况。一名空军高级官员打电话给汤姆·琼斯，明确表示，他们已经让诺斯罗普通过"沉默之蓝"进入隐身飞机业务，现在他们希望诺斯罗普公司加入游戏。琼斯明白了，就表示同意。[11]

大约在1979年5月，伊夫·瓦兰德（Irv Waaland）离开了"沉默之蓝"项目，转而领导轰炸机设计团队，重新开始与卡申合作。设计人员首先必须决定轰炸机将执行何种任务：亚声速还是超声速？低空还是高空？他们排除了超声速。尚无人能制造出超声速的隐身飞机，将空气动力学与雷达要求结合起来并达到亚声速已经是非常艰巨，尤其是对发动机进气道的性能要求，需要其吸入大量的稀薄空气且不能反射雷达波。接下来，他们又排除了低空；这正是B-52和已经取消的B-1曾经试图做到的，低空的稠密空气使长距离飞行变得更加困难。这样就只剩下了亚声速和大约60000ft的飞行高度两项要求，这将使飞机与苏联雷达之间的距离更大，并且可以进行更远距离的飞行。

在瓦兰德和卡申研究可能的轰炸机设计时，他们想起了为"沉默之蓝"测试过的飞翼模型。新式轰炸机设计为远程飞机，而飞翼的升阻比性能可使其具有出色的航程。此外，对"沉默之蓝"的雷达测试表明，飞翼能够躲避雷达波。其简单的形状使平行边缘的数量减至最少，从而使反射雷达波中的尖峰数量，即来自长直表面的明亮闪光（类似镜面反光）也减至最少。到 1979 年 8 月，诺斯罗普的设计团队的飞翼平面形状已经成型。

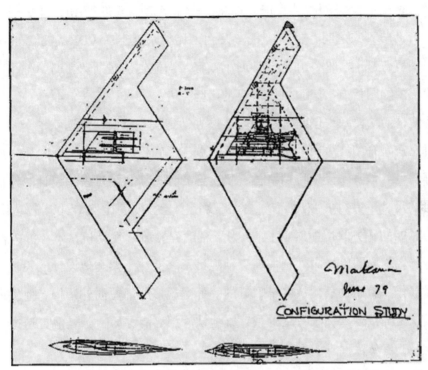

图 10-1　诺斯罗普豪·马克瑞安于 1979 年绘制的飞翼设计草图
图片来源：诺斯罗普 – 格鲁门公司提供。

飞翼概念是必要的，但还不够。另一个关键步骤是如何增加体积。当多面体已成为洛克希德的标志时，诺斯罗普的设计接受了曲线。侧视图和前视图中的曲线都光滑过渡。飞机具有圆滑的底部和顶部。尽管它是一种飞翼型飞机，但在飞机中部有一个圆滑的类机身容纳驾驶舱和炸弹舱，机身部分向后逐渐收缩为扁平的尾部。机身前上部的驾驶舱与机翼融合，该设计借鉴了弗兰德·大城（Fred Oshiro）为"沉默之蓝"设计的曲线。[12] 发动机进气道口从机翼顶部以优美的弧线升起，通过狭窄的沟道与中央准机身隔开，给人感觉像虫子的眼睛；在早期设计的黏土模型上，卡申用拇指在模型上刻划，添加了这些沟道，以便在发动机舱与驾驶舱和炸弹舱之间留出一定的距离。

简而言之，诺斯罗普将飞翼的设想与"沉默之蓝"的曲线结合起来。"我们 100% 地接受曲线，"卡申回忆说："高斯曲线现在已成为设计团队和放样人员的信仰。"[13]

　　同时，诺斯罗普的设计师听说舍勒已经从洛克希德辞职，并决定雇用他。在离开洛克希德之后，舍勒和他的妻子开始了沿太平洋海岸的夏季自驾之旅，他们驾驶着一辆双发动机的改装大巴，他将这辆车的底盘调低了 1ft，并定制成一辆房车。劳动节到来之时，他已经把车开到了奥林匹克半岛（Olympic Peninsula），这时诺斯罗普赶上了他，并把他带回了竞赛。当他到达诺斯罗普时，他很高兴地看到他们的绘图板上已经画出了一架飞翼型飞机。[14]

　　即使是尖端技术，创新者也可以从过去学到一些东西，舍勒就是个明证。隐身飞机已经融合了许多以前的想法，从机翼翘曲和"沉默之蓝"上的克拉克 Y 翼型，再到飞翼本身。舍勒特别擅长查找、翻阅和重新利用过去的设计。他负责给出飞翼的尺寸，进行展弦比确认，即机翼长度与宽度的比例（对于非矩形机翼，表示为翼展的平方除以机翼面积）。为了容纳驾驶舱和发动机，飞翼的内部为菱形，机翼从菱形的边缘向外延伸。舍勒观察了之前数十架类似设计的飞机，它们的机翼部分都短而狭窄，从机身附近的一处宽得多的部位向外延伸。他发现大多数的展弦比都接近于一个特定的数字，他认为那必有原因，于是他也选择了那个数字。[15]

　　机翼的翼型或轮廓也是"新瓶装旧酒"。像往常一样，问题在于如何平衡空气动力学和雷达的性能。设计师想要一个尖锐的前缘使雷达波发生偏折，但是要高速远程飞行，也需要一种超临界翼型，以最大程度地减小接近声速飞行时产生的阻力。这样的机翼将具有较平坦的顶部表面，弯曲的底部表面和圆滑的前缘。舍勒与一位名为里奥·纽曼（Leo Newman）的空气动力学专家合作，从几十年前的一份布鲁克林理工学院（Brooklyn Polytechnic）的报告中发现了一个超临界翼型。（回想一下，包括瓦兰德在内，多名诺斯罗普工程师都来自布鲁克林理工学院。）舍勒和纽曼对设计做了几处调整，然后用计算机进行计算并通过风洞测试确认了其性能。最后得到独特的鹰嘴轮廓，从侧面看就像向下弯曲的鸟喙，结合了尖锐的前缘和超临界曲线[16]。

　　最后一个受到过去设计重大影响的是操纵面。至少与"海弗蓝"和"沉默之蓝"相比，飞翼型飞机相对稳定。就像飘向地面的落叶一样，它不会旋转或滚转。问题在于如何操纵它，尤其是在偏航时。大多数飞机都使用机尾的方向舵使飞机左右转向，诺斯罗普的第一种隐身轰炸机设计方案就带有向内倾斜的尾翼，用于飞机转向。设计师还尝试过翼尖小翼的想法。[17]

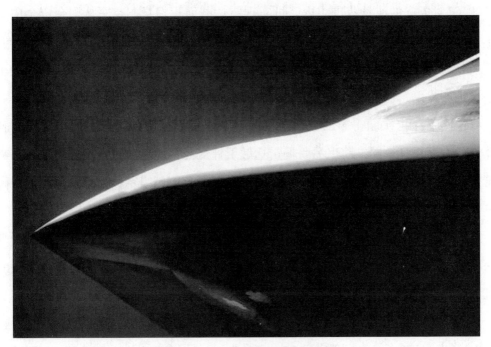

图 10-2　B-2 鹰嘴翼型的侧面特写
图片来源：诺斯罗普·格鲁门公司提供。

　　然而，尾翼或翼梢小翼的方案使卡西恩（Cashen）和雷达物理学家感到不安。从机翼表面伸出的任何物体都会破坏雷达特征信号。有人（不知是谁）想起了老旧的 YB-49，那是杰克·诺斯罗普于 1947 年开始设计的飞翼，它飞行性能良好，没有尾翼，在每个机翼上都使用了襟翼，打开一侧或另一侧的襟翼时会产生阻力差。瓦兰德的团队为隐身轰炸机借用了这种想法，他们在每个翼尖上使用了分裂式襟翼，像蚌壳一样打开和关闭，蚌壳的嘴朝后。打开一侧机翼上的蚌壳式襟翼就会在那一侧产生额外的阻力，使飞机朝那个方向转动。（当然，打开襟翼也会影响雷达特征信号。在"隐身"模式下飞行时，轰炸机将利用两侧发动机推力差达到相同的效果；一侧发动机的推力比另一侧发动机的推力更大，就会使飞机转向。）[18] 这样做的结果是：没有尾翼，雷达性能更好。

　　1979 年 8 月，瓦兰德团队向空军简要介绍了该设计方案，空军认为他们只不过是洛克希德公司的陪衬。但是，曲线翼型飞翼的空气动力学效率引起了空军的注意，尤其是与之相比，洛克希德多面体构型的空气动力学效率低下。诺斯罗普飞机的预计航程可达 7000mile，并且承诺在宽达 0.1GHz ~ 15GHz 的频率范围（300cm ~ 2cm 的波长范围）内，可实现雷达截面积隐身。空军从剩余资金中给了诺斯罗普一份小型研究合同，诺斯罗普又另下赌注，坚持要签订更大的合同，不只是研究，而是包括演示 / 验证的合同。瓦兰德的团队为一项实质性计划提出了详细的建议，包括风洞和大尺寸模型的雷达测试。[19]

这次下注再次赢得了回报。空军同意了这一要求，1980 年 1 月，诺斯罗普获得了全面设计合同，将以另一场雷达散射评测与洛克希德进行终极对决。洛克希德仍然有一年的领先优势，而空军则向诺斯罗普明确表示，这只是一份"保险单"，以防洛克希德掉以轻心。但诺斯罗普已加入了竞赛，战火再次燃起。[20]

两家公司都意识到，为了在这场竞赛中胜出，他们都需要获得帮助。这会是一项庞大的计划，涉及生产 100 多架飞机，每架飞机都是一台巨大且极为复杂的机器，所需的劳动力和设施，均超出了各家公司自身的能力。大约在 1980 年夏天，两家公司开始寻找合作伙伴，候选者显然是大型飞机公司：罗克韦尔（Rockwell）、麦克唐纳 – 道格拉斯（McDonnell Douglas，简称麦道）和波音（Boeing）。洛克希德先声夺人，打算抢先收购罗克韦尔，当时在 B-1 项目取消后，公司无事可做，有很多闲置的工厂空间可以利用。[21] 诺斯罗普已作为分包商参与麦道公司（McDonnell Douglas）的 F-18 项目，但这后来演变成一场法律诉讼：麦道公司试图削减诺斯罗普的部分海外销售后，诺斯罗普于 1979 年提起诉讼，麦道公司立即提出反诉。这些诉讼持续了 6 年才解决，而这也打消了诺斯罗普再一次与麦道公司合作的想法。[22]

剩下的就是波音公司了。帕蒂耶尔诺（Patierno）有一件事情是正确的：诺斯罗普并非轰炸机制造商，自 30 年前最初的飞翼型飞机以来，它没有制造过一架轰炸机。另一方面，波音制造过许多大型飞机，特别是轰炸机，包括 B-52。诺斯罗普邀请波音的首席执行官桑顿·威尔逊（Thornton Wilson）及其几位技术负责人到霍桑（Hawthorne）听取有关隐身轰炸机的简报。威尔逊，被大家简单称呼为"T"，是 B-52 的项目总师，也是波音赢得民兵（Minuteman）洲际弹道导弹（ICBM）的投标负责人，他是一位令人敬畏、做事坚决果断的经理。

瓦兰德和卡申做了简报，正如他们俩所回想的那样，汤姆·琼斯（Tom

Jones）总是左手拿着雪茄，右手越过桌子伸向威尔逊（Wilson），说："好吧，听到了吧，T. 现在，你怎么看？一起干吗？"威尔逊犹豫了一会，最终回答说："汤姆，这次和你们一起干。"他和琼斯握了握手，然后转向身后的技术人员，咆哮道："永远不要让我再遇到这种事。"波音不习惯在大型轰炸机项目上充当副手。威尔逊和他的公司在隐身飞机上被搞了个措手不及。[23]

洛克希德和诺斯罗普也选择了两家不同的主要发动机制造商。洛克希德与普拉特 – 惠特尼（Pratt & Whitney）公司合作，诺斯罗普则与通用电气公司合作。此外，诺斯罗普与沃特（Vought）携手，后者成为其较小的合作伙伴。沃特是LTV 企业集团的成员，总部位于得克萨斯州（Texas），在制造能力与复合材料方面占有优势。[24]

1980 年 9 月，空军正式发布了一份招标邀请，标的就是所谓的"先进技术轰炸机"简称 ATB，投标截止日期为 12 月。投标邀请仅发给了洛克希德和诺斯罗普，两家公司的投标响应都遵循隐身计划的机型命名方式，都带有"高级"（Senior）字样：洛克希德的 F-117 合同被称为"高级趋势"（Senior Trend），它还拥有一项名为"高级毕业舞会"（Senior Prom）的隐身巡航导弹计划。因此，诺斯罗普的 ATB 提案被称为"高级冰"（Senior Ice），而洛克希德的提案则是"高级钉"（Senior Peg）。本·里奇（Ben Rich）曾经是精明的推销员，据推测，他是以战略空军司令部理查德·埃利斯（Richard Ellis）将军的妻子佩吉·埃利斯（Peggy Ellis）的名字为洛克希德的项目命名的。[25]

在诺斯罗普努力加快完成正式提案时，它聘用了一名负责新计划的经理吉姆·基努（Jim Kinnu）。在基努到来之前，一直是瓦兰德管理提案，但是他的专长是高级设计。而先进技术轰炸机的投标提案，以及几个企业合作伙伴和分包商，已不仅仅只是设计工作；诺斯罗普在霍桑（Hawthorne）的一处专门的独栋大楼里，办公人员有 250 个，基努加入这个群体并负责经营管理。人员很快就超出了该建筑物所能承受的规模，他们搬到了世纪大道上一栋毫无特色的办公大楼内，占用了几层楼的面积，大楼坐落在洛杉矶国际机场附近的酒店和停车场之间，一点也不起眼。诺斯罗普封了大楼窗户，以防止间谍活动。无数过往行人沿世纪大道开车去赶乘飞机，可他们并不知道自己正从一场进行着军事革命的所在地驶过。[26]

基努的父亲是来自伊朗北部的亚述移民，在第二次世界大战期间曾在西部电气（Western Electric）从事雷达方面的工作，基努继承了父亲的技术才能。他还是一名航空工程师，小时候就曾制造并操控过模型飞机。从圣母大学（Notre Dame）获得物理学学位并在加州大学洛杉矶分校（UCLA）获得商业管理学位之后，他在洛克希德工作了 17 年，其中大部分时间在公司的非保密部门，最后的几年在"臭鼬工厂"工作。他在 20 世纪 70 年代换了几家公司，然后在 1979 年 1 月隐身轰炸机计划开始之前加入了诺斯罗普。

那时的基努已接近 50 岁，在航空业领域拥有近 25 年的经验。作为高级设计负责人的约翰·帕蒂埃诺（John Patierno）很快发掘并利用了他的这些经验，并在此期间将基努带入了隐身飞机领域——"沉默之蓝"而非轰炸机。诺斯罗普的"沉默之蓝"小组曾向空军管理人员做了一场不太好的简报，而空军正在考虑取消该计划。帕蒂埃诺安排基努在短时间内解决问题，以一种全新的外部视角识别设计中的风险，然后找出如何消除风险的方案。几周后，当空军再次参加简报会时，基努为每个设计小组制订了详细的成本、进度和风险计划，一流的简报说服了空军，使"沉默之蓝"项目活了下来。[27]

从以上情况可以看出，基努具有管理工程天赋与丰富经验，但他真正的专长是项目管理，其实质上就是要弄清楚需要做什么然后将其完成。许多航空航天机构，包括美国国家航空航天局（NASA），在吃过不少苦头之后，领悟到管理本身就是一项独特的技能，而在工程学院里通常不教授这种技能。[28] 懂得科学和工程是必要的，但还不够。一个好的经理总是一个好的工程师，但是一个好的工程师并不总是一个好的经理。基努知道如何识别项目中的障碍，然后制订出解决方案。重要的是，他知道如何管理人员：何时给予工程师自由以及何时指导他们；如何使形形色色的个人利益与集体项目目标保持一致；如何聘用和提拔优秀工程师，以及如何解雇不好的工程师。B-2 计划将最大限度地测试这些技能。

基努的另一个突出特点是：拥有高尚的职业道德。他本人不仅仅是一个工作狂，在投标提案期间，他每天从早上 7 点工作到晚上 10 点，周末无休。正如他的多位同事所说的那样，他还是一位"激励者"，鼓舞或至少期望与他一起工作的人员同样勤勉敬业。而且他显然很容易做到这一点。还有，隐身飞机工程师愿意将几乎所有时间投入到工作当中，这出于多种动机，其中包括爱国主义，正如瓦兰德所说的那样，"大熊的威胁已经出现"，隐身轰炸机对于防御苏联的进攻至关重要，当然还有工程上的挑战[29]。

和以前一样，这种非凡的奉献的背后，是个人甚至配偶和家庭付出的代价。当帕蒂埃诺首次与基努说起需要全天从事该项目时，基努感到犹豫。他知道这意味着他将会很少看到妻子和两个女儿，而当时她们刚十几岁。基努回到家里和妻子商量。他无法描述该计划，但他告诉她那对国家很重要。她说："你来决定，"然后明确地指出，"但也需考虑家庭。"他接受了那份工作。

基努几十年后回忆说，"事实证明，6 年来一直是每天 24h 每周 7 天地工作"。他意识到这段时期对于他的妻子来说，是"纯粹的地狱"，她最终明确表示必须做出一些改变。他们在一个周末去了棕榈泉（Palm Springs），在高尔夫球场上买了一套公寓，他还做出承诺：全家每个星期五晚上去棕榈泉，周日晚上返回，期间没有工作，不打电话。这挽救了他的婚姻。[30]

1980 年秋天，基努还是全身心投入到轰炸机上，将诺斯罗普的团队送上了竞赛的最终赛道。飞翼的空气动力学效率使其具有出色的航程—有效载荷能力，能够飞得更远，载重更多，并且在雷达截面积上似乎没有丢分。诺斯罗普的团队有理由充满信心。

1980 年底，两家公司的工程师再次到雷达目标散射测试场（RATSCAT）进行了一次隐身测试。自上次比赛以来已经过去了将近 5 年。这处设施表现仍名副其实。在一些雷达测试中，工程师神秘地接收到大量的雷达回波。一些猫头鹰用高高安装在测试柱上的飞机模型作为它的狩猎和栖息地；它们留下的粪便和老鼠尸体严重地破坏了雷达回波。（一些勇敢的工程师测试了粪便，发现猫头鹰粪便实际上是导电的，并且可以反射雷达波。）[31]

赶走了猫头鹰，对决就开始了。两个团队再次测试了模型，模型采用胶合板制成，表面涂上银粉漆，以模拟飞机导电的金属表面。银粉漆几乎改变了这次竞赛的结果。诺斯罗普获得的雷达数据糟透了，其雷达截面积远大于预期，工程师搞不清楚究竟是什么原因。洛克希德似乎将要第二次赢得对决，随后就是轰炸机合同。

然而，洛克希德并不知道诺斯罗普遇到的问题，同时他们还提出抗议，称诺斯罗普的模型未包括模拟舱门和实际飞机可能具备的其他特征，从而违反了测试条件。诺斯罗普很高兴地同意重新提供模型，并准备重新测试。他们终于找到了问题所在。测试使用的是十分之四比例的模型，但这些模型仍然很大：它的翼展仍接近 70ft。诺斯罗普将模型安装在测试柱上时，巨大的重量导致其发生弯曲，从而在涂层上产生了微小的裂缝。涂层上的开裂网纹会反射雷达波，因而完全破坏了雷达特征信号。诺斯罗普团队修复了涂层，用玻璃纤维对木头做了加固处理以防止弯曲，然后又回到了测试现场，这次确实获得了更好的雷达截面积数据。洛克希德的抗议使诺斯罗普得以从困境中脱身。[32]

这两家团队在 1981 年夏天提交了最终设计。空军非常仔细地进行了审查，但当时的问题不是选择由谁来制造隐身轰炸机，而是是否有人能造出这种飞机。里根（Reagan）总统的就职典礼使 B-1 轰炸机死而复生，现改称为 B-1B，空军中的一些人试图扼杀隐身轰炸机以拯救 B-1。他们争辩说，隐身轰炸机已经有好几年了，虽然可以使 F-117 隐身，但要想使那么大的轰炸机隐身却要困难得多。

随后发生了激烈的政治斗争。民主党人长期以来一直反对 B-1，他们支持隐身轰炸机，以此来证明其反对是正当合理的，不再被视为"在国防上立场软弱"。而共和党人继续支持 B-1，把它作为最安全的赌注，致使华盛顿有人开玩笑说 B-1 是共和党的飞机，而隐身轰炸机是民主党的飞机。立法机构也持不同意见（众议院支持 B-1B，参议院支持隐身轰炸机）。B-1B 承包商罗克韦尔发起了一场游说活动。诺斯罗普公司，洛克希德和波音也发起了 B-2 飞机的游说（波音也与罗克韦尔组队研发 B-1B，但是它将赌注押在了先进技术轰炸机（ATB）上，因为它可以提供进入隐身飞机业务领域的机会，包括轻型复合材料技术）。更不用说诺斯罗普首席执行官汤姆·琼斯是里根总统的朋友。[33]

最终里根总统决定不做决定：美国将制造两种轰炸机。空军将建造 100 架 B-1B，随后建造 132 架隐身轰炸机，这一计划很快获得众议院和参议院的批准。首先公开的是 B-1B，这让诺斯罗普在隐身竞赛中占有优势，它将有更多的时间来解决设计中的风险。1981 年 10 月 3 日，美国空军宣布诺斯罗普赢得了轰炸机竞赛，并获得了 360 亿美元的合同。

或者，确切地说，空军没有按照严格的保密政策宣布这一消息。宣布隐身轰炸机合同的目的并不是为了告知公众，而是因为华尔街的利益。路透社（Reu-ters）的新闻部门听说诺斯罗普拿到了一项重大合同，并对此进行了简短介绍，但未提供任何细节。琼斯知道带来了麻烦：如果纽约证券交易所认为诺斯罗普向股东和市场隐瞒重要信息，将迫使公司退市。他就此提醒国防部，国防部派了一名律师与证券交易所的负责人谈话，并解释说为了国家安全不可能有公众评论。证券交易所实际上回答说："好吧，诺斯罗普可以选择不透露信息，而我们只能将该公司退市。"

琼斯说服五角大楼的官员制作了一份新闻稿，它可以答复证券交易所的基本问题（诺斯罗普是否拿到合同？），又不透露合同目的。决定后的两周内，发布了一份只有 12 行字的声明，透露诺斯罗普已经获得一份合同，研究有人驾驶轰炸机的开发，并列出了主要分包商：波音、沃特和通用电气（加上提供雷达的休斯）。简而言之，它提供了足够的信息以取悦证券交易所。这也足以使精明的观察者将这些信息点联系起来。《航空周刊》在其下一期刊物上，认定诺斯罗普获得了一份"隐身"轰炸机的合同——诺斯罗普的股价上涨了 2.25 美元，达到42.50 美元。[34]

洛克希德的反应与 5 年前诺斯罗普的反应相似，诺斯罗普曾认为试验生存性测试台的竞争规则是针对他们制定的。本·里奇抗议说，空军一开始就告诉"臭鼬工厂"，它应该对隐身轰炸机采取循序渐进的方式。隐身轰炸机不是要立即用大型轰炸机与 B-52 或 B-1 竞争，它是 F-111 级别的中型轰炸机，其航程和有效载荷都相应较小。考虑到隐身技术的不断发展，美国空军曾提出使用大型轰炸机进行突袭的言论太过冒险。根据里奇的说法，洛克希德因此坚持采用较小的设计，只能眼看着诺斯罗普由于提出尺寸更大、航程更远、有效载荷更多且风险更大的轰炸机，从空军手中赢得了项目。[35]

然而，军方宣称比赛还没有结束。正如时任空军低可探测性办公室负责人保罗·卡明斯基（Paul Kaminski）所说："洛克希德在竞争中得到了洗礼。"[36]两家公司的雷达性能相似，洛克希德的小型飞机成本更低，而诺斯罗普在空气动力学方面轻松胜出，这转化为航程和有效载荷。洛克希德公司的设计航程为3600mile，需要空中加油才能达到苏联北部边境以外的任何地方。而诺斯罗普的6000mile 设计航程无须加油就可以到达任何苏联目标。[37]洛克希德的多面体构型在空气动力学方面失分太多，而诺斯罗普的设计则在隐身飞机平台上提供了传统飞机的空气动力学特性。这次，曲线设计方案赢了。

　　诺斯罗普在世纪大道的大楼中庭举行了热烈的庆祝活动。汤姆·琼斯、帕蒂埃诺、卡申、瓦兰德、基努和团队的其他成员在讲台上为这场胜利举杯祝酒，讲台后方拉起了一道横幅，上面简单地写着："我们赢了！"[38]

　　同时，在洛克希德，损失尤为惨痛，因为公司失去了最初在隐身飞机项目上的领先地位，他们本来有把握造出一种终极轰炸机的。他们已经接受了风险极大的合同，按照大大加快的时间进度交付 F-117，除此以外，还要分摊为"海弗蓝"投入的 1000 万美元的成本。当里奇第一次向洛克希德董事长罗伊·安德森（Roy Anderson）和总裁劳伦斯·基奇申请 1000 万美元时，他们之所以犹豫不决，就是因为洛克希德刚刚在 L-1011 商用飞机上损失了数十亿美元。但里奇说服了基奇，基奇则说服了洛克希德董事会将这笔钱作为对未来收益的投资。F-117 是

图 10-3　诺斯罗普庆祝赢得"隐身"轰炸机的合同。伊夫·瓦兰德站在讲台上。在他后面，从左到右依次是约翰·卡申（留着小胡子），约翰·帕蒂埃诺和韦尔科·加西奇（Welko Gasich）

图片来源：诺斯罗普－格鲁门公司提供。

个不错的选择，但轰炸机本来可以带来更大的收益。B-2 合同价值 360 亿美元，这是 F-117（早期合同为 3.5 亿美元）的 100 倍。[39]

洛克希德是胜利反被胜利误。受试验生存性测试台胜利的鼓舞，"臭鼬工厂"坚持了基于多面体的相似做法。诺斯罗普则朝着新的方向发展。尤其是"沉默之蓝"在 B-2 的竞争中为诺斯罗普带来三个关键优势：第一，在"沉默之蓝"上，诺斯罗普的设计师首先考虑了飞翼构型，然后进行了雷达测试，证明了飞翼在空气动力学和躲避雷达探测方面都是可行的。其次，"沉默之蓝"使诺斯罗普的设计师坚定了使用曲线规避雷达的想法。曲线不仅有助于飞机更好地飞行，还提高了更宽雷达频率范围内的隐身性。第三，只有在安装雷达之后，B-2 才能进行导航和目标识别，诺斯罗普已经从"沉默之蓝"项目中掌握了如何在隐身飞机上安装雷达。

"沉默之蓝"是 B-2 的关键。除了让诺斯罗普公司学会如何利用曲线并将雷达整合在隐身飞机内部之外，还使诺斯罗普了解到了飞翼的概念，并教会其完全接受电传飞行控制系统。换句话说，失去 F-117 合同对赢得 B-2 至关重要。第一轮竞赛的安慰奖是"沉默之蓝"，而这正是最后一轮竞赛的关键。

B-2 合同使得诺斯罗普再次发光。它似乎也证明了其创始人对飞翼的执着。有时人们认为 B-2 之所以是飞翼构型，是因为创始人杰克·诺斯罗普一直想制造这样的飞机。真正的故事更有趣。诺斯罗普最初提出的试验生存性测试台竞赛的"隐身"方案，与洛克希德的相似，都是一种翼身融合的设计。随后，诺斯罗普又朝另一个方向发展，远离了飞翼构型，转向了"沉默之蓝"的标准翼-身-尾构型，而洛克希德为"沉默之蓝"提出了飞翼构型，然后空军项目经理向诺斯罗普做出向飞翼构型方向发展的建议。B-2 的飞翼构想首先来自诺斯罗普之外，实际上来自其主要竞争对手。

尽管如此，当诺斯罗普设计人员设计隐身轰炸机的尺寸时，冥冥之中与杰克·诺斯罗普（Jack Northrop）的联系更加紧密。工程师在将机翼尺寸调整为合适的展弦比之后，他们发现翼展恰好是 172ft，这正是 20 世纪 40 年代杰克·诺斯罗普的 YB-49 飞翼型飞机的翼展宽度。[40]

当时杰克·诺斯罗普仍然在世。1980 年 4 月，诺斯罗普的高层获得特别许可，向他简要介绍隐身飞机的飞翼设计。这位 85 岁的年迈工程师患有帕金森综合征，他蹒跚走进房间，并因此而道歉。而在简报开始时，他的所有那些年老体衰的迹象都消失了：他很投入并提出尖锐的技术问题。当他离开简报室时，他转向陪护人员说："现在我了无遗憾，可以安息了。"[41] 他的飞翼飞机梦想正在变为现实，10 个月后他与世长辞。

第 11 章　制造 B-2

诺斯罗普的一些工程师意识到，赢得合同仅仅只是开始。在 1981 年秋天的庆功会上，吉姆·基努（Jim Kinnu）用清醒的话语为庆祝活动降温。他告诉参会者说："今天，你们将起跑。在接下来的 8 ~ 9 年里，你们都不能停下脚步，因为坚忍将是最重要的。"基努亲眼目睹了洛克希德的 F-104、P-3 和 L-1011 项目，并明白建造大型复杂飞机所需要付出的努力。[1]

首先，动力装置、气动外形、飞行控制等专业之间都会产生相互影响，因此任何一个组件的变化都会影响整个设计。航空航天工程师已经建立起系统工程学科，用以控制不同要素之间的接口，并进行权衡，但是隐身轰炸机的雷达截面积要求增加了复杂性。隐身轰炸机面临的其他主要挑战还包括生产复合材料并用其加工制造飞机结构，这些都是飞机制造业曾经做过的，但是从未达到过现在所面临的规模；要达到隐身飞机所需的精密公差；而且需要应用全数字化的电传飞行控制系统。基努还决定，诺斯罗普将首次使用计算机辅助设计和制造系统，即 CAD/CAM，届时所有蓝图和图样都将呈现在计算机屏幕上而不是纸上。最重要的是，制造出复杂曲率的隐身飞机，这给诺斯罗普的工程和制造部门带来了艰巨的任务。"我知道要面对什么，"基努后来说到，"我知道，作为一家公司，我们必须要面对的事情，我认为公司中并没有多少人认识到这一点。"[2]

空军又在两个方面增加了复杂性：一个是工程上的挑战；而另一个则是行政上的，甚至是哲学层面的问题。

第一个复杂问题来自 1981 年由保罗·卡明斯基（Paul Kaminski）组织进行的一次推演。卡明斯基之前曾担任比尔·佩里（Bill Perry）的国防研究与工程署助理，时任空军低可探测性办公室主任，负责所有隐身飞机的计划。他在五角大楼里一个没有标识的小办公室里，与为数不多的职员一起工作，他很快将监督数十亿美元的隐身飞机合同，其总额约占空军总预算开支的 10%。卡明斯基想确保空军知道将要对抗的能力：苏联在防空系统究竟有什么样的能力？在未来 10 年左右的时间里，他们可能会部署哪些新的防御系统？美国飞机需要达到什么样的隐身程度，才能突破这些防御系统？

卡明斯基的推演有两个目的：首先，由于知道了隐身飞机的存在已经公开，因此推演的目的在于研究苏联人将如何采取防御措施以应对隐身飞机；其次是考虑如果苏联人推出自己版本的隐身战机，美国可能会发展哪些防御措施。第一个似乎是更加迫在眉睫的问题，因此卡明斯基成立了两支红方队伍（简称红队），由其扮演苏联的防空计划人员的角色。第一支红队假设苏联情报工作非常好（或美国的安全状况非常差），已经掌握了有关隐身飞机计划的所有信息，包括飞机的实际隐身能力，并正在有针对地设计防御措施。第二支红队仅掌握美国知道苏联获取的哪些信息。这两个红队都由飞机承包商和雷达公司的工程师组成，并受到林肯实验室的监督，该实验室是麻省理工学院（MIT）的分支机构，是专业的雷达中心。

红队发现了两件事：一是大多数模型都低估了杂波的影响。防空雷达不可能在完全干净的背景下去辨识飞机。现实世界中，总会存在背景噪声：雷达天线会发出许多雷达波，其中一些会从飞机、地面、岩石和山脉上反射过来。如果杂波比预期的要多，一架靠近地面飞行的飞机就可以利用地面杂波，使其隐藏在噪声中。红队的第二个发现（不那么令人鼓舞）是，在高空某些新型苏联雷达实际上有可能探测到隐身飞机。

这导致空军发布了需求变更。隐身轰炸机不再要求只在大约 60000ft 的高空飞行。在其航线的特定点上，它需要在距离地面 200ft 的低空杂波中飞行。速度必须达到马赫数 0.8——虽然是亚声速，但仍然非常快。[3]

这一变化提出了一个基本问题。诺斯罗普的先进技术轰炸机（ATB）属于机翼载荷较轻的飞机，机翼载荷的定义为飞机的重量除以机翼面积。悬挂式滑翔机的机翼载荷较小，因为它们的机翼面积很大，而重量却不大。客机的机翼载荷较高，机翼细长，可以最大程度地减少湍流的影响。战斗机也具有较高的机翼载荷，因为在高速飞行时，它们不需要那么大的机翼面积即可产生升力。

诺斯罗普的飞翼设计的机翼面积很大，从而在空气动力学方面实现了高升阻比。原始设计的机翼载荷为 $32lb/ft^2$。相比之下，B-52 的机翼载荷为 $122lb/ft^2$，多数大型客机也在 $100 \sim 150lb/ft^2$ 的范围内。这意味着，与悬挂式滑翔机一样，飞翼型很容易被阵风吹动或发生弯曲。[4]

空军在 1981 年初发布了这项新需求，诺斯罗普的工程师起初认为他们的设计可以满足要求。但是，他们研究得越多，就越发现问题严重，最终他们确定，贴近地面高速飞行的先进技术轰炸机在遭受最大阵风的情况下可能会解体或操纵失控并坠毁。基努在 1983 年初的一个晚上召集卡申、瓦兰德和团队的其他成员开会解决这个问题。最后，基努严肃地宣布："伙计们，我们没有飞机了。"他们又返回到草图设计状态。[5]

阵风载荷问题是飞机研发过程中最大的单项挑战。当基努打电话告诉空军的项目经理诺斯罗普还没有飞机方案时，诺斯罗普团队和空军项目经理都没有惊慌。尽管如此，那还是一个紧张的时刻。他们计划在短短几个月内敲定飞机的外部构型，所以工程师们不得不再次加班加点工作。诺斯罗普的一些工程师怀疑波音是否在四处放风，并向美国空军暗示诺斯罗普把项目搞砸了，不知道怎样设计大型飞机。基努还引进了一些外部专家，其中包括一些美国国家航空航天局（NASA）的工程师，他们曾为航天飞机解决过类似的气动弹性问题。[6]

诺斯罗普所面临的两个问题实际上可以合并为一个问题。一种是结构上，需要限制弯曲。在这方面，基努不喜欢这个结构设计，因为飞机后部的单根梁承载了过多的结构载荷。他希望能在飞机的前后部分之间更均匀地分配载荷，这意味着要从根本上重新设计飞机的中部，将驾驶舱前移，并将发动机进气道后移，从而为贯穿机翼中间部分的坚固盒段创造空间。重新设计大大增加了飞机重量，多达几千磅，但是却使飞机更加坚固，其机翼载荷几乎是原来的两倍。[7]

另一个问题是操纵面，可以通过改变其位置来减小机翼的弯曲。操纵面集中在机翼的外侧。工程师们一直在努力为飞翼提供充分的空气动力控制，最终还是舍弃了尾翼或垂直安定面的方案（那会破坏雷达特征信号），而采用了蚌壳式的操纵面。在低空，阵风会使机翼弯曲，使靠外侧的操纵面的效率下降，从而失去作用。操纵面需要靠近飞机的中心线，但是当前的平面形状上没有安装它们的位置。解决方案包括内侧菱形上发动机排气道下方的增加拐折，形成一个内侧后缘，在上面布置用于俯仰和滚转的升降副翼。其结果是飞机具有不同寻常的双 W 形状，即从上方看像蝙蝠的翅膀形状，这也成为隐身轰炸机的特征。

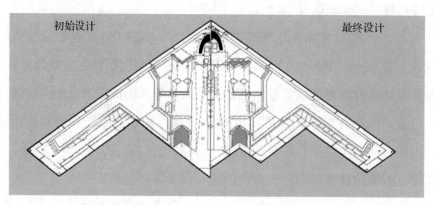

图 11-1　诺斯罗普的隐身轰炸机最初的平面图和修改之后的 W 形平面图
图片来源：诺斯罗普 – 格鲁门公司提供。

工程师不仅更改了操纵面的位置，还更改了操纵面的运动。由艾尔·迈尔斯（Al Myers）领导的飞行控制小组将其转动速度提高到每秒 100°（也就是说，它能在不到 1s 的时间内从水平方向旋转到垂直方向）。对如此大的飞机，偏转速度比战斗机上的操纵面还快，这种速度是闻所未闻的。相比之下，F–16 的操纵面要小得多，其转动速度才每秒 80°。[8] 后来在试飞前的检查期间，一名机修工在机库中靠在椅子上看着飞行员测试升降副翼，升降副翼以最高速度转动时，产生的风力将他吹翻在地。[9]

新的结构设计、操纵面修改后的后缘形状，共同解决了低空飞行的问题，但很快又出现了另一个设计问题。空军要求轰炸机在世界上任何一个大型机场上都必须能够满载起降。诺斯罗普进行了一项研究，发现如果飞机在炎热天气从高海拔机场起飞，则会失速坠毁。问题出在机翼尖锐的前缘上，卡申的雷达小组需要这种形状以减小雷达截面积。这种前缘使流过机翼的气流趋于沿着机翼向两侧流动，而不是直接沿机翼顶部流动。侧向流动导致机翼失去升力，飞机可能会在起飞时失速，特别是在海拔较高的稀薄空气中。为了保持气流前后流动，瓦兰德开始研究空气动力学的方法，如扰流板或弹出式小翼。但是这些装置又会破坏雷达特征信号，这使卡申和雷达工程师感到沮丧。另一种方法是采用圆形前缘可以稳定气流，但也会破坏雷达特征信号。[10]

肯·米兹纳（Ken Mitzner）是一位电磁理论专家，其工作是研究物理学理论与飞机制造的基本原理之间看似深奥的联系。他提出了一个解决方案。几年前，米兹纳就他所谓的增量长度绕射系数写了一篇论文。论文在彼得·乌菲姆切夫

（Pyotr Ufimtsev）理论的基础上，提出了一种边缘电流（即雷达波引起的沿着一个表面边缘的电流）雷达散射量的计算方法。其中一个结果就是卡申所说的"孤掌试验"。实际上，该理论预测大部分的雷达散射来自边缘的末端而不是中间。就飞机而言，大多数雷达散射来自翼尖。[11]

因此，诺斯罗普的解决方案是让翼尖处的前缘保持纤细、锐利的形状，并在中部使其变厚且呈圆形。圆形边缘可以使大部分气流从前到后流动，翼尖处的尖锐边缘可以保持较低的雷达特征信号。从正面看，会看到一个中间较厚且圆滑，两端较细的轮廓。因此取名"牙签"。[12]

"牙签"在从机头到翼尖的过渡过程中需要仔细控制前缘半径的变化，然后在雷达场内进行多次反复测试，并结合米兹纳的数学理论及经验性试验法。[13]最终，"牙签"同时满足了空气动力学和雷达方面的要求，从而解决了轰炸机设计上的最后一个难题。

还有其他一些设计问题，涉及空气动力学和雷达以外的领域。隐身技术帮助飞机躲避雷达波探测，但是如果能够通过目视、声音或热量发现飞机，那隐身技术将毫无意义。到目前为止，雷达是头等大事，远超过排在第二位的热（或红外）探测。发动机排出的尾气是产生热量的主要原因。诺斯罗普的设计将发动机和排气口置于机翼顶部，以防止从地面上看到它们，并使排气口与旁通进气口的冷空气混合在一起。然后就是目视探测。由于尾迹云是致命的高空产物，就像指向飞机的巨型箭头，因此轰炸机将化学药品注入喷气发动机的尾气中。另外，还使用深色涂料，可以使飞机在高空融入天空。诺斯罗普聘请了一名专职顾问负责喷涂工作，这位顾问是一位狂热的鸟类观察者。肯·米茨纳也是一位鸟类观察者，他指出："如果你要成为视觉伪装的专家，那么鸟类就是一个绝佳的起点。"[14]

设计师最不用担心的是声音。红队研究了声学探测，并得出结论，在高空，通常有太多噪声，根本无法通过声音探测到飞机，就像任何人看到客机在巡航高度安静地越过头顶时所猜测的那样（隐身轰炸机的飞行高度还要高出一倍）。在低空，轰炸机将以接近声速的速度飞行，所以当你听到飞机的声音时，轰炸机已经在头顶了。[15]

重新设计使项目进度推迟了几个月，并使先进技术轰炸机的预算增加至约 20

亿美元，空军在 1984 年 9 月正式将其更名为 B-2。这些费用因空军的另一项要求而剧增：那就是保密。像其他隐身飞机一样，B-2 也是高密级项目。《空军项目管理指令》按以下顺序列出了项目各方面的优先级别：（1）保密；（2）性能；（3）进度和（4）成本。[16]

图 11-2　"牙签"：B-2 的正面视图。注意翼尖处的蚌壳式操纵面
图片来源：诺斯罗普 – 格鲁门公司提供。

诺斯罗普再次面临着其他高密级"隐身"计划的难题：由于新员工不得不坐在无事可做的场所内等待安全审查，因此难以形成生产力；工人的流失，他们发现安全制度太过压抑，干脆辞职；保密文件的存储和跟踪；需要特殊设备，例如，加密计算机和安保设施，这些设施场所必须将窗户封闭，限制人员出入，并配备安保人员。还有背后的付出：在保密监管下，个人生活所付出的代价，家庭成员对个人的工作或下落一无所知。

　　然而 B-2 带来了全新的安保挑战。洛克希德的"臭鼬工厂"已经有数十年制造"绝密"飞机的经历，因此不仅拥有设计设备和流程，也有批量生产的设施和流程。诺斯罗普设计并制造出了"沉默之蓝"，但该计划远未达到 B-2 需要的数量或规模。诺斯罗普要从头开始创建一个"绝密"世界。

　　此外，五角大楼对 B-2 实施了更严苛的安全制度。在 F-117 中，"臭鼬工厂"

一直是个孤立的设施。诺斯罗普的"沉默之蓝"也是如此,项目都在一所建筑物内进行。有人可能将其称为马克·吐温(Mark Twain)的安保理论:将所有鸡蛋都放在一个篮子里,然后盯紧篮子。[17] 然而,B-2 项目太大了,无法在一个建筑物中完成。首先,需要波音和沃特两家承包商制造飞机的大型部件,而这两家公司却在其他州。最重要的是,五角大楼比以往实施了更多的监管。仅凭诺斯罗普拥有的一处涉密建筑物,然后控制该建筑物内的所有信息还不够。即使在涉密建筑物内,新的工作程序也要求工作人员通过安全保障办公室跟踪每张纸和每个硬件。

保密是有代价的。它使 B-2 的成本大概增加了 10% ~ 15%,效率也降低了更多。例如,像"臭鼬工厂"一样,诺斯罗普试图将设计与制造整合在一起,允许二者之间进行自由交流,但是保密就成了障碍。雷达小组在一处绝密的工作室内工作,车间无法与他们交谈。瓦兰德回忆道:"我们被保密要求快折腾死了,车间的人说,'我做不出来'。"然而,车间却无法与雷达小组直接合作解决这样的问题。最终,他们雇用了一位与车间密切合作的结构工程师,并为他申请了进入雷达工作室的特别许可,他成了雷达设计师和车间之间的沟通桥梁[18]。

再者,保密是有原因的,1981 年,联邦调查局(FBI)发现,休斯(Hughes)一名工程师数年来一直在向苏联发送隐身雷达(包括 B-2 系统)机密报告的缩微胶片,换取了 110000 美元的报酬。1984 年,联邦调查局逮捕了诺斯罗普的一位试图向苏联出售 B-2 机密的工程师。诺斯罗普的一名工人偷偷爬到工厂的屋顶,用巨型字体写了一句俄语粗话,像一根手指直指沿着轨道定期在头顶飞过的苏联间谍卫星。[19]

然而 B-2 的严格保密却加大了一种怀疑,即空军所采取的保密,与其说是为了国家安全,不如说是逃避政治批评。B-1B 制造商罗克韦尔(Rockwell)的一位高管抱怨说:"我无法(与隐身轰炸机)进行比较,因为我对它一无所知。"另一位空军文职顾问则声称,只有少数军事计划应该得到高度保密,"而'隐身飞机'并不是其中之一"。[20]

在五角大楼内部,一些人注意到了成本不断增加,他们对上述观点表示赞同。保罗·卡明斯基红队推演的第二个目的是要弄清楚美国需要保守哪些机密,以及可以透露什么。[21] 理查德·德劳尔(Richard DeLauer),作为威廉·佩里

（William Perry）的接替者，在里根（Reagan）政府内担任负责研究与工程部的国防部副部长，主张透露有关 B-2 的一些信息。里根的科学顾问乔治·基思沃思（George Keyworth）曾指出："黑色计划没有威慑力。"但是，国防部长卡斯珀·温伯格（Caspar Weinberger）坚持让 B-2 保持高度机密。[22]

在公众和政治对手对繁杂的军事项目的批评逐渐集中在保密问题时，业内颇受欢迎的综合期刊《国防新闻》在 1985 年发出警告："在接下来的几个月中，纳税人将逐渐意识到，在公众视野之外，有太多的武器项目和太多的花费被隐藏在由高度保密的'黑色'项目构成的迷宫中……公众得以窥视迷宫并对其内幕产生反感，这只是时间问题。"确实，在 1986 年 1 月，民主党国会议员约翰·丁格尔（John Dingell）愤怒地致信温伯格（Weinberger），指出"空军所谓的'黑色'项目规模迅速增加"，并抱怨说，"空军实际上已经对国会隐瞒了'黑色'项目的所有相关数据"。[23]

温伯格未理睬丁格尔对黑色项目信息的要求，但在几个月之后的 1986 年 4 月，他收到众议院武装委员会的另一封信。委员会的共和党和民主党成员都对"目前隐藏在黑色项目下的国防计划越来越多的资金数量"表示关切，并特别指出，许多需要特别方式才能了解到的资金都流向了 B-2。这封信的结论是："我们不认为有合理的要求可以继续对项目涉及的多数基本花费保密。"例如，财政年度资金和总计划成本。一名委员会工作人员打趣说："隐身技术就是空军藏钱的最好例子。"[24]

为回应国会的要求，最终美国国防部于 1986 年 6 月才发布了一份关于 B-2 飞机的"情况说明"，其中显示计划总成本为 370 亿美元（按 1981 年美元价值计算），即每架飞机 2.77 亿美元。[25] 项目的成本将会继续增加，因为正如基努（Kinnu）所警告的那样，诺斯罗普渐渐明白要把概念图上优美的曲线变成一架真正的飞机有多么困难。

首先面临的问题是如何将图样转换为实在的金属制品，这又涉及"放样"的神奇技艺。其中的关键在于：B-2 的图样不是在纸上绘制的，而是在计算机屏幕上。诺斯罗普多年来一直在使用内部研发资金开发计算机辅助设计系统，而计算机辅助设计（CAD）小组一直在努力将其转变为一个完整的三维系统，涵盖设计、"放样"和生产三个阶段。计算机辅助设计系统的优势在于通过计算机上的坐标定义飞机上的每个点，而不是要求车间在蓝图上的控制点之间进行插补，然后由放样师转化成在金属上刻出的曲线。基努决定继续努力，B-2 将是首架完全采用计算机辅助设计的飞机。[26]

诺斯罗普的计算机辅助设计团队中的工程师具有计算和制造背景，他们用了 3 年时间完善其设计。在最初的 3 年中，诺斯罗普确认了设计中的风险，他们只为设计师提供支持，但是在第 4 年，B-2 计划将开始进入高速阶段并投入生产。到那时，该系统将必须整合飞机所有 40 万个零件的放样和生产图样，并通过一个保密网络，将其扩展至波音和沃特以及其他供应商。[27]

为了制造 B-2，1982 年 4 月，诺斯罗普在洛杉矶的皮科里维拉（Pico Rivera）收购了一家大型工厂，该工厂曾是福特汽车厂的所在地。他们重新雇用了以前制造福特"雷鸟"汽车的工人来制造隐身轰炸机。[28] 与 F-117 一样，隐身飞机对车间提出了苛刻的要求。B-2 采用钛制成的盒段结构，这种金属很难加工。飞机的大部分蒙皮由碳纤维 – 石墨 – 环氧复合材料组成，比铝还轻。诺斯罗普以前曾对这些材料进行过研究，但由于飞机的翼展为 172ft，B-2 需要大规模制造和加工飞机蒙皮。[29]

诺斯罗普必须学会如何制造新材料，如何成形并进行连接，所有这些都需要进行研发，而不仅仅是设计一架能躲避雷达的飞机。他们在称为高压釜的大型加热舱内，在高温和高压下通过固化生产出这种材料。对于庞大的机翼部分，波音与主要分包商之一沃特一起建造了世界上最大的高压釜，长度达 90ft。然后，他们必须掌握如何在不破坏材料的情况下检测出复合材料内部的气泡、空隙或其他缺陷（如通过使用超声波），开发出使用水射流切割材料的技术，并发明新的紧固件来代替金属铆钉。这使得 B-2 生产线异常安静，没有通常铆钉枪的哒哒声。[30]

除了新的复合材料外，隐身飞机还要求非常严格的公差，以确保其曲线确实能够避开雷达。大多数飞机都是由内向外建造，首先要制作内部框架作为飞机骨架，最后再安装蒙皮。但是，由内向外建造意味着公差误差会成倍增加。为了保持 B-2 蒙皮的严格规格要求，诺斯罗普从外面开始建造，这需要生产用工装，将蒙皮连在一起，再组装内部框架与蒙皮匹配。[31]

从 1980 年到 1985 年，诺斯罗普增加了 17000 个工作岗位，增长率为 56%。

除了拥有 12000 名工人的皮科·里维拉（Pico Rivera）工厂外，诺斯罗普还在加利福尼亚州帕姆代尔（Palmdale）郊外 250acre（英亩）的土地上建造了 80 万 ft^2 的工厂。诺斯罗普的工厂是空军 42 号工厂的一部分，安保级别很高。它由在莫哈韦沙漠（Mojave Desert）中建造起来的工厂、机库和跑道组成，这是一个位于沙漠灌木丛中的高科技岛屿。帕姆代尔工厂面积超过 16 个足球场大，还要再增加 2400 名工人进行 B-2 的最后组装。据估计，在全国范围内，整个 B-2 项目共涉及 40000 多名工人。[32]

图 11-3　帕姆代尔的 B-2 生产线
图片来源：诺斯罗普 – 格鲁门公司提供。

　　毫不夸张地说，B-2 的制造点遍布整个美国，而帕姆代尔只是负责将不同零部件组装。皮科·里维拉（Pico Rivera）工厂建造前机身以及所有机翼的前缘和后缘；波音在西雅图建造后机身和外翼部分。沃特在达拉斯附近建造内侧机翼。位于辛辛那提（Cincinnati）附近的通用电气提供发动机，埃尔塞贡多（El Segundo）的休斯则提供雷达系统。沃特和波音的部件通过 C-5 运输机运输到帕姆代尔，巨大的飞机机翼被（仔细地）装入更大的飞机。帕姆代尔工厂有同时组装 15 架飞机的工位，以符合最终年产 24 架飞机的初步计划。[33]

隐身飞机提醒我们，南加州的经济，以及中产阶级文化和休闲生活方式都建立在国防开支上。在 20 世纪 80 年代，南加州又迎来了好时光，这在一定程度上要归功于诺斯罗普的 B-2 项目，以及建立在航空航天业基础上的成千上万个工作岗位，所有机加工厂的工人和供应商都分散在南加州附近，他们制造用于轰炸机的紧固件、仪表、开关、电线等零部件。隐身飞机还提醒人们，在里根（Reagan）总统时代之前，已经迎来了阳光灿烂的黎明。在尼克松（Nixon）和福特（Ford）总统执政期间，对隐身飞机的投入已悄然开始，在卡特总统时代，投资增加了一倍。

经济的反弹不仅仅是由于隐身飞机。在 20 世纪 80 年代初期，南部地区已经实施多项重要的国防合同，包括罗克韦尔的 B-1B，洛克希德的"三叉戟"（Trident）导弹，以及诺斯罗普和罗克韦尔的 MX 导弹，当然还有洛克希德的 F-117A。连锁反应通过房地产和建筑业等其他经济领域向外扩散。1979—1986 年之间，洛杉矶周围航空航天产业的就业人数增长了 40% 以上，与当时美国东部和中西部制造业的衰退相比，这一增长显得尤为引人注目。[34]

到 1987 年，诺斯罗普以 B-2 为龙头的迅速发展计划，使《洛杉矶时报》宣称这家之前的小公司"在本世纪初，有可能与美国航空航天工业的领军企业并驾齐驱。"[35]

正当《洛杉矶时报》称赞诺斯罗普的美好未来时，乌云也在聚集。由于 B-1B 项目的关系，B-2 在时间进度上有所减缓：空军计划先制造 B-1B，作为权宜之计迅速投入使用，数年后，再列装隐身轰炸机。B-1B 之所以排在第一，是因为卡特总统在 1977 年取消 B-1A 前，其承包商罗克韦尔国际公司（Rockwell International）（以前隶属于北美航空（North American Aviation，南加州一家历史悠久的飞机制造公司）就已经制造出 B-1A 的预生产型。当卡特取消计划时，并未要求要销毁生产用的工装。（五角大楼取消 SR-71 时，曾命令洛克希德销毁了所有工装。）因此，罗克韦尔把这些工装藏了起来，打算等待卡特政府任期结束后，看看下一任总统是否会恢复该计划。果然，当里根上任并恢复现在被称为 B-1B 的飞机时，罗克韦尔取出封存的工装，准备投入使用。[36]

五角大楼的计划是，从 1982 年到 1984 年，将全力以赴推进 B-1B 项目，并限制诺斯罗普先进技术轰炸机的项目资金，同时，诺斯罗普将重点放在识别和处理隐身飞机项目中不确定的问题。之后，随着 B-1B 于 1985 年接近完成，B-2 将进入快车道并全力冲刺。最初的合同要求在 1987 年进行首飞，即在合同签订的 6 年后。[37] 这比洛克希德公司制造 F-117 的进度慢了一年，与制造 F-15 所花的时间相同，比 F-16 和 F-18 项目又快了一年。对于像 B-2 这样庞大而复杂的飞机而言，这个速度远远谈不上轻松。

从国防工业的角度来看，B-2 是"并行项目"，这意味着在时间进度上，其开发、生产和测试都会存在重叠。当出现问题时，并行会放大这些问题。到1985 年，设计变更已经花费了大量时间和金钱，给生产带来了更多挑战，不仅是技术上的，也包括管理上的挑战。比如，诺斯罗普必须确保对 40 万个零件进行质量控制。圣费尔南多山谷（San Fernando Valley）的一家供应商的紧固件存在缺陷，未经检查就进入了波音负责的飞机部分，然后进入了诺斯罗普的最终组装。由于诺斯罗普的大多数经理都是技术工程师，而不是业务管理人员，因此诺斯罗普为帕蒂尔诺（Patierno）配备了一名具有采购、定价和合同背景的副手，以防此类问题再次发生。[38]

随着问题的增加，首飞延期了几个月，随后又推迟了几个月，然后再次延期至 1989 年。诺斯罗普计划首先生产出 6 架完整的飞机进行飞行测试，随后立即以每年 30 架的速度开始全面生产。首飞的延期意味着飞行测试数据的获取也被延期——其中一些数据暴露了需要纠正的问题，例如，后机身底板由于发动机排气出现出乎意外的高温（与洛克希德工程师在"海弗蓝"项目中遇到的问题相同）。[39]

五角大楼在 1986 年中期发布的情况说明书显示，每架 B-2 飞机的造价为2.77 亿美元。五角大楼的高层管理者对此忧心忡忡，他们考虑了成本—杀伤比率，并且想知道打击苏联的目标是否值得用 3 亿美元的飞机去冒险。一位前国防部副部长罗伯特·科斯特洛（Robert Costello）开玩笑地说："如果想打到克里姆林宫的卫生间，有很多便宜的方法。"[40] 成本增加也令国会不满。1987 年，众议院武装部队委员会提议重新进行 B-2 竞争，这一举动震惊了诺斯罗普，提议要求要么就最终装配工作举行一场新的公开竞争，要么再增加第二家主承包商，和诺斯罗普一起生产 B-2。国防部应国会的要求，要求兰德公司（RAND）研究诺斯罗普的独家合同的替代方案；兰德公司副总裁迈克尔·里奇（Michael Rich），也就是洛克希德的本·里奇（Ben Rich）的儿子，将这一结果报告给国防部长温伯格，然后又向国会做了汇报。[41]

国会对该计划的威胁，加上这些问题，使投资者感到震惊，因为诺斯罗普一半的收入依赖于 B-2。B-2 是一项成本加成合同，这意味着政府保证将承担飞机的全部制造成本以及议定的利润。这样的合同可以保护公司免于亏损，其中还包括绩效奖励和某些特定节点的费用。由于诺斯罗普错过了这些里程碑，它不得不在 1986 年和 1987 年冲销 2.14 亿美元的利润。1987 年下半年，其股价下跌了将近 50%，使其成为恶意收购的候选目标。[42]

诺斯罗普的财务问题并非全部源于 B-2。延期和超支也为诺斯罗普的 MX 导弹制导系统合同带来困扰，最终导致联邦政府对其提出欺诈指控。诺斯罗普还因汤姆·琼斯（Tom Jones）对 F-20 飞机的豪赌而受到连累，F-20 是一种轻型廉价飞机，是 F-16 的竞争者。就像对待 F-5 一样，琼斯在没拿到国防合同的情况下开始制造 F-20，同时也依靠国外销售。但是当国防部拒绝购买任何一架飞机时，外国政府也退出了采购，诺斯罗普为此损失了约 10 亿美元。F-20 还与 B-2 争夺稀缺的工程人员，而后者一直在努力寻找足够的工人。最糟糕的是，诺斯罗普试图将 F-20 出售到国外的尝试再次将其置于困境，并遭到向韩国官员行贿的指控。诺斯罗普否认了这一指控，但这一事件使人们回想起 20 世纪 70 年代的贿赂丑闻。[43]

1989 年 4 月，诺斯罗普陷入困境，汤姆·琼斯（Tom Jones）宣布辞去诺斯罗普首席执行官的职务。他坚持说不是因为出现争论，而是因为他已经 68 岁了，准备退休。那一年，空军宣布按 1981 年的美元价值计算，B-2 的成本已经增加至 440 亿美元。含通胀因素在内，这使 132 架轰炸机的成本高达 700 亿美元，每架飞机成本 5.3 亿美元。[44]富有成本意识的琼斯，本以廉价飞机而闻名，现在却监管着全球最昂贵的飞机。其中部分原因是空军在开发过程中增加了需求，而有些则是因为诺斯罗普（和空军）低估了制造隐身轰炸机的难度。无论出于何种原因，琼斯在执掌诺斯罗普近 30 年后辞职，似乎标志着一个时代的终结。的确如此，某些原因已经远远超出了诺斯罗普的企业能够控制的范围。

琼斯在诺斯罗普又待了几个月，时间上足够主持 B-2 的首飞。该飞机于 1988 年 11 月在帕姆代尔的 42 号工厂公开亮相（的确如此，军乐队演奏了专为此创作的乐曲"隐身号角"（Stealth Fanfare）。约有两千人到场，其中包括不少于 41 名空军将军，由 200 名持枪警卫和军犬警戒。拖车将飞机拖出机库，人群沸腾了，新闻界抓拍了照片，然后拖车又将其带离人们的视野。[45] 空军对媒体的控制做了精心安排，使人群只能从正面看到飞机——然而具有讽刺意味的是，空军未能确保对工厂上方空域的管控。一位勇敢的《航空周刊》编辑迈克·多恩海姆（Mike Dornheim），他本人也是一名业余飞行员，雇了一架飞机并从空中拍摄了 B-2 的照片，而地面上的同行们却只能徒劳地向他挥舞拳头。[46]

在某些人看来，B-2 的揭幕庆典似乎有些勉强。到 1988 年，米哈伊尔·戈尔巴乔夫（Mikhail Gorbachev）在苏联采取的开放政策使冷战解冻，削弱了 B-2 存在的主要理由。揭幕式的几个月前，里根总统访问了莫斯科，与戈尔巴乔夫友好地在红场漫步。在克里姆林宫内，有记者向里根问起他在 5 年前称苏联为"邪恶帝国"的著名说法。里根回答说："那是另一个时刻，另一个时代。"[47]

与此同时，B-2 将要进入飞行测试阶段，这意味着试飞员又在模拟器上花费了数千小时，与飞行控制工程师一起解决电传飞行控制软件中的错误。我们知道，从飞翼飞机开始，B-2 就与过去有着某些联系。飞行测试中又出现了另一个问题，即在采用飞行控制系统时，工程师担心所谓的地面效应：当 B-2 接近跑道时，因为其异常的升力作用，飞机可能会漂浮在空中而不容易落下。诺斯罗普的元老们回忆起 20 世纪 40 年代的 YB-49 飞翼型飞机也遇到过同样问题，因此他们找来了 YB-49 最初的试飞员马克斯·斯坦利（Max Stanley），他当时已经 70 多岁了。他们为斯坦利申请了安全许可，让他进入飞行模拟器，经过几次测试降落之后，老飞行员向他们保证 B-2 可以稳妥降落。[48]

1988 年 11 月揭幕的飞机还不是成品。除此之外，它还缺少发动机。B-2 的实际首次飞行是在 1989 年 7 月，比原定计划推迟了一年半。7 月 15 日（星期六），另外一大群人聚集在帕姆代尔——卡申和瓦兰德已经转而从事其他工作很长时间，当时他们正在出差——这真令人失望。由于燃油滤清器堵塞，飞行在开始前的最后一刻被叫停。测试工程师很快发现堵塞是由毛絮造成的，而这些毛絮是生产工人在封闭油箱内部时，从他们磨损的连体工作服上脱落下来的。[49]

图 11-4　1989 年 7 月 17 日，B-2 在莫哈韦沙漠上空首飞
图片来源：美国空军。

两天后，工人将毛絮清理干净，放在手上才一小把。B-2 终于飞了起来。诺斯罗普的首席试飞员布鲁斯·海因兹（Bruce Hinds）和空军试飞员理查德·克劳奇（Richard Crouch）上校驾驶飞机从 42 号工厂的跑道起飞，在莫哈韦沙漠（Mojave Desert）上空 10000ft 高度盘旋了一个半小时，期间起落架没有收起，然后降落在 25mile 以北的爱德华空军基地。对某些人而言这有点虎头蛇尾，而对其他一些人来说，这次飞行是多年的劳动成果。基努热泪盈眶。事后，经理和工程师在爱德华军官俱乐部举行了宴会。凡是参与 B-2 工作的任何人走进大门时，都被扔进游泳池。[50]

B-2 转入全面生产，诺斯罗普于 1993 年底向密苏里州（Missouri）怀特曼空军基地（Whiteman Air Force Base）交付了第一架隐身轰炸机 B-2。皮科里维拉

（Pico Rivera）工厂于 1997 年制造了其最后的 B-2 部件，次年，最后一架 B-2 从帕姆代尔装配线下线。2001 年，皮科里维拉的工厂被拆除，并在原址上建了一座购物中心。从福特汽车到隐身飞机，再到购物中心，这个地方的演变揭示了美国历史的一角。

第 12 章　从隐姓埋名到名扬天下

　　海湾战争是对隐身飞机的第一次真正考验。20 世纪 80 年代，伊拉克花费数十亿美元购买苏联的防空系统；巴格达市（Baghdad）中心的防御密度是越南战争期间河内（Hanoi）部署的 7 倍，那场战争摧毁了大量美国飞机。巴格达是世界上防御排名第二的城市，仅次于莫斯科 [1]。

　　这些防御系统不能发现 F–117 战斗机。1991 年 1 月 17 日，也就是战争的第一天晚上，共 42 架 F–117 摧毁了将近三分之一的目标。在整个空袭行动中，F–117A 共出动了 2% 的架次，但却袭击了 40% 的目标，其中 80% 架次的攻击误差不超过 10ft。军事指挥官们开始重新定义目标，不是针对特定的建筑或飞机掩体，而是针对其中的某个特定部分：比如说，一扇窗或者一扇门。美国的新闻观众们惊叹于第一波攻击中某架 F–117 的战斗视频，它将一枚精确制导炸弹扔进了伊拉克空军总部的通风井里。[2]

　　隐身给了美国压倒性的空中优势。50 年前，在第二次世界大战期间，美国第八航空队派出的每 20 架飞机中就有一架在德国上空被击落，幸存者中只有三分之一能将炸弹投在距离目标 1000ft 的范围内。在伊拉克，隐身飞机可将炸弹投入通风井中，没有一架被击落 [3]。一架挂载两枚精确制导炸弹的 F–117 战斗机的威力相当于第二次世界大战中 108 架 B–17 轰炸机携带 648 枚炸弹的威力。即使在海湾战争中，也需要 8 架非隐身攻击机，在 30 架战斗机和电子战（ECM）飞机的护航下，才能攻击一个目标——几乎相当于每个目标需要 40 架飞机。而 21 架 F–117 在没有护航的情况下击中了 37 个目标。隐身从根本上改写了历史；不再需要几十架或数百架飞机来摧毁一个防御目标，而是一架隐身飞机就可以摧毁多个目标 [4]。

　　伊拉克溃败时，美国和盟国的伤亡人数比许多观察家预期的要少得多，因此对 F–117 的投资被认为是物有所值。将军和军事官员们以及公众对隐身飞机的赞誉蜂拥而至 [5]。《名利场》在安妮·莱博维茨（Annie Leibovitz）拍摄的海湾战争的英雄画廊里,将 F-117A 列入了年度名人堂。(该杂志称其为"隐身轰炸机"——没有问题,也不会不准确,因为这实际上是飞机的任务。)"投下一枚精确制导炸弹需要一架灵巧的飞机。"这篇文章滔滔不绝地写道,"在伊拉克雷达看来,它比一只蝴蝶还小,但攻击威力却好比一架 B-52。隐身是空军强大的工具,是五角大楼自己的蝙蝠机。"简而言之,F-117A 是一个技术明星。编辑们总结道,"世界上没有可爱的战争,但至少'沙漠风暴'不是越南战争"[6]。

与越南战争类比表明隐身技术帮助恢复了人们对美国军方的信心。当时发生的其他事件强化了美国的统治地位:柏林墙已倒塌,民主浪潮席卷东欧,苏联本身也已摇摇欲坠,最终在年底解体,可谓兵不血刃。隐身技术将美国在海湾战争中的压倒性胜利与冷战的巨大胜利联系在一起:在美国公众看来,这生动地证明了国家对冷战技术投资的价值,它不仅遏制并击败了苏维埃帝国,还击败了伊拉克。

1990 年 12 月 21 日,在海湾战争开战前一个月,"臭鼬工厂"的创始人和精神领袖凯利·约翰逊(Kelly Johnson)逝世,享年 80 岁。他没能看到这架隐身战机,一架他从不认为能飞起来,却在战争中发挥了决定性作用的飞机。

到海湾战争和苏联解体时,B-2 还未投入使用,也没有享受到同样的赞誉。冷战结束时,诺斯罗普公司正在加紧进行大规模生产,轰炸机最初的战略理由已不复存在。国会、乔治·H.W. 布什(George H.W. Bush)总统和比尔·克林顿(Bill Clinton)总统曾多次考虑取消整个计划。在经过了多年的极度保密之后,诺斯罗普转而开始邀请记者参观 B-2 生产线,作为反击国会批评的公关努力的一部分。最终,国会做出了让步,不愿在已经投资数了百亿美元的情况下终止该计划。然而,国防部将飞机数量从 132 架缩减到了 75 架,最终将订单再度削减到了 20 架,外加一架试飞机——这只占最初计划的一小部分。将 450 亿美元的最终研发成本分摊到 21 架飞机上,导致每架飞机的价格飙升,B-2 被称为"20 亿美元的飞机"[7]。

与此同时,苏联的解体使 B-2 成为一架寻求作战任务的飞机。空军提议将其用于对发展中国家中的危险国家(如利比亚)的常规打击,但由于每架飞机造价高达 20 亿美元,这种任务的合理性也因此大打折扣。究竟哪些目标值得冒 20 亿美元的风险去打击？[8]（相比之下，每架 F-117 飞机的成本约为 1.1 亿美元，包括原型机。）维修问题也困扰着 B-2。试飞过程发现，雨雪、潮湿和极端温度损坏了吸波材料，降低了飞机的隐身性能。这意味着服役中的 B-2 需要能控制室内气候环境的机库，以及每次飞行后漫长而昂贵的维护。在飞行测试中，B-2 在空中每飞行 1h 需要 80 个工时的维护；部署在怀特曼空军基地期间，这个数字在 1996 年飙升至每飞行 1h 需要 124 个维护工时。因此，部署的 B-2 飞机平均只有四分之一具备执行任务的能力[9]。

B-2 在 1999 年巴尔干（Balkan）冲突中投入使用，在前 8 周摧毁了三分之一的塞尔维亚目标，依靠空中加油它可从密苏里州直飞巴尔干地区并返回。战争期间，B-2 仅占北约总出动 3.4 万架次中的 50 架次，但却打击了 11% 的目标，其中包括塞尔维亚多瑙河（Danube）上的一座关键桥梁，其他飞机费时两周仍未能炸毁它（一架 F-117 战机在塞尔维亚上空被击落，不是因为隐身飞机未能避开雷达，而是因为空军在战术上变得懈怠：F-117 一次又一次地沿着相同的航线飞行，这种可预测性让塞尔维亚的防空系统可以锁定它们）。"911"事件之后，B-2 飞往阿富汗执行任务，然后参加了伊拉克战争。[10]

早在 1991 年海湾战争中隐身飞机的首次亮相前，军方就寻求将隐身技术应用于其他平台。洛克希德和诺斯罗普都在研发隐身巡航导弹，洛克希德在 20 世纪 70 年代参与"高级毕业舞会"项目，它的方案基于"海弗蓝"设计；而诺斯罗普公司在 20 世纪 80 年代参与"三军防区外攻击导弹"（TSSAM）项目，它的方案基本上是倒置的"沉默之蓝"方案。空军最终取消了这两个项目。[11]

海军也在追求隐身，结果同样喜忧参半。洛克希德公司建造了一艘名为"海影"的隐身舰船，它在南加州附近的圣芭芭拉海峡（Santa Barbara Channel）进行了测试。最终，这艘船及其概念均宣告作废。有一个问题，海面会散射雷达波，而隐身舰船却不会——所以它在雷达显示器上显示为海洋中的一个洞。[12]海军还研制了一架名为 A-12 的舰载隐身轰炸机（不要与洛克希德公司早先的 A-12 侦察机混淆）。来自麦克唐纳 – 道格拉斯（McDonnell Douglas）和通用动力公司（General Dynamics）的一个团队在 1988 年赢得了合同，设计了一架大小约为 B-2 一半的三角飞翼布局的飞机。成本超支、进度延误以及冷战结束导致国防部在 1991 年取消了该项目，数十亿美元付之东流。[13]

与此同时，空军希望将隐身技术融入到一架真正的战斗机中。尽管 F-117 的名称是"F"，但它是一架攻击机，而不是空对空战斗机。空军称这个新项目为先进战术战斗机（ATF），7 家飞机公司进入了最初的竞争。1986 年，空军将范围缩小至两个：洛克希德和诺斯罗普。这两家公司又一次在这场隐身竞赛中摆好了架势，洛克希德公司此时与波音公司和通用动力公司合作，诺斯罗普公司与麦克唐纳 - 道格拉斯公司合作。先进战术战斗机提出了更苛刻的要求：非加力工作状态下超声速巡航；无外挂油箱的大航程；可以近距离格斗的机动性；当然，很小的雷达截面积（RCS）。[14]

洛克希德公司从以往的设计中吸取了关于平面与曲面的经验。它的设计融入了人们熟悉的大平板——如发动机进气口周围——以及双尾翼外倾，但在前机身、驾驶舱和机身尾部周围也具有明显的曲线。洛克希德团队在很大程度上借鉴了 F-117 的经验。首先，项目经理为之前负责过 F-117 的生产的谢尔曼·穆林（Sherman Mullin）。[15]20 世纪 90 年代末对两架原型机（洛克希德公司的 YF-22 与诺斯罗普公司的 YF-23）进行比测后，洛克希德公司脱颖而出。F-22 于 1997 年首飞，2005 年开始服役。洛克希德公司和诺斯罗普公司最终联手击败了波音公司，共同研制隐身联合攻击战斗机（JSF），即现在的 F-35。空军、海军和海军陆战队从 2015 年开始部署 F-35。

2011 年，空军宣布了第二代隐身轰炸机的新一轮竞赛。再一次由诺斯罗普（现称作诺斯罗普 - 格鲁门公司）对阵洛克希德公司（现为洛克希德 - 马丁公司，并与波音公司合作）。这一次诺斯罗普赢了，蝙蝠形的飞翼布局显然是对 B-2 的传承。情况与之前一样：洛克希德公司赢得了较小的隐身战斗机合同；诺斯罗普公司赢得了隐身轰炸机合同。而且，诺斯罗普又一次在其帕姆代尔工厂开始了招聘狂潮，在极度保密的情况下增加了制造 B-21 的员工人数——但由于自动化的原因，它并未计划像 B-2 那样雇用那么多的工人。[16]

洛克希德和诺斯罗普还在隐身无人机（UAV）展开了竞争，这种无人机不仅打算在阿富汗等基本上没有威胁的空域飞行，而且还在伊朗等防御空域飞行。"臭鼬工厂"制造了 RQ-170，诺斯罗普 - 格鲁门公司（Northrop Grumman）制造了更大、航程更远的 RQ-180。这两种设计都采用了改进的飞翼设计，实现了比 B-2 更加和谐的空气动力学与隐身的结合，并且都是在高度机密下进行的。

RQ-170 飞机于 2007 年在阿富汗坎大哈空军基地的模糊照片中首次被发现，并于 2009 年被《航空周刊》公开曝光，2013 年《航空周刊》也同样披露了 RQ-180 飞机。[17]

隐身技术还有另外一个影响。2011 年在击毙奥萨马·本·拉登（Osama Bin Laden）的突袭行动中使用的"黑鹰"直升机采用了隐身技术——而正是隐身 RQ-170 无人机提供了对本·拉登住所的关键监视。[18]

美国不再垄断隐身技术。2010 年，俄罗斯首次试飞隐身苏霍伊 T-50（即苏-57），次年，中国的隐身歼 20 战斗机也进行了首次飞行。俄罗斯和中国也都开发了所谓的反隐身技术：设计用来探测隐身飞机的新型防空雷达。[19]

在许多航空航天工程师看来，冷战的结束对国家来说是得庆祝的事情，而对个人而言却是苦恼。南加州的航空航天经济再次陷入了衰退，数十万名工人被解雇，幸存者则在诚惶诚恐中担心着下一轮的解雇通知单会不会落到自己头上。南加州又回到了原点：从 20 世纪 70 年代初的黑暗时期到 80 年代的繁荣，再到 90 年代初的再次衰退。

到 1994 年，加利福尼亚州的航空业已经从 80 年代中期的高峰期削减了三分之一的工作岗位；仅在洛杉矶县（LA County），航空业的就业人数就减少了一半——几乎回到了 20 世纪 70 年代初的水平。[20]1993 年上映的电影《城市英雄》（Fall Down）中，迈克尔·道格拉斯（Michael Douglas）饰演的航空工程师被解雇后暴跳如雷。罗德尼·金（Rodney King）骚乱发生在一年前——它由种族主义攻击引发，却因经济混乱而加剧。南加州人面对燃烧的建筑物、滚滚的黑烟和武装部队在街上巡逻的情景——这不是与苏联战争的结果，而是国内的冲突。

随着国防资金的减少，一波合并浪潮席卷了航空航天业，在此期间淘汰了更多的员工。1993 年底，国防部长莱斯·阿斯平（Les Aspin）要求他的副手比尔·佩里（Bill Perry）——就是 15 年前支持隐身的佩里（Perry）——安排与十几名主要国防工业高管共进晚餐。佩里告诉他们，已经没有足够的资金可以分配了。国防承包商的数量是五角大楼所能支持的两倍，他们要么合并，要么消亡。马丁·玛丽埃塔（Martin Marietta）公司的总裁诺曼·奥古斯丁（Norman Augustine）风趣地称其为"最后的晚餐"。[21]

奥古斯丁领会了这一信息。1995 年，马丁·玛丽埃塔与洛克希德公司合并，后者已经收购了通用动力公司的飞机部门，成立了洛克希德－马丁公司（Lockheed Martin）。诺斯罗普在1994年收购了格鲁门公司，成立了诺斯罗普－格鲁门公司（Northrop Grumman）。在这场航空航天的经济衰退中，许多公司被规模更大的竞争对手吞并，在为数不多的幸存者中，其中有两家是隐身技术开发商，而这一切并非巧合。[22]

随着越来越少的国防承包商追逐更少的国防资金，他们开始争先恐后地为其产品寻找非军用市场。然而，为隐身飞机和激光制导炸弹找到商业用途比铸剑成犁要难得多，奥古斯丁开玩笑地说，这些转换努力"未能被成功所垂青"。奥古斯丁接着说："为什么火箭科学家不能卖牙膏？因为我们不懂市场，不知道如何调研，不知道如何推销产品。除了不懂市场外，其他我们在行。"[23]

眼下，隐身技术使航空航天削减带来的阵痛有所缓解，随着冷战的结束，军方进一步揭开了隐身技术的神秘面纱。"臭鼬工厂"走出了黑暗世界，闪耀着明星的光辉。它的管理风格成为管理界的一种趋势，本·里奇（Ben Rich）写了一本关于他的公司创新历史的畅销书。美国公司争先恐后地组建自己的内部"臭鼬工厂"，这是一个时髦用语，说的就是不受官僚主义及繁文缛节阻碍的先进的、开创性项目。

尽管洛克希德公司最早开发隐身技术，并且在公众眼里也是与隐身技术联系最多的公司，而诺斯罗普公司可能受益更多。隐身技术改变了诺斯罗普。在B-2之前，它是一家规模较小的航空航天公司，有其专业市场。自半个世纪前杰克·诺斯罗普（Jack Northrop）建造YB-49以来，它尚未制造过大型轰炸机，而且所制造的战斗机都是专为国外市场设计，体积小，价格也便宜。B-2将诺斯罗普公司带入了大联盟，能够运作最大的项目，无论是从硬件上还是管理上，都是最新一代飞机F-22、F-35和B-21的主要竞争者。[24]

隐身技术挽救了诺斯罗普。20世纪80年代，诺斯罗普公司还有一些其他较大的合同，但它若在F-20失败后又失去B-2，那就是一无所获。冷战结束时，诺斯罗普将会是一条被大鱼吞没的小鱼。但事实恰好相反，诺斯罗普收购了格鲁门。

接着，在1997年7月，这两家隐身巨头宣布：洛克希德－马丁公司和诺斯罗普－格鲁门公司计划合并。司法部和国防部随后阻止了合并，显然更多的是出于对电子领域的反垄断考虑，而不是出于隐身领域的考虑。当然，阻止合并有助于保持两家隐身公司之间的竞争。[25]

那时，洛克希德和诺斯罗普最初的隐身团队已基本解散。一些人转向了其他项目，但大多数人已经退休。丹尼斯·奥弗霍尔泽（Denys Overholser）早已离开洛克希德从事自己的咨询业务；本·里奇于 1990 年 12 月从"臭鼬工厂"辞职，艾伦·布朗（Alan Brown）于次年退休。在诺斯罗普，基努于 1992 年退休，卡申和瓦兰德 1993 年退休，肯·米茨纳（Ken Mitzner）1995 年退休；卡西恩（Cashen）搬到了澳大利亚。在诺斯罗普的办公室里再也无法听到卡申和瓦兰德之间史诗般的争吵，里奇的笑声也不再回荡在洛克希德的走廊里。如今，人去楼空。洛克希德公司将"臭鼬工厂"搬到了爱德华空军基地附近羚羊谷（Antelope Valley）的帕姆代尔，并关闭了其历史悠久的伯班克（Burbank）工厂。

一些观察家担心，这个国家丢掉了来之不易的无价之宝。也许在苏联解体的情况下，对隐身技术的需求并不那么迫切，但如果国家再次需要它，要想重新组建这个专业基地可能并非易事。《洛杉矶时报》警告说，这是一场隐身"人才流失"。文章宣称，隐身技术更像是一种"神秘的艺术"，而非成熟的科学。虽然年轻的工程师可能已经掌握了基础知识，但"没有一个人拥有卡申或里奇那样的经验和诀窍"。[26] 不管是否认同，人们都清楚地感觉到，隐身领域发生了人员换代。

与此同时，围绕隐身的热议证明了一句老话：事成抢功劳，事败无人理。确定谁发明了隐身技术是很复杂的，因为涉及的人员过多。如果隐身技术没有成功，这一切都不可能发生。要完成像隐身这样创新的事情，需要的是雄心壮志，而不是自负。

1979 年，洛克希德公司为一种隐身飞机申请了专利，专利于 1993 年获得批准。专利人的名字是舍勒、奥弗霍尔泽和沃森。专利将隐身飞机描述为"一种自由空间或空中飞行器，其外表面主要由平面构成。平面或面板倾斜布置，以减少在接收机方向上的雷达散射"。对于之前的技术，专利指出，减少飞机雷达截面积的尝试大多依赖于材料，而不是外形，而且基本上没有成功。它还明确了洛克希德公司方案的关键特点："除了可能的小区域外，飞行器上几乎没有圆弧形的外表面。"[27]

1989 年 4 月，在 B-2 首飞前不久，诺斯罗普公司为其申请了专利；并于 1991 年获得授权。这项专利只针对"飞机的外观设计"，即 B-2 的外形；专利没有文字，只有从不同角度绘制的 B-2 图样。专利上的名字依次为瓦兰德、卡申和基努（在卡申和瓦兰德之间再发生了争吵之后，基努主动放弃了专利）。有传言说要增加更多的名字，包括舍勒和另一位空气动力学家汉斯·格雷尔曼（Hans Grellman），但他们意识到名单很快就会变得更长。诺斯罗普的一些人，包括瓦兰德，认为大城（Oshiro）值得更多的赞扬。基努的一名工作人员一度试图颁给大城一个奖，以作为未列入专利持有者的补偿。[28] 虽然大城感觉受到了轻视，但他不是一个小题大做的人。后来几年，他拒绝任何访谈，退居幕后。就像他参与设计的飞机一样，大城也隐身了。

每项专利的受让人都是洛克希德和诺斯罗普公司。没有一个工程师，无论是专利持有者还是其他非专利人，通过隐身技术致富了。虽然他们当中的一些人进入了更高的管理层，但大多数人都很高兴能过上舒适的生活，他们退休后去了南加州的海滨小镇、北加州海岸或太平洋西北地区。令人惊讶的是，他们中的大多数人退休后都过着非常朴素的生活。赚钱的是公司，而不是科学家和工程师。

然而，另一名男子几乎完全避开了人们的注意。1989 年，在戈尔巴乔夫的开放政策下，彼得·乌菲姆采夫（Pyotr Ufimtsev）获准参加在斯德哥尔摩（Stockholm）举行的一次会议。加州大学洛杉矶分校（UCLA）工程学院院长尼克·亚历克索普洛斯（Nick Alexopoulos）出席了会议。亚历克索普洛斯给毕业于加州大学洛杉矶分校的约翰·卡申打电话说，"你绝对想不到，乌菲姆采夫来了！"卡申当即让他邀请乌菲姆采夫访问美国。卡申从诺斯罗普和其他航空航天公司那里筹集了一些资金，第二年，乌菲姆采夫在休假期间来到加州大学洛杉矶分校教授电磁学。在听了卡申和艾伦·布朗（Alen Brown）关于隐身的演讲，看到他的理论在飞机上实现，他感到震惊。根据布朗的描述，他的第一个明显反应是："敌人在使用我的东西！"接着的第二个反应是："嗯，至少还有人用。"[29]

美国科学家原本以为乌菲姆采夫是一位冷漠的苏联理论家，结果却发现他是一位有魅力的"旧世界"的绅士，他对科学的热情很快就赢得了大家的认可。就乌菲姆采夫而言，在带着妻子和两个孩子抵达南加州后，他对南加州产生了热情。起初，他并不喜欢洛杉矶。"这是什么城市呀？简直就是个村庄。它不是城市。莫斯科才是城市，也许还有敖德萨。洛杉矶只是一个大村庄。"但几年后，他改变了看法。"我发现，这的确是一个村庄，但它是一个好村庄！"他的家人也很喜欢洛杉矶。苏联解体的连锁反应破坏了国内的研究机会，乌菲姆采夫决定留在洛杉矶。在《纽约时报》刊登了一篇赞赏他对隐身飞机贡献的文章后，安全人员出现在他以前的研究所，并询问管理人员为什么允许他离开。[30]

　　具有讽刺意味的是，乌菲姆采夫最终在诺斯罗普的 B-2 小组里工作。

结论　隐身的秘密

在美国国防部预先研究计划局（DARPA）经理首次开始在"哈维计划"（Project Harvey）中猎捕"隐身兔子"（隐身飞机）的 5 年后，美国有三种隐身飞机设计，每一种都大相径庭：棱角分明的 F–117，笨拙的"沉默之蓝"和极简的B–2。

为什么隐身飞机会出现，为什么洛克希德和诺斯罗普在隐身问题上采用了如此不同的解决方案？一种标准的解释是：20 世纪 70 年代的数字计算机有足够的算力，可以进行这些设计所需的计算。洛克希德的计算机可以计算雷达绕射，但只能处理平面，这就解释了为什么"海弗蓝"和 F–117 为多面体。接着，故事就演变为在更强大的计算机的帮助下，诺斯罗普为 B–2 增加了曲线。正如本·里奇（Ben Rich）在 1991 年所说："设计隐身曲线所需的三维计算，就像你在诺斯罗普的 B–2 飞机上看到的那样。…… 在当时都超出了我们的能力范围。"[1]

这一论点是假设诺斯罗普拥有这样的计算机，并依赖它们。事实是，诺斯罗普没有这样的计算机也没有依赖它们。诺斯罗普的试验性生存测试台（XST）设计，与洛克希德的平面方案同时生产，已经有了曲线，在几年后，"沉默之蓝"增加了更多的曲线。B–2 的曲线并不是因为它拥有比洛克希德公司更好的计算机。更确切地说，是诺斯罗普减少了对计算机的依赖。

此外，说一家公司比另一家公司更依赖于计算机，只是解释了其中一步。那么，为什么有一家公司更依赖于计算机呢？答案在于参与的人，以及不同工程学科之间的关系。这也解释了为什么洛克希德公司赢得了 F–117 隐身竞赛的第一轮，而诺斯罗普公司却赢得了下一轮 B–2 的胜利。

洛克希德公司赢得了 F–117 的第一轮胜利，不是因为它传奇的"臭鼬工厂"，而正是因为撇开了它。面对沉迷于传统空气动力学"臭鼬工厂"的老顽固们的抗议，洛克希德公司让雷达专家负责，依靠计算机代码设计飞机，并选择电传飞行控制，以驯服由此产生的笨拙的飞行器。诺斯罗普给了传统的空气动力学主义者们更大的话语权，比起电脑，他们更多地依赖直觉和黏土建模，并放弃电传飞行控制——也因此在第一轮竞赛中输掉了比赛。这促使诺斯罗普在其隐身设计中追求曲线，从而在 B-2 竞争中取得了胜利。简而言之，让洛克希德公司以多面体赢得第一轮的相同因素，使得诺斯罗普公司以曲线赢得了第二轮。

处在这两轮竞争之间的是"沉默之蓝"，它在很大程度上已经被历史遗忘，它似乎是一条死胡同。事实上，"沉默之蓝"是从多面体的 F-117 到 B-2 飞翼的关键机型。至于说 B-2 只是个飞翼的说法，是因为它是杰克·诺斯罗普（Jack Northrop）一直梦寐以求的，那是天方夜谭般的传说。真实的故事更有趣。诺斯罗普在"海弗蓝"的隐身设计方案和洛克希德公司的一样，都是翼-身融合设计。在"沉默之蓝"项目中，更是远离了飞翼，变成了标准的机翼-机身-尾翼。正是洛克希德为"沉默之蓝"提议了一个飞翼方案，空军项目经理随后将诺斯罗普公司推向了这个方向。隐身飞机的飞翼想法源于诺斯罗普的最大竞争对手。

尽管这两家公司在隐身解决方案上有诸多不同，但有一点却是相同的，即在他们的设计办公室里都回荡着慷慨激昂的争论。隐身技术的成功之处就在于，不同的观点可以刺激创新——工程师们并不都是冷漠和缺乏感情的。无论是理查德·舍勒（Richard Scherrer）在洛克希德挑战"臭鼬工厂"的传统主义者，还是约翰·卡申（John Cashen）在诺斯罗普与伊夫·瓦兰德（Irv Waaland）的正面交锋，隐身得益于个人之间和学科之间有利于创新的冲突。[2]

这两家公司还有一个共同的特点：即车间的重要性，以及将设计和生产相结合的必要性。两家公司都深刻地认识到，在蓝图或电脑屏幕上设计隐身飞机是一回事，而把这些设计变成真飞机则完全是另一回事。这些飞机由新奇的材料制成，要加工到前所未有的严格公差，并实现批量生产。这有助于解释为什么 F-117A 和 B-2 在制造方面都遇到了问题，以及为什么其他国家的航空航天公司，即使在它们首次亮相几十年后，也难以复制隐身技术。

最后，这些公司还有一个看似简单的共同点，那就是它们的地理位置。他们的总部都设在南加州，相距也就 20mile。这道出了隐身故事发生的另一个关键：不仅是为何出现和何时出现，且是在何地出现。南加州已经是美国大部分航空航天工业的所在地，但几家主要的军用战斗机或轰炸机制造商——波音（Boeing）、仙童（FairChild）、格鲁门（Grumman）、通用动力（General Dynamics）、麦克唐纳－道格拉斯（McDonnell Douglas）——都在南加州以外，这些公司中没有一家形成隐身技术。隐身再次证明了在一个创造性的、多元文化中可能会发生什么，而且可能只会发生在那里。

那么，冷战真的在埃尔塞贡多（El Segundo）取得了胜利吗？是伯班克（Burbank）、霍桑（Hawthorne）和其他南加州郊区的航空公司的科学家和工程师们最终使苏联人相信他们在技术或经济上赶不上美国，他们的体制存在致命缺陷吗？这一论点的典型代表是战略防御计划。里根总统在 20 世纪 80 年代提出了导弹防御系统，一些评论家认为该计划引入了新一代天基定向能武器，如激光和粒子束，迫使苏联进入了一场他们难以承受的高科技军备竞赛，更不用说获胜了。[3]

隐身战机带来的威胁可能比"星球大战"还要大。首先，美国在 F–117 和 B–2 上的投资大约是用于战略防御计划（SDI）的 250 亿美元的两倍。隐身战机已经成功，1983 年 F–117 战机就已投入使用，而战略防御计划充其量也要几十年后才能部署。[4] 隐身战机给苏联带来了巨大的威胁，他们历来害怕偷袭，花费了数十年和数十亿卢布建造了一套复杂的防空网络。防空系统建设是隐身对苏联产生影响的指标。在 20 世纪 50 年代和 60 年代最初大规模建立防空系统之后，苏联在防空方面的投资在 70 年代趋于平稳。然而，在 F–117 部署后，苏联的防空力量翻倍，每年增加 8% 的预算来部署新型雷达、防空导弹和截击机。

然而，冷战为何结束，并不能一言概之。造成这一局面的因素很多：如阿富汗战争、波兰团结运动、油价下跌、民族主义和苏联整体经济衰退等。尽管隐身可能没有发挥直接作用，但它确实让苏联感到不安，因为它是更广泛的"军事技术革命"的一部分，在美国后来被称为军事革命。苏联军事理论家认为，隐身技术与精确制导武器相结合，构成了根本威胁。它展示了一种针对苏联梯队战略的纵深打击能力，代表了一种快速发展的高科技方式，这与苏联国防工业的低技术、大规模生产模式形成了鲜明对比。苏联总参谋长奥加尔科夫元帅（Marshal Ogarkov）领导了一场声势浩大的运动，以说服苏联领导人认识到这种危险，最终的代价是他被革职。

当然，人们可以质疑隐身是否具有革命性。这似乎只是空中进攻和防御之间长期拉锯战的又一次转变，首先是攻击性飞机，然后是高射炮，后来者居上，取得优势。隐身技术的发展，就像许多所谓的革命一样，远不是一蹴而就。尽管隐身似乎是 20 世纪 80 年代里根（Reagan）政府军事扩张的产物，但该计划始于 1974 年，后来在福特（Ford）和卡特（Carter）政府得到了进一步加强。

20 世纪 70 年代，出现经济萎靡和滞胀危机，因为"越南战争"和"水门事件"削弱了公众对政府的信心，美国工业被西欧和日本的竞争对手超越。[6] 但这十年也出现了个人电脑、消费电子和生物技术，这些新的高科技产业将重振美国经济。对美国军方来说，20 世纪 70 年代也是技术创新的关键时期，隐身技术就是一个例子。越南战争尤其刺激了隐身的发明创造，这既是因为美国意识到苏联防空系统对美国飞机占了上风，也是因为战略界普遍在思考寻求技术创新解决困扰美军的问题。

此外，隐身背后的概念可以追溯到部署前至少 30 年——20 世纪 50 年代研究的雷达吸波材料和雷达绕射理论。而弹道导弹在 20 世纪 20 年代开始研发，到 50 年代才得以实现。隐身飞机本身在几个方面也是旧为新用，工程师们在电路板上硬接组件，从旧的空气动力学目录中找出翼型、翘曲的机翼操纵面，以及重用飞翼。

有一种相反观点，并不认为冷战是在埃尔塞贡多（El Segundo）赢得的。人们可能会说，科学家和工程师非但没有赢得冷战，反而延长了冷战，通过推动军备竞赛，将世界带到了末日的边缘。这种观点认为，对技术的狂热将数万亿美元和无尽的人力投入到发明更好的杀人方法上：氢弹、中子弹、核驱动的 X 射线激光等。从这个角度来看，隐身就是冷战军备竞赛中的又一个棘轮。美国投入了大量的资源来发展隐身技术，所有这些都是为了应对苏联入侵西欧的假想。

这种资源的错误配置不仅极大地加剧了联邦赤字，而且使美国经济在日本和西德等国面前处于巨大的劣势，这些国家后来开始主导高科技行业。尽管有人可能会指出隐身飞机的一些副产品，如波音新客机上的石墨复合材料机翼，但除此而外，它几乎没有任何民用价值。在这种观点下，花在隐身飞机上的约 500 亿美元，本可以更好地投资于电子或分子生物学，更不用说教育或医疗保健等社会项目了。一种更激烈的观点认为，隐身，特别是 B-2，就是一个 10 亿美元的废品，一个秘密推动的分肥项目，没有服务于紧迫的军事需要，但却为相关公司创造了巨额利润。[7]

　　然而，隐身技术确实具有革命性的意义：它是核武器的替代品，也是走出核战略的迷宫的一条途径。苏联和美国的战略家们都认为，隐身技术和精确制导武器联合使用，是一种高精确度、高置信度的常规武器发射方式，可以使常规攻击与核武器一样有效。这使得一枚小型炸弹就可以摧毁一个目标，而无须一个巨型的炸弹来完成。简而言之，正如一位美国战略家宣称的那样，隐身技术和其他新技术可能会使核武器"既浪费又无用武之地"。

　　这种对战略基本面的重新考虑并未能获得人们的认可。美国未能摆脱对核武器的依赖，而是接受了包括隐身在内的新的常规技术，作为核武器的补充，而不是替代。B-2 本身就是一架核隐身轰炸机，显示了对核战略的延续。

　　这并不是说隐身技术的发明一无是处。隐身在展示美国的技术优势方面具有重要的战略意义。它展示了军事技术的显著进步，其在海湾战争中的不俗表现令世人惊叹。随着隐身，以及商业技术中的个人电脑、互联网和手机的应用，美国向潜在的经济和军事竞争对手抛出了挑战。它们必须与美国看似无尽的技术创新能力相匹敌，否则就会落后。

　　尽管美国冷战期间的所作所为旨在展示自由经济相对于计划经济的优越性，但隐身技术本身并不是不受约束的自由市场的产物，而是国家和私营企业广泛融合的产物。[8] 艾森豪威尔（Eisenhower）总统几十年前就意识到了这种融合。在 1961 年 1 月的告别演讲中，他对"庞大的永久性军备工业"的出现发出了可怕的警告，这位资深陆军上将认为，这既是国家入侵私营企业的危险举动，也是私营企业入侵公共政策的危险举动。艾森豪威尔给它起了个名字："军工复合体"，此后通常用艾克（Ike）所指的贬义来称呼它。

　　最近的学者对军工复合体持有更为积极的看法，将其视为推动技术创新的引擎。所谓的"隐藏的发展状态""创业状态"或"创新混合体"与日本宣称的国际贸易工业部（MITI）不相上下。国际贸易工业部在 20 世纪 80 年代初刚刚出现，被认为是日本高科技领先于美国的原因。[10] 当然，日本的国际贸易工业部促进了商业消费技术，而隐身促进了军事力量发展，对经济发展几乎没有帮助。但是个人电脑和互联网——高科技经济发展的关键，都同样来源于由美国军方资助并在非政府机构进行的计算机研究。[11]

　　隐身技术是军民、公私公司合作和美国致力于技术卓越的典范，这包括投资于回报周期长且不确定的研发项目。例如，美国军方在 20 世纪 50 年代资助了密歇根州柳润实验室（Willow Run Labs）和俄亥俄州天线实验室（Antenna Lab）的雷达截面积（RCS）研究，这为后来的隐身工作提供了理论基础；然后，军方在 20 世纪 60 年代资助了诺斯罗普的雷达截面积小组。

诺斯罗普的雷达理论小组最初也得到了诺斯罗普公司的支持，通过内部的、可自由支配的研发基金，从而证明了技术创新既来自联邦投资，也来自私营部门的长期前景。在诺斯罗普的案例中，公司经理们在 20 世纪 60 年代初曾猜测雷达绕射的知识将很重要，尽管他们并不知道它将如何表现出来——或者它是否会产生像隐身一样戏剧性的进步。同样，洛克希德公司将内部可自由支配资金用于其在隐身研究方面的最初努力中。几十年来，休斯公司（Hughes Corporation）一直在资助休斯奖学金（Hughes Fellowship），该项目内容广泛，支持在当地大学攻读科学和工程高级学位的学生——甚至不要求这些研究员随后去休斯工作。休斯的研究员包括诺斯罗普公司隐身技术的两位关键开发者，约翰·卡申（John Cashen）和肯·米茨纳（Ken Mitzner）。

在这种军民、公私的合作中，特定的个人充当了关键中间人。隐身计划并非来自于进行宏伟战略愿景设计的总统或将军，也未自下而上，来自士兵——或者说，飞行员——他们都是这项新技术的使用人。它更多的是来自中间群体，来自于将技术转化为战略和政策的工程师和项目经理，反之亦然。隐身计划中的工作人员，无论是在美国国防部预先研究计划局（DARPA）、国防研究与工程署署长（DDR&E）和空军人员，还是洛克希德和诺斯罗普的工作人员，都对公共部门和私营部门，以及军方和民间承包商之间的团队合作举手称赞。[12]

中间群体的历史是一个更长的故事，里面有许多默默无闻的"演员"，从工程师和物理学家到试飞员，再到车间机械师，包含了他们的技术创造和个人牺牲。即便不能全面地评价每个人，但这本书试图展现他们中的许多人的奉献。虽然这些工程师在追求隐身方面取得了成功，但他们比任何人都更清楚他们和他们的亲人在长时间投入工作所付出的辛劳与代价，对他们的健康和家庭关系的影响，以及为保密而牺牲的公民自由。

尽管在隐身的发展过程中肯定有一些戏剧性的时刻，从设计室的激烈争论到试飞中的不怕牺牲，但大部分历史既不浪漫也不英勇。它是由无数的繁冗会议、备忘录和简报会构成，其间穿插着前往偏远、破破烂烂的雷达目标散射场（RATSCAT）和 51 区的旅行。[13] 隐身飞机的实现不是灵光乍现。事实上，洛克希德和诺斯罗普选择了两条不同的道路实现隐身，就说明了从来就没有什么神奇的公式。隐身的战略重要性和技术挑战激励了一大批有聪明才智的人奋力拼搏，长期坚守，这才是隐身的真正秘密。

鸣　谢

首先感谢比尔·德弗莱尔（Bill Deverell）和丹·刘易斯（Dan Lewis），他们是我在加利福尼亚州和西部的亨廷顿－南加州大学研究所（Huntington-USC institute）航空航天史项目上的共同策划者。比尔帮我在南加州大学找到了一个好住所，而丹帮我浏览了亨廷顿图书馆的档案。多年来，在我们努力保护南加州航空航天历史的过程中，他们俩都展现出了无穷的幽默感。我们的档案整理工作从一开始就得益于谢尔曼·穆林（Sherman Mullin）的建议和支持，他一路上教会了我很多有关航空航天行业的生活和工作的知识。该档案项目得到了几个机构的捐款支持，包括国家科学基金会（National Science Foundation），以及诺斯罗普－格鲁门（Northrop Grumman）和洛克希德－马丁（Lockheed Martin）的基金会。需要注意的是，这本书的研究和写作并未得到这些资金的支持，这两家公司也没有编辑控制权。

还要感谢那些提供访谈的人，有些是非正式对话，许多是正式的口述历史，有些是多方会议：安德鲁·贝克（Andrew Baker）、艾伦·布朗（Alan Brown）、约翰·卡申（John Cashen）、马尔科姆·柯里（Malcolm Currie）、肯·戴森（Ken Dyson）、韦尔科·加西奇（Welko Gasich）、汤姆·琼斯（Tom Jones）、莱斯·容基（Les Jonkey）、保罗·卡明斯基（Paul Kaminski）、拉里·基布尔（Larry Kibble）、詹姆斯·基努（James Kinnu,）、肯特·克雷萨（Kent Kresa）、罗伯特·洛施克（Robert Loschke）、哈尔·马宁格（Hal Maninger）、肯·米茨纳（Ken Mitzner）、汤姆·摩根菲尔德（Tom Morgenfeld）、谢尔曼·穆林（Sherman Mullin）、罗伯特·墨菲（Robert Murphy）、丹尼斯·奥弗霍尔泽（Denys Overholser），威廉·佩里（Wil-liam Perry）、玛吉·里瓦斯（Maggy Rivas），凯文·朗布尔（Kevin Rumble），史蒂文·史密斯（Steven Smith），彼得·乌菲姆采夫（Pyotr Ufimtsev）和伊夫·瓦兰德（Irv Waaland）。正式的口述历史与亨廷顿图书馆的航空航天历史项目一起存档。理查德·舍勒（Richard Scherrer）慷慨地分享文件资

料，并通过电子邮件回答问题。艾伦·布朗和伊夫·瓦兰德也分享了资料。艾伦·布朗（Alan Brown）、约翰·卡申（John Cashen）和谢尔姆·穆林阅读了部分或全部手稿，并更正了重要的细节，尽管他们可能不同意我的解释；鲍勃·洛施克（Bob Loschke）也在技术问题上给了我启发。我也感谢隐身先锋组织（Pioneers of Stealth organization）保存了参与者的故事并分享了他们的工作。

还有其他历史学家提供了建议和鼓励，包括格伦·布格斯（Glenn Bugos）、露丝·施瓦茨·考恩（Ruth Schwartz Cowan）、约翰·海尔布伦（John Heilbron）、丹·凯夫尔斯（Dan Kevles）、比尔·莱斯利（Bill Leslie）、帕特里克·麦克雷（Patrick McCray）、彼得·纽舒尔（Peter Neushul）和尼克·拉斯穆森（Nick Rasmus-sen）。沃尔克·詹森（Volker Janssen）进行了几次访谈。托尼·崇（Tony Chong）、莱恩·卡拉凡蒂斯（Layne Karafantis）和米希尔·潘迪娅（Mihir Pandya）阅读了手稿，并提供了宝贵的反馈。我特别感谢米希尔（Mihir）进行了多次面谈，并分享了他对南加州航空航天特别是隐身技术的见解。

感谢胡佛研究所、史密森研究所/国家航空航天博物馆和罗纳德·里根（Ronald Reagan）总统图书馆的档案管理员；在亨廷顿图书馆，我必须特别感谢布鲁克·恩格布雷森（Brook Engebretson）、马里奥·艾诺迪（Mario Einaudi）和布鲁克·布莱克（Brooke Black）的帮助。感谢诺斯罗普–格鲁门公司的托尼·崇（Tony Chong），洛克希德–马丁公司的梅丽莎·道尔顿（Melissa Dalton）和凯文·罗伯逊（Kevin Robertson），以及斯格拉奇·汤普森（Scratch Thompson）和杰西卡·康威（Jessica Conway）。

也非常感谢我的经纪人安德鲁·斯图尔特（Andrew Stuart），他深谙我的写作意图，并就如何做这本书提供了明智的指导。在牛津大学出版社，蒂莫西·本特（Timothy Bent）超越了通常的编辑角色，帮助我讲述了这个故事，英迪亚·库珀（India Cooper）敏锐的文案使散文更加犀利，乔琳·奥桑卡（Joellyn Ausanka）指导了手稿出版。

最后，再次感谢我的妻子梅德尼娅（Medeighnia），以及我们的孩子戴恩（Dane）和卡登（Caden）的支持与耐心。

技术术语词汇表

副翼：安装在飞机机翼外侧后缘上的活动舵面，主要用来改变飞机的滚转。

翼型：飞机机翼的横截面，其形状决定机翼上的气流，从而决定升力。

展弦比：机翼长度与宽度的比率；对于非矩形机翼，表示为翼展的平方除以机翼面积。

边条：在飞机机身头部两侧或机翼前缘根部安装的向前延伸出来的水平翼面，不是机翼，但比机翼短。

杂波：雷达模式中的背景噪声，由地面、岩石、树木或建筑物反射的雷达波引起；背景遮蔽了从目标返回的信号。

操纵面：飞机机翼或尾翼上的活动舵面，如副翼、方向舵和升降舵（或全动平尾），可改变俯仰、滚转或偏航。

电子对抗：阻止雷达波探测飞机的电子对抗手段，即飞机发出电磁波干扰雷达。

升降舵：安装在飞机水平尾翼上的活动舵面，用来控制俯仰。

升降副翼：三角翼或飞翼飞机上结合升降舵和副翼功能的操纵面。

运动目标指示器：利用反射雷达波的多普勒频移来区分运动目标和静止物体的雷达系统。

飞行员诱发振荡：当飞行控制计算机中的反馈回路放大飞行员的反应，使飞机失去控制时，就会发生这种振荡。

俯仰：飞机绕横轴旋转的程度，机头向上或向下移动。

俯视图：从上面看的飞机的轮廓。

雷达吸波材料（RAM）：应用于飞机表面，由橡胶或玻璃纤维等基材组成，浸渍石墨或其他材料以吸收雷达波而不是反射雷达波。

雷达截面积（RCS）：曾称雷达散射截面，即飞机在雷达上显示的大小。通常表示为球体的横截面面积，该球体提供的雷达回波等同于飞机的回波，以平方英尺或平方米为单位。雷达截面积随入射雷达波的频率、极化、方向和角度而变化。

滚转：飞机绕纵轴旋转的程度，使机翼向上或向下倾斜。

方向舵：用于控制偏航的操纵面，通常安装在飞机垂直尾翼上。

超临界翼型：一种在接近声速飞行时将阻力降到最小的翼型。

机翼负载：飞机的重量除以机翼面积。

偏航：飞机绕垂直轴旋转的程度，在水平面上向左或向右移动机头。

注　解

引言

1. 理查德·P.哈利安（Richard P. Hallion）.《伊拉克上空的风暴：空中力量与海湾战争》（华盛顿特区：史密森图书出版社，1992），第 166–176 页。

2. 保罗·肯尼迪《中间历史》和《军事史期刊》第 74 页：1（2010 年 1 月），第 35–51 页；肯尼迪，"胜利的工程师：在第二次世界大战中扭转局势的问题解决者"（纽约：企鹅兰登出版社，2013）；另见马克斯·布特（Max Boot）的《战争创新：技术、战争和历史进程，1500 年至今》（纽约：《纽约时报》图书公司，2006）。

3. 摘自大卫·布鲁尔的《翼型之谜》（芝加哥：芝加哥大学出版社，2011），第 9 页。

4. 奥维尔·谢尔（Orville Schell）.《杰里·布朗（Jerry Brown）：限制时代的经济学》，《洛杉矶时报》，1979 年 8 月 5 日；吉米·卡特（Jimmy Carter），《能源和国家目标：向全国发表的讲话》，1979 年 7 月 15 日（可在下列网站上查阅：https：//www.jimmycarterlibrary.govf/assets/documents/speeches/energy–crisis.phtml）。

5. 爱德华·伯科维茨（Edward Berkowitz）.《多事之秋：70 年代的政治和文化概览》（纽约：哥伦比亚大学出版社，2007）；多米尼克·桑德布鲁克（Dominic Sandbrook）.《疯狂如地狱：20 世纪 70 年代的危机和民粹主义右翼的崛起》（纽约：企鹅兰登出版社，2011）；丹尼尔·T.罗杰斯（Daniel T. Rodgers），《断裂时代》（剑桥，马萨诸塞州：哈佛大学出版社，2011）；大卫·凯泽（David Kaiser）和 W.帕特里克·麦克雷（W. Patrick McCray）主编.《妙趣科学：知识、创新和美国反文化》（芝加哥大学出版社，2016）。

6. 例如，布特（Boot）《战争创新》。

第 1 章　革命的根源

1. 盖伊·哈特卡普（Guy Hartcup）.《伪装：战争隐藏和欺骗史》（巴恩斯利（Barnsley），英格兰：《笔剑军事》，2008），第 7-13 页；汉娜·罗斯·贝壳（Hannah Rose Shell）.《躲藏与搜寻：伪装，摄影，侦察媒体》（剑桥，马萨诸塞州：麻省理工学院出版社，2012），第 15 页；蒂姆·纽瓦克（Tim Newark），昆汀·纽瓦克（Quentin Newark），J. F. 博萨雷洛（J. F. Borsarello），以及布拉西（Brassey）.《伪装大全》（伦敦：布拉西出版社，1996），第 8-19 页。《现代军事组织》（上）：威廉·麦克尼尔（William H. McNeill）著.《力量角逐：公元 1000 年以来的技术、武装力量和社会》（芝加哥：芝加哥大学出版社，1982）。

2. 哈特库普（Hartcup）.《伪装》，第 14-15 页。

3. 全国科学研究委员会（National Research Council）物理科学部.1918 年度报告，1919 年 1 月 26 日，（罗伯特·A. 米力坎（Robert A.Millikan）论文，5/11，加利福尼亚理工学院档案）；M. 卢奇什（M. Luckiesh）.《飞机的可见性》，富兰克林研究所期刊第 187 期（1919 年 3 月），第 289-12 页和（1919 年 4 月），第 409-457 页。

4. 迈克尔·S. 谢里（Michael S.Sherry）.《美国空中力量的崛起》（康涅狄格州纽黑文：耶鲁大学出版社，1987），第 22-46 页；斯文·林德奎斯特（Sven Lindqvist），《轰炸史》，翻译：琳达·哈弗蒂·鲁格（Linda Haverty Rugg）（纽约：新出版社，2001）。

5. 斯坦利·鲍德温（Stanley Baldwin）.《轰炸机永远畅通无阻》，《空中力量的影响：国家安全与世界政治》主编：尤金·M. 埃姆（Eugene M. Emme）（新泽西州普林斯顿（Princeton, NJ.）：范·诺斯特兰德出版社，1959），第 51-52 页；罗纳德·W. 克拉克（Ronald W. Clark）.《科技人员的崛起》（伦敦：凤凰出版社，1962），第 24-27 页。大卫·齐默尔曼（David Zimmerman）.《英国的盾牌：雷达和纳粹德国空军的战败》（英国格洛斯特郡（Gloucestershire）：安伯利出版社，2001），第 2 章，给出了使用最大的（200ft）（声学）镜子的平均探测范围为 18mile，但补充说"第一次探测经常是在不到 10mile。"

6. W. 伯纳德·卡尔森，特斯拉（W. Bernard Carlson）.《电子时代的发明者》（新泽西州普林斯顿（Princeton，NJ.）：普林斯顿大学出版社，2013），第 381-389 页；马克·拉博伊（Marc Raboy），马可尼（Marconi）.《联网世界的人》（牛津（Oxford）：牛津大学出版社，2016），第 582 页；R.V. 琼斯（R. V. Jones）.《巫师战争：英国科学情报，1939—1945》（纽约：科沃德，麦肯和吉根出版社，1978），第 15-16 页；路易斯·布朗（Louis Brown）.《第二次世界大战的雷达史：技术和军事命令》（英国布里斯托尔（Bristol，UK）：物理研究所出版社，1999），第 40-52 页；克拉克（Clark）.《科技工作者》，第 41 页。

7. 丹尼尔·科尔上校（Col. Daniel T. Kuehl）猫趣闻轶事.《雷达眼失明：美国空军与电子战，1945—1955》（杜克大学博士学位，1992，可在 www.dtic.mil/dtic/tr/fulltext/u2/a265494.pdf 上查阅），第 16n2 页。

8. 布朗（Brown）.《雷达史》，第 73-83 页；罗伯特·布德里（Robert Buderi）.《改变世界的发明》（纽约：西蒙与舒斯特出版社，1996），第 202-205 页。

9. 丹尼尔·J. 凯尔斯（Daniel J. Kevles）.《物理学家：现代美国科学界历史》（马萨诸塞州剑桥（Cambridge，MA）：哈佛大学出版社，1995），第 302-308，315-323 页；布朗（Brown）.《雷达史》。另见亨利·E. 格拉克（Henry E. Guerlac）.《第二次世界大战中的雷达》，共 2 卷。（纽约：美国物理研究所，1987）；盖伊·哈特卡普（Guy Hartcup）.《科学对第二次世界大战的影响》（纽约：帕尔格雷夫·麦克米伦（Palgrave Macmillan），2000），第 18-59 页；杰克·尼森（Jack Nissen）和 A.W. 科克里尔（A. W. Cockerill）.《赢得雷达战争》（纽约：圣马丁出版社，1987）。

10. 奥托·哈尔彭（Otto Halpern）.《高频无线电波反射最小化的方法和手段》，美国专利号 2，923，934，1960 年 2 月 2 日颁发；温菲尔德·W. 索尔兹伯里（Winfield W.Salisbury）.《电磁波的吸收体》，1952 年 6 月 10 日颁发的美国专利号 2，599，944；威廉·H. 爱默生（William H. Emerson）.《电磁波吸收器和暗室室发展史》，电气与电子工程师协会（IEEE）天线和传播学报 AP-21：4（1973 年 7 月），第 484-490 页。哈普（HARP）和其他使用导电粒子的方法是通过吸收雷达并将能量以热量的形式耗散来实现的。索尔兹伯里屏的工作原理是反射雷达波；反射面之间间隔四分之一波长会造成反射波与入射波的强烈干涉，并将其抵消。

11.《纳粹接近建成可能改变历史进程的隐身轰炸机》，《每日电讯报》，2009年7月8日；Thomas 托马斯·L. 多布雷兹（L. Dobrenz），阿尔多斯帕多尼（Aldo Spadoni）和迈克尔·约根森（Michael Jorgensen），"霍顿 229 V3 飞机的航空考古"，第 10 届美国航空航天工业协会（AIAA）航空技术、集成和运营（ATIO）会议，会议记录，美国航空航天工业协会（AIAA）报告 2010-14（2010 年 9 月），第 1-9 页。请看史密森国家航空航天博物馆的分析，《这是隐身吗？》（可在 airandspace.si.edu/collections/horten-ho-229-v3/about/is-it-stealth.cfm 网站查阅）。

12. 冯·哈德斯蒂（Von Hardesty）和伊利亚·格林伯格（Ilya Grinberg）.《红凤凰崛起：二战中的苏联空军》（劳伦斯：堪萨斯大学出版社，2012），第 8 期；安德鲁·克雷普尼维奇（Andrew Krepnich）和巴里·沃茨（Barry Watts）.《最后的战士：安德鲁·马歇尔（Andrew Marshall）和现代美国防御战略的形成》（纽约：阿歇特图书集团，201），第 130-131 页；史蒂文·J. 扎洛加（Steven J. Zaloga）.《克里姆林宫核剑：俄罗斯战略核力量的兴衰，1945—2000》（华盛顿特区：史密森尼出版社，2002），第 166-167 页

13. 尤里·沃廷采夫（Yuriy Votintsev）上校.《消失超级大国的未知军队》，沃延诺·伊托里希斯基·朱纳尔（Voyenno-Istoricheskiy Zhurnal）9（1993），第 26-38 页和 11（1993），第 12-27 页；斯蒂文·J. 扎洛加（Steven J. Zaloga），《保卫首都：第一代苏联战略防空系统，1950—1960》，《斯拉夫军事研究杂志》10：4（1997），第 30-43 页；詹姆斯·D. 克拉布特里（James D. Crabtree）.《关于防空》（康涅狄格州韦斯特波特（Westport, CT）：出版社 1994），第 106-113 页。

14. L.A. 杜布里奇（L. A. DuBridge），E. M. 珀塞尔（E. M. Purcell），G. E. 瓦利（G.E.Valley）和 G.A. 莫顿（G. A. Morton）.《雷达与通信》，第 11 卷，《陆军空军科学顾问团，走向新地平线》（俄亥俄州代顿（Dayton, OH）：陆军空军（AAF）科学顾问团，1946），第 166 页，原著重点。

15. 斯奎尔·L. 布朗（Squire L. Brown）访谈威廉·F. 巴雷特（William F. Bahret）.2006 年 8 月 22 日，"冷战航空航天技术史项目"，莱特州立大学档案馆。

16. 威廉·F. 巴雷特访谈斯奎尔·L. 布朗.2009 年 5 月 27 日，"冷战航空航

天技术史项目"，莱特州立大学档案馆。

17. 巴赫雷特（Bahret）访谈 . 2006 年 8 月 22 日。

18. 关于俄亥俄州立大学冷战研究的另一个方面——大地测量学，见约翰·克劳德（John Cloud）.《跨越奥伦唐吉河：地球和军事 – 工业 – 学术 – 综合体图形》，1947—1972,《现代物理历史和哲学研究》31：3（2000），第 371–404 页。

19. 约翰·沃尔什（John Walsh）.《柳润实验室：与密歇根大学分离》,《科学》177（1972 年 8 月 18 日），第 594–596 页；另见托马斯·B.A. 海伊（Thomas B. A. High）.《莱德试验室历史》，2011 年 5 月（可在 eecs.umich.edu/radlab/image/History y.pdf 上查阅）。

20. K.M. 西格尔（K. M. Siegel）和 H.A. 阿尔佩林（H. A. Alperin）.《雷达散射截面研究 III– 锥体散射》，密歇根大学柳润研究中心，报告 UMM–87（1952 年 1 月）；K.M. 西格尔（K. M. Siegel）等 .《雷达散射截面研究，十二：米罗（Miro）项目下雷达散射截面研究概要》，密歇根大学柳润研究中心，Umm–127（1953 年 12 月）；J. W. 克里斯平（J.W.Crispin），小 R. F. 古德里奇（R.F.Goodrich）和 K.M. 西格尔（K. M. Siegel）.《计算飞机和导弹雷达散射截面的理论方法》，1959 年 7 月（可在 www.dtic.mil/dtic/tr/fulltext/u2f227695.pdf 上查阅）。

21. 小利昂·彼得斯（Leon Peters Jr）.《电学实验室简史》（可在 https://electroscience.osu.edufsites/electroscience.osu.edu/filesfuploads/about/history.pdf 上查阅）。

22. 奎尔（Kuehl）.《雷达眼失明》，第 252 页。《关于鹌鹑》，参见格伦·A. 肯特（Glenn A.Kent），《美国国防思考：分析性回忆录》（加利福尼亚州圣塔莫尼卡（Santa Monica，CA）：兰德公司，2008），第 149–153 页。

23. 伯纳德·C. 纳尔迪（Bernard C. Nalty）.《电子战的战术和技术：对北越空战中的电子对抗，1965—1973》（康涅狄格州纽敦（Newtown，CT）：国防狮子出版社，2013）；理查德·P. 哈莱恩（Richard P. Hallion）.《伊拉克上空的风暴：空中力量与海湾战争》（华盛顿特区：史密森图书出版社，1992），第 57–61 页。圣诞节轰炸：米歇尔元帅（Marshall Michel）.《圣诞节的十一天：美国最后一次越战》（纽约：邂逅图书出版社，2002）.《阿拉伯 – 以色列战争》：迪玛·亚当斯基（Dima Adamsky），《军事创新文化》（加利福尼亚州斯坦福：斯坦福大学出版社，2010），第 94 页；大卫·C. 阿隆斯坦（David C. Aronstein）和阿尔伯特·C. 皮奇里洛（Albert C. Piccirillo）.《"海弗蓝"和 F-117A：隐身战斗机的演变》（弗吉尼亚州莱斯顿（Reston，VA：）：美国航空航天研究所，1997），第 11 页。

24. 关于美国对苏联能力的估计：菲利普·A. 卡波（Phillip A. Karber）和杰拉尔德·A. 库姆斯（Jerald A.Combs）.《美国、北约和苏联对西欧的威胁：军事估计和政策选择，1945—1963》,《外交史》22：3（1998），第 399–429 页；关于北约部队和苏联第二梯队：迈克尔·J. 斯特林（Michael J.Sterling）.《苏联对北约深度攻击新兴技术的反应，兰德报告 N-2294-AF》（1985 年 8 月），第 3 页。

25. 威廉·E. 奥多姆（William E. Odom）.《苏联军事的崩溃》（康涅狄格州纽黑文（New Haven，CT）：耶鲁大学出版社，1998），第 722–775 页；阿达姆斯基（Adamsky）.《军事创新文化》，第 2 章；米克尔·纳比·拉斯穆森（Mikkel Nadby Rasmussen）.《战争中的风险社会：21 世纪的恐怖、技术和战略》（剑桥，英国：剑桥大学出版社，2006），第 46 页。

26. 这些段落中关于中情局在钯问题上的努力的故事摘自吉恩·波泰特（Gene Poteat）.《1960 年至 1975 年的秘密行动、对策和情报》（2008），可从 https：//www.cia.gov/library/readingroom/docs/stealth_%20count.pdf. 获得。

27. 艾伦·布朗（Alan Brown）访谈 . 2010 年 11 月 15 日。

28. 有关"战斗机黑手党"：罗伯特·科拉姆（Robert Coram），博伊德（Boyd）.《改变战争艺术的战斗机飞行员》（纽约：阿歇特图书集团，2002）；格兰特·哈蒙德（Grant Hammond）.《战争意志：约翰·博伊德（John Boyd）与美国安全》（华盛顿特区：史密森出版社，2004）。有关博伊德（Boyd）的悲观看法，请参阅肯特（Kent），《思考美国的国防》，第 172–179 页。

29. 布朗访谈。

第 2 章　未来世界

1. 安·马库森（Ann Markusen），彼得·霍尔（Peter Hal），斯科特·坎贝尔（Scott Campbell）和萨宾娜·迪特里克（Sabina Dietrick）.《军火的崛起：美

国工业的军事重组》（纽约：牛津大学出版社，1991），第93页；关于南加州的航空工业，另见艾伦·J.斯科特（Allen J. Scott）.《科技城：南加州高科技产业和区域发展》（伯克利：加州大学出版社，1993）；罗杰·洛钦（Roger Lotchin）.《加州要塞，1910—1961：从战争到福利》（纽约：牛津大学出版社，I992）。

2. 格雷格·海斯（Greg Hise）.《磁性洛杉矶：规划21世纪大都市》（巴尔的摩：约翰·霍普金斯大学出版社，1997），第117页；彼得·J.韦斯特威克（Peter J. Westwick）.《韦斯特威克（Westwick）导论》，蓝天大都会出版社，第4页；关于钱德勒（Chandler）和道格拉斯（Douglas）：大卫·哈尔伯斯塔姆（David Halberstam）.《媒介与权势》（纽约：克诺普夫出版社，1975），第114页。

3. 理查德·P.哈利安（Richard P.Hallion）.《1926—1941年加州理工学院对美国航空运输和航空发展的影响》，附录1，《飞行遗产：古根海姆对美国航空的贡献》（西雅图，1977）。

4. 安妮塔·塞斯（Anita Seth）.《洛杉矶飞机工人和冷战政治的巩固》，在韦斯特威克（Westwick），《蓝天大都会》，第79-104页。

5. 斯科特（Scott）.《科技城》。

6. 乔治·保利卡斯（George Paulikas）接受沃尔克·詹森（Volker Janssen）访谈，2009年9月4日。

7. 理查德·纽佐尔（Richard Neutra）.《生活与形状》（纽约：阿普尔顿 – 世纪 – 克罗夫斯出版社，1962），第207页。

8. 凯里·麦克威廉姆斯（Carey McWilliams）.《南加州：陆地上的一个岛》（盐湖城：吉布斯·史密斯（Gibbs Smith，1946），第369页。

9. 凯文·斯塔尔（Kevin Starr）.《金色的梦想：富足时代的加州》（纽约：牛津大学出版社，2009），11，第219页。

10. 斯图尔特·W.莱斯利（Stuart W. Leslie）.《太空时代的空间：威廉·佩雷拉（William Pereira）的航空航天现代主义》，见韦斯特威克（Westwick），《蓝天大都会》，第127-58页，和莱斯利（Leslie）.《航空航天：冷战世界中的南加州建筑》，《历史与技术》29：4（2013），第331-368页。

11. 斯塔尔（Starr）.《黄金梦想》，第414页；马特·沃肖（Matt Warshaw），

《冲浪史》（旧金山：编年史图书出版社，2010），第48页；杰西·伯恩鲍姆（Jesse Birnbaum）和蒂姆·泰勒（Tim Tyler）.《加州：兴奋之州》，《时代周刊》，1969年11月7日，第60-66页；华莱士·斯特纳（Wallace Stegner）.《加州：试验社会》，《星期六评论》，斯特纳（Stegner）实际摘录的话是："和美国其他地方一样，加州是未成形的、创新的、与历史无关的、享乐主义的、贪得无厌的和精力充沛的——只是更加如此。"

12. 诺曼·梅勒（Norman Mailer）.《月球之火》（纽约：利特尔，布朗出版社，1970），第430页。

13. 关于20世纪60年代末和70年代的反主流文化与科学技术的交集，参见大卫·凯泽（David Kaiser）和W.帕特里克·麦克雷（W.Patrick McCray）.《常规科学：知识、创新与美国计数文化》（芝加哥：芝加哥大学出版社，2016）。

14. 汤姆·摩根菲尔德（Tom Morgenfeld）访谈.2011年7月26日。

15. 莱斯利（Leslie）.《航空航天》和《太空时代的空间》。

16. 斯蒂芬妮·杨（Stephanie Young）."你的问题会毁掉我的回答吗？"兰德公司的艺术和技术，见《思想和物质相遇的地方：加州和西方的技术》，主编：沃克·詹森（Volker Janssen）（伯克利：加州大学出版社，2012），第293-320页；劳伦斯·韦施勒（Lawrence Weschler）.《看见就是忘记所见之物的名字：当代艺术家罗伯特·欧文的一生》（伯克利：加利福尼亚大学出版社，1982），第125-131页。

17. 泰德·约翰逊（Ted Johnson）.《环法自行车赛》，《洛杉矶时报》，1995年4月20日。

18. 关于航空航天和冲浪.参见彼得·韦斯特威克（Peter Westwick）和彼得·纽舒尔（Peter Neushul）的《卷曲中的世界：一段非常规的冲浪史》（纽约：皇冠出版社，2013），第98-103、106-108、222-224页；关于帆板运动，参见詹姆斯·R.德雷克（James R. Drafing）的《风浪：航行中的新概念》兰德报告P-4076（圣塔莫尼卡，加利福尼亚州（Santa Monica），1969）。德雷克（Drake）和他的朋友霍伊尔·施韦策（Hoyle Schweitzer）一起获得了风帆冲浪的专利，尽管其他人，最著名的S.纽曼·达比（S.Newman Darby）声称早些时候发明了类似的工艺。然而，德雷克的设计成为了流行的标准。

19. 大卫·利文斯通（David Livingstone）.《把科学放在适当的位置》（芝加哥：芝加哥大学出版社，2003）；关于苏联飞机：斯科特·W.帕尔默（Scott W.Palmer）.《空中独裁：航空文化和现代俄罗斯的命运》（剑桥（（Cambridge），英国：剑桥大学出版社，2006），以及利昂·特里林（Leon Trilling）的《军事技术发展的风格：苏联和美国喷气式战斗机，1945—1960》，发表在《科学、技术和军事》，埃弗雷特·门德尔松（Everett Mendelsohn），梅里特·罗·史密斯（Merritt Roe Smith）和彼得·温加特（Peter Weingart）（多德雷希特（Dordrecht）：德国施普林格出版社，1988），第 155–185 页。

20. 埃里克·阿维拉（Eric Avila）.《白色飞行时代的流行文化：洛杉矶郊区的恐惧与幻想》（伯克利：加利福尼亚大学出版社，1982，2004），第 106–144 页，摘自第 115 页。

21. 尼尔·加布勒（Neal Gabler），沃尔特·迪士尼（Walt Disney）.《美国想象力的胜利》（纽约：克诺夫出版社，2006），第 580 页；詹姆斯·D. 斯基（James D.Skee）.《通过数字看：信心、咨询和大众休闲的构建，1953—1975》（加州大学伯克利分校博士学位，2016）。另见《迪斯尼乐园迷人的 提基房间和音响动画的发明》，《娱乐设计师》，2011 年 12 月 3 日。

22. 雷·布拉德伯里（Ray Bradbury）.《机械加工的幸福世界》，《假日》，1965 年 10 月，第 100–104 页。

23. 理查德·舍勒（Richard Scherrer）给韦斯特威克（Westwick）的电子邮件，2015 年

24. 罗伯特·C.波斯特（Robert C. Post）.《高性能：飙车的文化和表演，1950-2000》（巴尔的摩（Baltimore）：约翰·霍普金斯大学出版社，2001），第 81-82，172 页。

25. 有关绿箭侠和迪士尼乐园的历史：罗伯特·雷诺兹（Robert Reynolds）见《过山车、水槽和飞碟》（明尼阿波利斯（Minneapolis）：北极光出版社，1999）。

26. 舍勒（Scherrer）的电子邮件。

27. 凯里·麦克威廉姆斯（Carey McWilliams），《南加州：陆地上的一个岛屿》（盐湖城：吉布斯·史密斯（Gibbs Smith）出版社，1946）；斯塔尔（Starr）的《美国人与加州梦》系列中的《金色的梦想》等书；迈克·戴维斯（Mike

Davis).《石英之城：挖掘洛杉矶的未来》（纽约：封底出版社，1992）；阿维拉
（Avila），《白色飞行时代的流行文化》，第 106–144 页。

28.《航空周刊》摘自大卫·比尔斯的《蓝天之梦：美国坠落回忆录》（纽约：
双日出版社，1996），第 135 页；就业统计数据来自加文·赖特（Gavin Wright）
的《第二次世界大战、冷战和太平洋海岸的知识经济》中的图 1，为会议撰写的
论文《第二次世界大战及其造就的西方》，斯坦福大学，2017 年 4 月 4—5 日。
我感谢赖特（Wright）教授允许我摘自他的论文。

29. 丽莎·麦吉尔（Lisa McGirr）.《郊区战士：新美国右翼的起源》（普林斯
顿，新泽西州（Princeton，NJ）：普林斯顿大学出版社，2001），第 240 页。

30. 迈克尔·戴维（Michael Davie）.《加州：正在消失的梦想》（纽约：多德
米德出版社，1972），11。

31. 大卫·德沃斯（David De Voss）.《加州怎么了？》《时代周刊》，1977 年
7 月 18 日。

32. 关于加州是"虚构的世界"的缩影，参见丹尼尔·贝尔（Daniel Bell）.
《资本主义的文化矛盾》，20 周年版。（纽约：基础图书出版社，1996），第 72
页。

第 3 章　培育"隐身兔子"

1. 莎伦·温伯格（Sharon Weinberger）.《战争的想象者：改变世界的
DARPA（五角大楼机构国防部高级研究项目局）的不为人知的故事"（纽约：克
诺夫出版社，2017）；罗杰·盖格（Roger Geiger）.《研究与相关知识：二战以来
的美国研究型大学》（纽约，牛津大学出版社，1993），第 190–191 页。

2. 威廉·D. 奥尼尔（William D.O'Neil）.《买什么？国防研究与工程署署长
（DDR&E）的作用：21 世纪 70 年代的经验教训》，国防分析研究所（IDA）论文
P-4675（弗吉尼亚州亚历山大市，2011 年 1 月），第 5 部分，第 20–22，49–54
页。

3. J.J. 马丁（J. J. Martin）.关于国防部核子局（DNA）新替代方案研讨会
的备忘录，1985 年 6 月 17 日（阿尔伯特·J（Albert J.）和罗伯塔·沃尔斯泰

特（Roberta Wohlstetter）论文，88 号箱，文件夹 22，胡佛研究所档案馆）；约瑟夫·布拉多克（Joseph Braddock）发阿尔伯特·沃尔斯泰特（Albert Wohlstetter）和乔治·布兰查德（George Blanchard），1985 年 2 月 25 日（沃尔斯泰特论文，89 号箱，文件夹 6）；亨利·罗文（Henry Rowen）访谈，2010 年 1 月 12 日；理查德·H. 范·阿塔（Richard H. Van Atta）和迈克尔·J. 利皮茨（Michael J. Lippitz）.《转型和过渡：DARPA（国防部预先研究计划局）在培养军事革命兴起中的作用》第 1 卷，国防分析研究所的总体评估，IDA 论文 P-3698，2003 年 4 月（可在 www.Fas.org/irp/Agency/dod/idarma.pdf 上查阅），S-2，第 6-8 页；斯蒂芬·J. 卢卡西克（Stephen J. Lukasik）.《走向歧视威慑》，见《核探索：阿尔伯特（Albert）和罗伯塔·沃尔斯泰特（Roberta Wohlstetter）的著作选集》，主编：罗伯特·萨拉特（Robert Zarate）和亨利·斯科尔尼克（Henry Skolnik）（宾夕法尼亚州卡莱尔（Carlisle，PA）：战略研究所出版，2009），第 512-515 页。

4. 对于隐身工程师和模型飞机：2010 年 11 月 15 日，艾伦·布朗（Alan Brown）访谈；2010 年 12 月 15 日，约翰·卡申（John Cashen）访谈；2010 年 12 月 8 日，沃尔克·詹森（Volker Janssen）所做的詹姆斯·基努（James Kinnu）访谈；2011 年 2 月 21 日，詹森（Janssen）所做的史蒂文·R. 史密斯（Steven R. Smith）访谈。另见 2008 年 6 月 12 由比尔·德弗莱尔（Bill Deverell）、谢尔曼·穆林（Sherman Mullin）和彼得·韦斯特威克（Peter Westwick）对约翰（杰克）C. 达芬达克（John（Jack）C. Duffendack）进行的访谈。

5. Philip J. Klass.《迷你遥控飞行器（RPV）测试用于战场使用》，《航空周刊与空间技术》，1973 年 1 月 22 日，第 76-78 页；肯特·克雷萨（Kent Kresa）和威廉·F·柯林（William F. Kirlin）上校.《迷你遥控飞行器（RPV）计划：大潜力，小成本》，《宇航与航空》，1974 年 9 月，第 48-62 页；托马斯·P. 埃尔哈德（Thomas P. Ehrhard）.《空军无人机（UAVs）：秘密历史，米切尔研究所报告》，2010 年 7 月（DTIC 报告 ADA526045），第 20 页。

6. 克雷萨（Kresa）和柯林（Kirlin）的迷你遥控飞行器（Mini-RPV）雷达散射截面（RCS）值.《迷你遥控飞行器计划》。来自《雷达截面积》的 F-15 雷达截面积（RCS）值，www.globalsecurity.org/military/world/stealth-aircraft-rcs.htm。

7. "隐身"一词用在克雷萨（Kresa）和柯林（Kirlin）编写的《迷你遥控飞行器计划》中。有关 ZSU-23 测试的报道，见卡申（Cashen）访谈。

8. 丹尼斯·贾维（Dennis Jarvi），约翰·格里芬（John Griffin）主编.《隐身先锋》里的《威廉·埃尔斯纳（William Elsner）》（北卡罗来纳州莫里斯维尔（Morrisville, NC）：Lulu.com，2017），第 151-152 页；沃尔克·詹森（Volker Janssen）对伊夫·瓦兰德（Irv Waaland）的访谈，2010 年 11 月 15 日；卡申（Cashen）访谈。

9. 瓦兰德（Waaland）访谈；卡申（Cashen）访谈；《格里芬，隐身先锋》里的《肯·珀科》，第 264-266 页。

10. 2013 年 5 月 9 日，马尔科姆·柯里（Malcolm Currie）访谈；《温伯格，战争的想象者》，第 246 页；范·阿塔（Van Atta）和利皮茨（Lippitz），《转型》，第 8 页。

11. 大卫·C.阿隆斯坦（David C.Aronstein）和阿尔伯特·C.皮奇里洛（Albert C.Piccirillo）.《"海弗蓝"与 F-117A：隐身战斗机的演变》（弗吉尼亚州莱斯顿（Reston, VA）：美国航空航天研究所，1997 年），第 13-14 页；温伯格（Weinberger），《战争想象者》，第 243-244 页。

12. 詹姆斯·P.史蒂文森（James P.Stevenson），《50 亿美元的误区：海军 A-12 隐身轰炸机计划的崩溃》（马里兰州安纳波利斯（Annapolis, MD）：海军学院出版社，2001），第 11-19 页；温伯格（Weinberger）.《战争想象者》，第 241-44 页；奥尼尔（O'Neil）.《买什么》，第 61-65 页。阿伦斯坦（Aronstein）和皮奇里洛（Piccirillo）说，国防部预先研究计划局（DARPA）没有真正的哈维项目，但史蒂文森（Stevenson）引用了提到它的备忘录。

13. 阿伦斯坦（Aronstein）和皮奇里洛（Piccirillo）.《"海弗蓝"和 F-117A》，第 13-15 页。

14. 卡申（Cashen）访谈。

15. 柯里（Currie）访谈；阿伦斯坦（Aronstein）和皮奇里洛（Piccirillo）.《"海弗蓝"与 F-117A》，第 28 页；琼斯（Jones）引述奥尼尔（O'Neil）所著.《买什么》，第 64-65 页；史蒂文森（Stevenson）.《50 亿美元的误解》，第 19-23 页。

16. 阿伦斯坦（Aronstein）和皮奇里洛（Piccirillo）.《"海弗蓝"与F-117A》，第15页；2010年11月15日，艾伦·布朗访谈（Alan Brown interview，）；本·R.里奇（Ben R. Rich）和利奥·亚诺斯（Leo Janos）的《"臭鼬工厂"：洛克希德岁月个人回忆录》。洛克希德公司的工程师听到了隐身竞赛的风声，消息来源相互矛盾：有人说是沃伦·吉尔穆尔（Warren Gilmour）（艾伦·布朗（Alan Brown）；里奇（Rich）和亚诺斯（Janos））；也有人（奥弗霍尔泽（Overholser）；阿伦斯坦（Aronstein）和皮奇里洛（Piccirillo））说是埃德·马丁（Ed Martin）；还有人（温伯格（Weinberger）和奥尼尔（O'Neil），显然都是沿用查克·迈尔斯（Chuck Myers）的访谈）说是罗斯·丹尼尔（Rus Daniell）。温伯格（Weinberger）的《战争想象者》，第248-49页；奥尼尔（O'Neil）的《买什么》，第64页。

17. 麦克唐纳-道格拉斯（McDonnell Douglas）设计了一种低雷达截面积的飞机，具有弯曲的平面形状和弯曲的前缘和后缘。当设计看起来要失败时，珀科（Perko）鼓励他们与瑞安航空公司（Teledyne Ryan）合作，瑞安航空公司（Teledyne Ryan）与麦克唐纳-道格拉斯（McDonnell Douglas）一样，早些时候也制造了一些隐身遥控飞行器（RPV）。阿伦斯坦（Aronstein）和皮奇里洛（Piccirillo）.《"海弗蓝"与F-117A》，第26页。

18. 格里芬（Griffin）编著的《隐身先锋》里的《肯·珀科（Ken Perko）》，第264-66页；阿伦斯坦（Aronstein）和皮奇里洛（Piccirillo），《"海弗蓝"与F-117A》，第28-29页。

第4章　洛克希德：飓风中的铁皮房子

1. 有关洛克希德的历史，请参阅沃尔特·J.博因（Walter J. Boyne）的《超越地平线：洛克希德的故事》（纽约：圣马丁出版社，1998）；谢尔曼·N.穆林（Sherman N. Mullin）的《罗伯特·E.格罗斯和洛克希德的崛起：工程与金融之间的创造性张力》，见《蓝天大都市：南加州的航空航天世纪》一书中。彼得·J.韦斯特威克（Peter J. Westwick）（伯克利：加州大学出版社，2012），第57-78页；韦恩·比德尔（Wayne Biddle）.《天空男爵：从早期飞行到战略战争：美国航空航天工业的故事》（纽约：西蒙与舒斯特出版社，1991）。

2. 穆林（Mullin）的《罗伯特·E. 格罗斯》

3. 博因（Boyne）.《地平线之外》，第 358–368，428 页。

4.《性能问题》，航空学作业 1，1931 年 1 月（克拉伦斯·L. 约翰逊（Clarence L. Johnson）论文集，第 12 箱，文件夹 1，亨廷顿图书馆）；克拉伦斯·L. 约翰逊（Clarence L. Johnson），凯利（Kelly）：《超过了我的份额》（华盛顿特区：史密森学会出版社，1985）。

5. 约翰（Johnson），凯利（Kelly）；本·R. 里奇（Ben R.Rich）和利奥·亚诺斯（Leo Janos）合著的《"臭鼬工厂"：洛克希德岁月个人回忆录》（纽约：李特尔·布朗出版社，1994），第 113–114 页。

6. 约翰（Johnson），凯利（Kelly），第 139，161 页。

7. 本·R. 里奇（Ben R.Rich）的《空气热力学手册》，C. 20 世纪 50 年代末（Ben Rich（本·R. 里奇）论文集，9 号箱，文件夹 1，亨廷顿图书馆）。

8. 里奇（Rich）和亚诺斯（Janos）.《"臭鼬工厂"》，第 62–63，291 页。

9. 里奇（Rich）和亚诺斯（Janos）.《"臭鼬工厂"》，第 281–89 页。

10. 保罗·A. 苏勒（Paul A.Suhler）.《从彩虹到嗜好：洛克希德黑鸟的隐身与设计》（弗吉尼亚州雷斯顿（Reston，VA）：美国航空航天研究所，2009），第 13–30 页；彼得·W. 梅林（Peter W.Merlin），《航空图像：51 区》（南卡罗来纳州查尔斯顿（Charleston，SC）：阿卡迪亚出版公司，2011），第 26–27 页。

11. 爱德华·鲍德温（Edward Baldwin）.大天使笔记本，1957—1958，以及 B–2 和 A–11A 以下其他型号的蓝图（爱德华·P. 鲍德温（Edward P.Baldwin）文件，1 号箱，国家航空航天博物馆档案馆，乌德瓦 – 哈齐中心）；苏勒（Suhler）的《从彩虹到嗜好》，第 55–86 页；小爱德华·洛维克（Edward Lovick Jr.）的《雷达人：隐身的个人历史》（纽约：爱因斯坦，2010），第 118–119 页。

12. 弗兰克·罗杰斯（Frank Rodgers）引述苏勒（Suhler）的《从彩虹到嗜好》，第 85–86 页，第 90 页相同；诺姆·泰勒（Norm Taylor）附议了罗杰斯（Rodgers）的说法。另见罗维克（Lovick），《雷达人》，第 116–117 页。

13. 苏勒.《从彩虹到嗜好》，第 137，159，163 页。

14. 苏勒（Suhler）.《从彩虹到嗜好》，第 11–13，123，142 页。

15. 苏勒（Suhler）.《从彩虹到嗜好》，第 172–175 页。

16. 罗维克（Lovick）.《雷达人》，第 125-126；苏勒（Suhler）.《从彩虹到嗜好》，第 197，203 页；梅林（Merlin）.《航空图像》，第 63-66 页。

17. 苏勒（Suhler）.《从彩虹到嗜好》，第 180 页。B–47 虽然只比 A–12 长几英尺，但翼展是 A–12 的两倍。

18. 彼得·乌菲姆采夫（Pyotr Ufimtsev）访谈. 2016 年 10 月 23 日。除非另有说明，这些段落中的材料均来自本次访谈。

19. 彼得·雅·乌菲姆采夫（P. Ya. Ufimtsev）.《物理绕射理论（PTD）的 50 周年：对 PTD 起源和发展的评论》，电气与电子工程师协会（IEEE）《天线和传播杂志》55：3（2013 年 6 月），第 18-28 页。

20. A . 佐默费尔德（德）（A. Sommerfeld）.《机械理论与物理理论》中《机械与物理的微分与非积分》，第 2 卷，主编：P. 弗兰克（P. Frank）（物理学）（布伦瑞克（Braunschweig），1927）。

21. J. B. 凯乐（J. B. Keller）.《几何绕射理论》，《美国光学学会杂志》52：2（1962），第 116-130 页。

22. 彼得·乌菲姆采夫（Pyotr Ufimtsev）.Metod krayevykh Voln v Fizicheskoy Teorii Difraktsii（Izd–Vo Sovetskoye Radio，1962），翻译为《绕射物理理论中的边缘波法》（报告 FTD–HC–23–259–71，美国空军外国技术部，1971 年 9 月）。对于乌菲姆采夫（Ufimtsev）理论的一般介绍，请参见彼得·雅·乌菲姆采夫（P. Ya. Ufimtsev）.《关于雷达截面积（RCS）减缩技术的绕射原理和局限性的评论》，电气与电子工程师协会（IEEE）程序 84：12（1996），第 1830-1851 页；也参见肯尼斯·米茨纳（Kenneth Mitzner）的《电磁学中的边缘绕射理论》前言，主编：彼得·乌菲姆采夫（Pyotr Ufimtsev）（北卡罗来纳州罗利（Raleigh，NC）：技术科学出版社，2009），第 5-10 页。

23. 乌菲姆采夫（Ufimtsev）访谈；乌菲姆采夫（Ufimtsev）.《物理绕射理论（PTD）50 周年》第 20 页。

24. 乌菲姆采夫（Ufimtsev）访谈。

25. 迈克尔·戈尔丁（Michael Gordin）.《科学巴别塔：科学是如何在环球英语之前和之后完成的》（芝加哥：芝加哥大学出版社，2015），第 213-266 页。

26. 2016 年 1 月 25 日，肯尼斯·米茨纳（Kenneth Mitzner）访谈；2010 年 12 月 16 日，约翰·卡申（John Cashen）访谈；乌菲姆采夫（Ufimtsev）的报告引自机器翻译的理查德·D. 莫尔（Richard D.Moore）所著的《乌菲姆采夫电磁学边缘绕射理论》13-14 中的"译者说明"。

27. 米茨纳（Mitzner），给乌菲姆采夫（Ufimtsev）的《电磁学中的边缘绕射理论》序言，5-10，关于冷战期间苏联对美国军事技术的贡献，如隐身和用于战略防御计划（SDI）的 X 射线激光，参见彼得·维斯特维克（Peter Westwick），《战略防御计划的国际历史：冷战后期的经济竞争》，《半人马座》，52（2010），第 338-351 页，和米希尔·潘迪亚（Mihir Pandya）.《安全、信息、基础设施》，在美国人类学协会研讨会上的演讲，2016。

28. 莫尔.《译者说明》。

29. 2015 年 11 月 24 日，理查德·舍勒（Richard Scherrer）给维斯特维克（Westwick）；大卫·C. 阿隆斯坦（David C. Aronstein）和阿尔伯特·C. 皮奇里洛（Albert C. Piccirillo）.《"海弗蓝"与 F-117A：隐身战斗机的演变》（弗吉尼亚州莱斯顿（Reston，VA）：航空航天研究所，1997），第 16-17 页。

30. 洛维克（Lovick）.《雷达员》，第 186 页。

31. 凯皮·林恩（Capi Lynn）.《隐身技术的秘密武器来自达拉斯》，《萨利姆政治家 - 杂志》，2016 年 4 月 16 日；丹尼斯·奥弗霍尔泽（Denys Overholser）电话访谈，2018 年 3 月 9 日。

32. 里奇（Rich）在里奇（Rich）和亚诺斯（Janos）.《"臭鼬工厂"》，第 29 页；奥弗霍尔泽（Overholser）访谈。

33. 奥弗霍尔泽（Overholser）访谈。

34. 奥弗霍尔泽（Overholser）访谈。

35. 阿伦斯坦（Aronstein）和皮奇里洛（Piccirillo）.《"海弗蓝"和 F-117A》，第 16-18 页。

36. 阿伦斯坦（Aronstein）和皮奇里洛（Piccirillo）.《"海弗蓝"和 F-117A》，第 18-20 页。

37. 洛维克（Lovick），《雷达人》，第 187 页。

38. 里奇（Rich）和亚诺斯（Janos）.《"臭鼬工厂"》，第 26 页。

39. 阿伦斯坦（Aronstein）和皮奇里洛（Piccirillo）.《"海弗蓝"和F-117A》，第20-21页。

40. 理查德·舍勒（Richard Scherrer）给约翰·格里芬（John Griffin），1996年8月9日（由舍勒提供）。

41. 安德鲁·贝克（Andrew Baker）访谈沃尔克·詹森（Volker Janssen），2010年5月5日；洛维克（洛维克（Lovick）.《雷达人》，第188页；舍勒给韦斯特威克（Westwick）；舍勒（Scherrer）给路易斯·达克斯（Louis Dachs），1994年6月1日（由舍勒提供）。

42. 布朗（Brown）访谈；阿伦斯坦（Aronstein）和皮奇里洛（Piccirillo）.《"海弗蓝"和F-117A》，第21，30页。

43. 布朗（Brown）访谈；舍勒（Scherrer）发给格里芬（Griffin）。

44. 舍勒（Scherrer）到达赫斯（Dachs）。

45. 舍勒（Scherrer）给维斯特维克（Westwick），增加了重点；里奇（Rich）和亚诺斯（Janos）的《"臭鼬工厂"》，第119页。

46. 舍勒（Scherrer）给韦斯特威克（Westwick）。

47. 舍勒（Scherrer）给韦斯特威克（Westwick）。

48.《F-117A性价比与合同历史》，未注明出版日期。（本·里奇（Ben Rich）论文集，2号箱，文件夹10）；阿伦斯坦（Aronstein）和皮奇里洛（Piccirillo）.《"海弗蓝"和F-117A》，第27-29页；詹姆士·P.史蒂文森先生（James P.Stevenson）.《50亿美元的误区：海军A-12隐身轰炸机计划的崩溃》（马里兰州安纳波利斯（Annapolis，MD）：美国海军学院出版社，2001），第19-23页。

49. 本·里奇（Ben Rich），"海弗蓝"上的手写便条，未注明发表日期。（里奇（Rich）论文集，2号箱，文件夹10）；关于鲍德温（Baldwin）关于机身后部的工作：见谢尔曼·穆林（Sherman Mullin）给韦斯特威克（Westwick）的电子邮件，2017年10月21日。

50. 布朗（Brown）访谈。

51. 比尔·斯威特曼（Bill Sweetman）.《隐身轰炸机内幕》（威斯康星州奥西奥拉（Osceola，WI）：天顶出版社，1999），第50页。

52. 阿伦斯坦（Aronstein）和皮奇里洛（Piccirillo）的《"海弗蓝"和

F-117A》里的《呐喊的竞赛》，第 30 页；肯·戴森（Ken Dyson）和罗伯特·洛施克（Robert Loschke）的访谈中的"铁皮房子"，2012 年 1 月 9 日。

第 5 章 诺斯罗普：看见雷达波

1. 韦恩·比德尔（Wayne Biddle）.《天空男爵：从早期飞行到战略战争：美国航空航天工业的故事》（纽约：西蒙与舒斯特出版社，1991），第 68-70，150-151 页。

2. 弗雷德·安德森（Fred Anderson）.《诺斯罗普：航空史》（加州世纪城（Century City）：诺斯罗普公司，1976），第 1-7 页；比德尔，男爵出版社，第 268-269 页。

3. 托尼·崇（Tony Chong）.《飞行翼与激进之物》（明尼苏达州森林湖（Forest Lake，MN）：专业出版社，2016），第 22-25 页；安德森（Anderson）著《诺斯罗普》，第 44 页。

4. 崇（Chong）.《飞翼》，第 12-13 页；比德尔（Biddle）著《男爵》，第 268 页。

5. 安德森（Anderson）.《诺斯罗普》，第 90-113 页；崇（Chong），《飞翼》，第 25，39-42 页。

6. 巴德·贝克（Bud Baker）.《折翼：杰克·诺斯罗普的飞行翼轰炸机之死》，《收购评论季刊》8：3（2001），第 197-219 页；比德尔，男爵出版社，第 314-15 页。诺斯罗普认为这次会议时间是 1949 年，但很可能发生在 1948 年 7 月。

7. 贝克（Baker）著《折翼》。

8. 道格拉斯·A.劳森（Douglas A. Lawson）.《得克萨斯州西部白垩纪晚期的翼龙：发现最大的飞行生物》，《科学》187（1975 年 3 月 14 日），第 947-948 页，以及《翼龙会飞吗？》《科学》188（1975 年 5 月 15 日），第 676-677 页；马尔科姆·W.布朗（Malcolm W. Browne），《两位相互竞争的设计师引领了隐身战机的发展》，《纽约时报》，1991 年 5 月 14 日。

9.《技术：空间之地》，《时代周刊》杂志（1961 年 10 月 27 日），第 89-94 页。关于琼斯的传记，见 2005 年 10 月 10 日威廉·德弗莱尔（William Deverell）

和丹·刘易斯（Dan Lewis）对托马斯·V. 琼斯（Thomas V. Jones）的采访，2006年3月3日威廉·德弗莱尔（William Deverell）的采访，2010年2月16日彼得·韦斯特威克（Peter Westwick）的采访；《托马斯·V. 琼斯（Thomas V. Jones）》，《航空周刊与空间技术》176：1（2014年1月13日），第11页；拉尔夫·瓦塔贝迪安（Ralph Vartabedian），《托马斯·V. 琼斯（Thomas V. Jones）》，《洛杉矶时报》，2014年1月9日。

10. 比尔·辛（Bill Sing）和乔纳森·彼得森（Jonathon Peterson），《诺斯罗普的琼斯即将退休》，《洛杉矶时报》，1989年4月21日；乔治·怀特（George White），《帮助建立诺斯罗普的特立独行者将离开》，《洛杉矶时报》，1990年9月20日；拉尔夫·瓦塔贝迪安（Ralph Vartabedian），《托马斯·V. 琼斯（Thomas V. Jones）》，《洛杉矶时报》，2014年1月9日。

11. 琼斯接受了韦斯特威克（Westwick）的访谈。我感谢托尼·崇（Tony Chong）提供了正确的F-5和T-38的销售数据。

12. 约翰·纽豪斯.《体育游戏》（New York：Knopf，1982），57；诺斯罗普年度报告，1974年（普若凯斯特资讯有限公司（ProQuest）历史年度报告）。

13. 辛格（Sing）和彼得森（Peterson）.《诺斯罗普的琼斯即将退休》；怀特（White），《帮助建造诺斯罗普的特立独行者将离开》；瓦塔贝迪安（Vartabedian），《托马斯·V. 琼斯》。

14. 诺斯罗普年报，1960和1974（普若凯斯特资讯有限公司（ProQuest）历史年报）；哈罗德·D. 沃特金斯（Harold D.Watkins）[《风化》]，《臭名昭著与否，诺斯罗普，琼斯日渐强大》，《洛杉矶时报》，1975年11月30日；《琼斯复职为诺斯罗普首席执行官》，《洛杉矶时报》，1976年2月19日。

15.《科技：太空之地》。

16. 该术语的出现请查阅：《牛津英语词典》"航空航天"（aerospace）一词。

17.《SM-62：武器系统效能分析》，诺斯罗普公司，未注明发表日期。（大约1957）（诺斯罗普－格鲁门历史文件［以下简称NGC］，183号箱，7号文件夹，亨廷顿图书馆）；《蛇鲨出没的水域》见肯尼斯·P. 韦雷尔（Kenneth P.Werrell）的《巡航导弹的演变》，航空大学出版社，1985年9月（NGC，183号箱，13号文件夹），以及韦雷尔（Werrell）的《诺斯罗普蛇鲨：失败案例研究》，《美国航空历史学会期刊》（1988 年秋季），第 191-204 页；琼斯（Jones）摘自朱利安·哈特（Julian Hartt）的《这种威慑导弹可以迫使敌人无计可施》，《洛杉矶考官》，1959 年 10 月 20 日。

18. 莫·斯塔尔（Moe Star）的讣告.《洛杉矶时报》，2010 年 6 月 3 日；辛西娅·桑兹（Cynthia Sanz），《布鲁克林理工学院，一本故事书的成功》，《纽约时报》，1986 年 1 月 5 日。讣告将斯塔尔的学院列为纽约城市学院，但肯尼斯·米茨纳（Kenneth Mitzner）说斯塔尔（Star）曾就读于布鲁克林理工，考虑到它在雷达电子领域的实力，这个故事似乎更有可能。肯尼斯·米茨纳（Kenneth Mitzner）访谈，2016 年 1 月 25 日。

19. 米茨纳（Mitzner）访谈；约翰·卡申（John Cashen）访谈，2014 年 4 月25 日（以下简称卡申（Cashen）2）；伊夫·瓦兰德（Irv Waaland）访谈，2015年 10 月 7 日。

20. 韦斯特威克（Westwick）与琼斯（Jones）的访谈；大卫·C.阿隆斯坦（David C. Aronstein）和阿尔伯特·C.皮奇里洛（Albert C. Piccirillo），《"海弗蓝"和 F-117A：隐身战斗机的演变》（弗吉尼亚州雷斯顿（Reston，VA）：美国航空航天研究所，1997），第 24 页。

21. 小 J·W.克里斯平（J. W. Crispin Jr.）、R.F.古德里奇（R. F. Goodrich）和K.M.西格尔（K. M. Siegel）.《计算飞机和导弹雷达散射截面的理论方法》，1959年 7 月（可在 http: ffwww.dtic.mil/dtic/tr/fulltext/u2/227695.pdf），117133 获得）。

22. 2010 年 12 月 15 日，约翰·卡申（John Cashen）访谈，（以下简称卡申（Cashen）1）；2017 年 9 月 20 日，保罗·卡明斯基（Paul Kaminski）访谈。另见 2009 年 5 月 27 日，威廉·F.巴雷特（William F. Bahret）与斯夸尔·布朗的访谈，莱特州立大学档案馆。关于英国的贡献：比尔·斯威特曼（Bill Sweetman），《技术上讲：隐身前的隐身》《航空航天杂志》，2016 年 4 月。

23. 弗雷德·K.大城（Fred K. Oshiro）和查尔斯·W.苏（Charles W. Su）.《一般电磁散射问题的源分布技术：第一阶段报告》，诺斯罗普公司报告 NOR-65-271，1965 年 10 月 13 日（可在 www.dtic.mil/get-TR-doc/pdf？ Ad=ADo624586 上获得），第 1 部分。

24. 大城（Oshiro）和吴（Wu）著《源分布技术》。

25. 丹尼斯·奥弗霍尔泽（Denys Overholser）电话采访，2018 年 3 月 9 日。

26. 诺斯罗普飞机分部，《工程能力》，1971 年 8 月 31 日（NGC，184 号箱，文件夹 25）。

27. 卡申（Cashen）1。

28. 本段及前段来源：卡申（Cashen）1。

29. 卡申（Cashen）2；本·R. 里奇（Ben R. Rich）和利奥·雅诺斯（Leo Janos）.《"臭鼬工厂"：洛克希德岁月个人回忆录》（纽约：李特尔·布朗出版社，1994），第 306 页。

30. 沃尔克·詹森（Volker Janssen）瓦兰德（Waaland）访谈，2010 年 11 月 10 日。

31. 卡申（Cashen）1 和 2；瓦兰德（Waaland）与韦斯特威克（Westwick）；基努（Kinnu）；哈尔·曼宁格（Hal Maninger）访谈，2017 年 9 月 28 日。

32. 韦斯特威克（Westwick）对瓦兰德（Waaland）访谈。

33. 卡申（Cashen）1；韦斯特威克（Westwick）对瓦兰德（Waaland）访谈。

34. 西比尔·弗朗西斯（Sybil Francis）.《弹头政治：利弗莫尔（Livermore）和核武器设计的竞争体系》（麻省理工学院博士论文，1996）；安妮·菲茨帕特里克（Anne Fitzpatrick），《点燃元素：洛斯阿拉莫斯（Los Alamos）热核项目，1942—1952》，洛斯阿拉莫斯（Los Alamos）国家实验室，LA-13577-T，1999 年 7 月。

35. 保罗·克鲁齐（Paul Ceruzzi）.《超越极限：飞行进入计算机时代》（马萨诸塞州剑桥（Cambridge，MA）：麻省理工学院出版社，1989），第 20-30 页。

36. 卡申（Cashen）2 与肯·戴森（Ken Dyson）和罗伯特·洛施克（Robert Loschke）访谈，2012 年 1 月 9 日。

37. 韦斯特威克（Westwick）对瓦兰德（Waaland）德访谈。

第 6 章　雷达目标散射场的对决

1. 瑞安·H. 埃金顿（Ryan H. Edgington）.《射程战争：白沙导弹射程的环境竞赛》（林肯：内布拉斯加大学出版社，2014）。

2. H.C. 马洛（H.C.Marlow）等.《雷达目标散射场（RATSCAT）雷达散射截面设施》，国际电气电子工程学会（IEEE）学报 53：8（1965），第 946-954 页。

3. 大卫·C. 阿隆斯坦（David C. Aronstein）和阿尔伯特·C. 皮奇里洛（Albert C. Piccirillo）.《"海弗蓝"与 F-117A：隐身战斗机的演变》（弗吉尼亚州雷斯顿（Reston，VA）：美国航空航天研究所，1997），第 31-32 页；小爱德华·洛维克（Edward Lovick Jr.），《雷达人：个人隐身历史》（纽约：爱因斯坦，2010），第 191-192 页；丹尼斯·奥弗霍尔泽（Denys Overholser）访谈，2018 年 3 月 9 日。

4. 洛维克（Lovick）.《雷达人》，第 193 页；卡尔·S. 卡特（Carl S. Carter），《白石膏足迹》，选自《隐身先锋》，主编：约翰·格里芬（John Griffin）（北卡罗来纳州莫里斯维尔（Morrisville，NC）：Lulu.com，2017），第 354-355 页。

5. 洛维克（Lovick）.《雷达人》，第 193，196 页。

6. 约翰·卡申（John Cashen）访谈，2010 年 12 月 15 日（以下简称卡申（Cashen）1）。

7. M.P. 布莱恩（M. P. O'Brien）在 1962 年选自谢尔曼·N. 穆林（Sherman N. Mullin）的《军用飞机工程经理：1968—1970 年的头两年》未发表的论文。

8. 卡申（Cashen）1。

9. 比尔·斯威特曼（Bill Sweetman）.《隐身人》，《空中与太空》，1997 年 4 月 /5 月，第 24 页。

10. 约翰·卡申（John Cashen）访谈，2014 年 4 月 25 日（以下简称卡申（Cashen）2）。

11. 卡申（Cashen）2（包括里瓦斯（Rivas）引述）；肯尼斯·米茨纳（Kenneth Mitzner）访谈，2016 年 1 月 25 日。

12. 例如，凯·伯德（Kai Bird）和马丁·J. 舍温（Martin J. Sherwin），《美国的普罗米修斯：J. 罗伯特·奥本海默（J. Robert Oppenheimer）的胜利和悲剧》（纽约：英特吉（Vintage），2005），第 256 页；理查德·罗兹（Richard Rhodes），《原子弹的制造》（纽约：西蒙与舒斯特出版社，1986）；《三位一体后》，纪录片，导演：乔恩·艾尔斯（Jon Else）（1981）。卡申（Cashen）通过有意识地在洛斯阿拉莫斯（Los Alamos）的奥本海默（Oppenheimer）座谈会上模拟诺斯罗普工程会议，明确了这个类比（卡申（Cashen）1）。

13. 韦斯特威克（Westwick）对伊夫·瓦兰德（Irv Waaland）的访谈，2015年10月7日。

14. 本·R.里奇（Ben R.Rich）和利奥·亚诺斯（Leo Janos）的《"臭鼬工厂"：洛克希德岁月个人回忆录》（纽约：李特尔·布朗出版社，1994），第36页。

15. 艾伦·布朗（Alan Brown）访谈，2010年11月15日；阿伦斯坦（Aronstein）和皮奇里洛（Piccirillo）.《"海弗蓝"和F-117A》，第32页。

16. 肯·戴森（Ken Dyson）和罗伯特·洛施克（Robert Loschke）访谈，2012年1月9日；布朗（Brown）访谈。

17. 奥弗霍尔泽（Overholser）访谈；卡申（Cashen）给韦斯特威克（Westwick）的电子邮件，2018年3月12日。

18. 洛维克（Lovick）将滚珠轴承的想法归功于埃德·马丁（Ed Martin）（《雷达人》，第189-90页）。奥弗霍尔泽（Overholser）将其归功于林肯实验室的雷达专家美林·斯科尔尼克（Merrill Skolnik），他提出滚珠轴承是为了嘲笑洛克希德（Lockheed）的说法（奥弗霍尔泽（Overholser）访谈）。

19. 洛维克（Lovick）.《雷达人》，第190页。洛维克（Lovick）给出的雷达频率是15 GHz，尽管这个频率可能太高了。

20. 布朗（Brown）访谈；卡申（Cashen）1；韦斯特威克（Westwick）的瓦兰德（Waaland）访谈。关于达马斯科斯（Damaskos）在SR-71上的早期作用：见洛维克（Lovick），《雷达人》。

21. 2018年9月22日，艾伦·布朗（Alan Brown）给作者的电子邮件。

22. 卡申（Cashen）1；伊夫·瓦兰德（Irv Waaland）访谈沃尔克·詹森（Volker Janssen），2010年11月15日；布朗（Brown）访谈；本·里奇（Ben Rich），"海弗蓝"手写笔记，未注明发表日期。（本·里奇（Ben Rich）论文集，2号箱，文件夹10，亨廷顿图书馆）。

23. 奥弗霍尔泽（Overholser）访谈。

24. 瓦兰德（Waaland）与詹森的访谈；卡申（Cashen）1.。

25. 丽贝卡·格兰特（Rebecca Grant）.《B-2：创新之魂，诺斯罗普·格鲁门航空系统公司报告 NGAS 13-0405》（2013，可在 www.northropgrumman.com/Capabilities/B2SpiritBomber/Documents/pageDocuments/B-2-Spirit-of-Innovation.pdf）上查阅，第 11 页。

第 7 章 "海弗蓝"与 F-117A

1. 大卫·A. 明代尔（David A. Mindell）.《数字"阿波罗"：太空飞行中的人和机器》（马萨诸塞州剑桥（Cambridge，MA）：麻省理工学院出版社，2008）；保罗·克鲁齐（Paul Ceruzzi），《超越极限：飞行进入计算机时代》（马萨诸塞州剑桥（Cambridge，MA）：麻省理工学院出版社，1989），第 191-95 页。有关牛仔试飞员：韦斯特威克（Westwick），《南加州早期航空的专辑》，出版于《蓝天大都会》:《南加州的航空航天世纪》，主编：彼得·J. 韦斯特威克（Peter J. Westwick）（伯克利：加州大学出版社，2012），第 24 页。

2. 罗伯特·洛施克（Robert Loschke）和肯·戴森（Ken Dyson）访谈，2012年 1 月 9 日。

3. 罗伯特·弗格森（Robert Ferguson）.《美国国家航空航天局（NASA）的第一个 A：航空学，从 1958 年到 2008 年》（华盛顿特区：美国国家航空航天局（NASA），2013 年），第 107-113 页。

4. 洛施克·戴森（Loschke Dyson）访谈；罗伯特·洛施克（Robert Loschke）给韦斯特威克（Westwick）的电子邮件，2019 年 1 月 30 日和 2 月 1 日。

5. 谢尔曼·N. 穆林（Sherman N. Mullin）.《罗伯特·E. 格罗斯（Robert E. Gross）与洛克希德公司的崛起：工程与金融之间的创造性张力》，载于韦斯特威克（Westwick）《蓝天大都会》，第 57-78 页。

6. 明德尔（Mindell）.《数字阿波罗》，第 33 页。

7. 谢尔曼·穆林（Sherman Mullin）给作者的电子邮件，2013 年 10 月 4 日。

8. 明德尔（Mindell）.《数字阿波罗》，第 51-54 页；格伦·E·布格斯（Glenn E.Bugos），《自由气氛：在美国国家航空航天局（NASA）艾姆斯（Ames）研究中心的 60 年》，NASA SP-4314（华盛顿特区，2000），第 69-72 页。

9. 洛施克·戴森（Loschke Dyson）访谈。模拟器并不是与"臭鼬工厂"的其他设施都在伯班克（Burbank），而是在其北约 25mile 的麦田峡谷（Rye Canyon）。他们在晚上进行模拟器会议，因为涉及在麦田峡谷附近不经常看到的飞行员和工程师，洛克希德公司不想让那里的工作人员问一些尴尬的问题。

10. 汤姆·摩根菲尔（Tom Morgenfeld）访谈，2011 年 7 月 26 日。

11. 洛施克-戴森访谈（Loschke-Dyson），大卫·C.阿伦斯坦（David C. Aronstein）和阿尔伯特·C.皮奇里洛（Albert C. Piccirillo）.《"海弗蓝"和 F-117A：隐身战斗机的演变》（弗吉尼亚州雷斯顿（Reston，VA）：美国航空航天研究所，1997），第 42-43 页。

12. 洛施克-戴森访谈（Loschke-Dyson）访谈。

13. 迈克尔·J.纽菲尔德（Michael J. Neufeld），冯·布劳恩（von Braun）.《太空梦想家，战争工程师》（纽约：克诺夫，2007），第 38，302 页。

14. 卢·伦齐（Lou Lenzi）摘自了查尔斯·菲什曼（Charles Fishman）的《内包热潮》.《大西洋月刊》，2012 年 12 月；小本·海内曼（Ben Heineman Jr.），《为什么我们都可以停止担心离岸和外包》，《大西洋月刊》，2013 年 3 月 26 日。

15. 拉里·基布尔（Larry Kibble）访谈，2014 年 5 月 15 日。

16. 基布尔（Kibble）访谈；本·里奇（Ben Rich），"海弗蓝"上的手写笔记，未注明发表日期。（本·里奇（Ben Rich）论文集，2 号箱，10 号文件夹，亨廷顿图书馆）。

17. 里奇（Rich）"海弗蓝"上的手写笔记。对于 F-117，"臭鼬工厂"改用喷涂涂层：莱斯·琼基（Les Jonkey）访谈，2009 年 3 月 5 日。

18. 里奇（Rich）"海弗蓝"上的手写笔记；凯利·约翰逊（Kelly Johnson）摘自保罗·乔蒂（Paul Ciotti）的《玩具盒里的暴风雨》，《洛杉矶时报》，1986 年 10 月 19 日。关于苏联 SR-71 的钛矿：克拉伦斯·L.约翰逊（Clarence L. Johnson），凯利（Kelly）：《超过了我的份额》（华盛顿特区：史密森图书出版社，1985），第 186 页。

19. 基布尔（Kibble）访谈。

20. 罗伯特·墨菲（Robert Murphy）沃尔克·詹森（Volker Janssen）访谈，2009 年 8 月 25 日，沃沃尔克·詹森（Volker Janssen）关于墨菲（Murphy）访谈

的笔记，2009年8月26日。

21.《波音工人回归；洛克希德谈判陷入僵局》，《华盛顿邮报》，1977年11月19日；利昂·博恩斯坦（Leon Bornstein），《1977年的劳资关系：关键发展的亮点》，《劳工月刊》101（1978年2月），第24-31，30页。洛克希德公司和罢工工人于1977年12月底达成了新合同。

22. 墨菲（Murphy）访谈；洛施克－戴森（Loschke-Dyson）访谈。

23. 菲尔·巴顿（Phil Patton），《梦境：罗斯威尔与第51区的秘密世界旅行》（纽约：兰德出版社，1998）；彼得·W·梅林（Peter W. Merlin），《航空图像：第51区》（查尔斯顿，南卡罗来纳州（Charleston, SC）：阿卡迪亚出版图书馆，2011）；另见安妮·雅各布森（Annie Jacobsen），《第51区：美国绝密军事基地未经审查的历史》（纽约：李特尔·布朗出版社，2011），第100页。

24. 巴顿（Patton），《梦境》；梅林（Merlin）.《51区》。

25. 拉尔夫·瓦塔贝迪安（Ralph Vartabedian）.《现在可以说——他拥有正确的东西》，《洛杉矶时报》，1989年9月29日；巴顿，《梦境》，第132-133页。

26. 摩根菲尔德（Morgenfeld）访谈。

27. 明德尔（Mindell）.《数字阿波罗》，第29页。

28. 巴顿，《梦境》，第135-137页。

29.《巴加新郎湖》：梅林（Merlin），《航空影像》，第105页。

30. 摩根菲尔德（Morgenfeld）访谈；梅林（Merlin），《航空影像》，第52，55，116页。有关遥控（RC）模型飞机：雅各布森（Jacobsen），《51区》，第243页。

31. 摩根菲尔德（Morgenfeld）访谈。

32. 里奇（Rich）和亚诺斯（Janos）.《"臭鼬工厂"：在洛克希德公司的岁月个人回忆录》（纽约：李特尔·布朗出版社，1994），第53页。

33. 墨菲（Murphy）访谈。

34. 洛施克－戴森访谈（Loschke-Dyson）访谈。

35. 洛施克－戴森访谈（Loschke-Dyson）访谈；"海弗蓝"上的里奇（Rich）的手写便条。

36. 洛施克－戴森访谈（Loschke-Dyson）访谈。

37. 比尔·帕克（Bill Park）在里奇（Rich）和亚诺斯（Janos）.《"臭鼬工厂"》，第57-61页；洛施克－戴森访谈（Loschke-Dyson）访谈。

38. 洛施克－戴森访谈（Loschke-Dyson）；洛施克（Loschke）给韦斯特威克（Westwick）的电子邮件，2019年3月11日。压力探头和端口没有加热以防结冰，因此"海弗蓝"飞机不能在云层中飞行。

39. 洛施克－戴森（Loschke-Dyson）.《肯·戴森》（Ken Dyson），在约翰·格里芬（John Griffin）编写的《隐身先锋》（北卡罗来纳州莫里斯维尔（Morrisville，NC）：Lulu.com，2017），第138-142页。

40. "海弗蓝"上的里奇（Rich）的手写便条。

41. 保罗·卡明斯基（Paul Kaminski）访谈，2017年9月20日。

42. 卢·艾伦（Lew Allen）访谈，2001年12月10日。

43. 威廉·J·佩里（William J. Perry）.《我在核边缘的旅程》（加利福尼亚州斯坦福（Stanford，CA）：斯坦福大学出版社，2015），第28-38页；佩里（Perry）电话访谈，2018年10月17日；理查德·H. 范·阿塔（Richard H. Van Atta）和迈克尔·J. 利皮茨（Michael J. Lippitz），《转型与过渡：国防部高级研究项目局（DARPA）在培育新兴军事革命中的作用》，第1卷，总体评估，国防研究所分析论文P-3698，2003年4月（可在www.Fas.org/irpfAgency/dod/idarma.pdf上查阅），S-2；罗伯特·R. 汤姆斯（Robert R. Tomes），《美国国防战略从越南到伊拉克自由行动的历史回顾》，《国防与安全分析》28：4（2012），第303-315页。

44. 卡明斯基（Kaminski）访谈。

45. 斯威特曼（Sweetman）.《隐身人》第26页。

46. 艾伦·布朗（Alan Brown）.《F-117的颜色》和格里芬（Griffin）的《隐身先锋》里的《谢尔曼·N·穆林》，第355，251页。

47.《F-117A性价比与合同历史》，未注明出版日期。（本·里奇（Ben Rich）论文集，2号箱，文件夹10）。

48.《F-117A性价比》。

49. "海弗蓝"天际上里奇（Rich）的手写便条。

50. 约翰·纽豪斯（John Newhouse）.《体育竞赛》（纽约，1982），第35，170–171，181页。

51.《F-117A性价比》；里奇（Rich）和亚诺斯（Janos），《"臭鼬工厂"》，第71，74页。

52. 墨菲（Murphy）访谈；《F-117A性价比》；里奇（Rich）和亚诺斯（Janos），《"臭鼬工厂"》，第74页；大卫·J.林奇（David J. Lynch），《臭鼬如何工作》，《空军杂志》，1992年11月，第22–28页。关于数百名工人参加了"海弗蓝"：洛施克 – 戴森（Loschke-Dyson）访谈。

53.《F-117A性价比》。

54. 梅林，第51，113页。

55. 艾伦·布朗在里奇（Rich）和亚诺斯（Janos）合著的《《"臭鼬工厂"》》中，第84–85页。

56. 里奇（Rich）和亚诺斯（Janos）.《"臭鼬工厂"》，第89–90页；穆林·格里芬（Mullinin Griffin），《隐身先锋》，第250页。

57. 摩根菲尔德（Morgenfeld）访谈；文森特·T.贝克（Vincent T.Baker）在格里芬（Griffin），《隐身先锋》，第77页。设计工程师们曾计划飞机即使缺少一个尾翼也能飞行和降落：艾伦·布朗（Alan Brown），《洛克希德F-117A设计故事》（PowerPoint演示文稿由艾伦·布朗（Alan Brown）提供）。

58. 摩根菲尔德（Morgenfeld）访谈。

59. 谢尔曼·N.穆林（Sherman N.Mullin）.《航空航天工程师，简易之路》（穆林（Mullin）提供）；穆林·格里芬（Mullinin Griffin）.《隐身先锋》，第250–251页。

60. 艾伦·布朗（Alan Brown）给韦斯特威克（Westwick）的电子邮件，2019年1月28日，29日；谢尔曼·穆林（Sherman Mullin）访谈，2019年1月24日；阿伦斯坦（Aronstein）和皮奇里洛（Piccirillo），《"海弗蓝"和F-117A》，第95–97页。格栅中的钢琴线没有垂直相交；为了避免钢琴线本身的雷达回波，线的走向与机翼后缘对齐。

61.《F-117A性价比》。

62. 安妮·雅各布森（Annie Jacobsen）.《五角大楼的大脑：国防部预先研究

计划局（DARPA）的未经审查的历史》，美国最高机密军事研究局（纽约：李特尔·布朗出版社，2015），第 242 页。

63. 保罗·乔蒂（Paul Ciotti）.《玩具盒里的暴风雨》，《洛杉矶时报》，1986 年 10 月 19 日；巴顿（Patton），《梦境》，第 150-151，161 页；帕特里夏·特伦纳（Patricia Trenner），《F-19 的简短（非常短）历史》，《航空航天杂志》，2008 年 1 月。

64. 梅丽莎·希利（Melissa Healy）.《五角大楼结束对隐身战机的长时间沉默》，《洛杉矶时报》，1988 年 11 月 11 日。

65. 乔治·C. 威尔逊（George C.Wilson）.《在巴拿马使用的隐身飞机》，《华盛顿邮报》，1989 年 12 月 24 日；迈克尔·R. 戈登（Michael R.Gordon），《据报道执行的巴拿马任务的隐身飞机被错误破坏》，《纽约时报》，1990 年 4 月 4 日；阿伦斯坦（Aronstein）和皮奇里洛（Piccirillo），《"海弗蓝"和 F-117A》，第 154 页。

第 8 章　秘密与战略

1. 米希尔·潘迪亚（Mihir Pandya）.《消失的法案：隐身飞机与南加州冷战》，载于《蓝天大都市》：题为《南加州的航空航天世纪》主编：彼得·J. 韦斯特威克（Peter J. Westwick）（伯克利：加州大学出版社，2012），第 105-126 页；关于隐身分类的演变，参见大卫·C. 阿伦斯坦（David C. Aronstein）和阿尔伯特·C. 皮奇里洛（Albert C. Piccirillo），《"海弗蓝"和 F-117A：隐身战斗机的演变》（莱斯顿，弗吉尼亚州：美国航空航天研究所，1997），第 33-34 页。

2. 格斯·韦斯（Gus Weiss）.《告别档案：愚弄苏联》，《情报研究》39：5（1996，可在线查阅：https://www.cia.gov/library/center-for-the-study-of-intelligence/csi-publications/csi-studies/studies/96unclass/farewell.htm）。另见托马斯·C. 里德，《在深渊：一位内部人士的冷战史》（纽约：百龄坛图书出版社，2004），第 266-270 页。

3. 布拉特·加列耶夫（Bulat Galeyev）.《伟大生活的光影：电子艺术先驱利昂·特雷曼（Leon Theremin）》，《莱昂纳多音乐期刊》6（1996）：第 45-48 页。

关于日常问题，参见休·古斯特森（Hugh Gusterson），《核仪式：冷战末期的武器试验室》（伯克利：加州大学出版社，1996 年），第 69-79 页。

4. 彼得·加里森（Peter Galison）.《消除知识》,《关键调查》，第 31 期（2004 年秋季），第 229-243 页。除了估计机密文件的数量，加里森（Galison）报道说，在他撰写这篇文章的时候，美国有 400 万人获得了安全许可。美国总人口为 2.92 亿，假设成年人口为 75%，比例约为每 55 名成年人中就有一名获得了许可。另见布莱恩·冯（Brian Fung），《510 万美国人拥有安全许可》，《华盛顿邮报》，2014 年 3 月 24 日。

5. 潘迪亚（Pandya）.《消亡的法案》。

6. 威廉·佩里（William Perry）电话访谈，2018 年 10 月 17 日；保罗·卡明斯基（Paul Kaminski）访谈，2017 年 9 月 20 日。尤其是参议员萨姆·纳恩（Sam Nunn）是隐身的重要倡导者。

7. 斯坦利·戈德堡（Stanley Goldberg）.《格罗夫（Groves）斯将军和原子西部：汉福德（Hanford）的形成和意义》，选自《原子西部》，主编：布鲁斯·赫夫利（Bruce Hevly）和约翰·M.芬德利（John M. Findlay）（西雅图：华盛顿大学出版社，1998），第 61，65-70 页。

8. 爱德华·A.希尔斯（Edward A.Shils）.《秘密的折磨》（Glencoe，IL，1956）；西塞拉·博克（Sissela Bok），《秘密：隐藏与揭露的伦理》（纽约：万神殿图书公司，1982）；赫伯特·M.福斯特尔（Herbert M. Foerstel），《秘密科学：美国科学与技术的联邦控制》（康涅狄格州韦斯特波特（Westport，CT）：普雷格，1993）；丹尼尔·帕特里克·莫伊尼汉（Daniel Patrick Moynihan），《秘密：美国经验》（纽黑文，康涅狄格州：耶鲁大学出版社，1998）；朱迪思·雷皮（Judith Reppy）主编，《保密与知识产品》，康奈尔大学，和平研究计划，临时论文 23（1999 年 10 月）。

9. 约翰·卡申（John Cashen）访谈，2010 年 12 月 15 日。

10. 埃德·扎多罗兹尼（Ed Zardorozni）在加州州立大学长滩分校（CSULB）研讨会上发表评论，《冷战后方》，2014 年 7 月 30 日，航空航天遗产基金会，加利福尼亚州唐尼（Downey，CA）。

11.《工业观察家》，《航空周刊与空间技术》，1975 年 6 月 23 日。

12. 吉姆·坎宁安（Jim Cunningham）.《黑堤裂缝：秘密、媒体和F-117A》，《空中力量杂志》，1991年秋季。

13. 中情局情报局（CIA）董事会.《美国隐身计划和技术：苏联对西方媒体的利用》，1988年8月1日（可在https://www.cia.gov/library/readingroom/docs/DOC_0000500640.pdf上查阅），摘自第2页。

14. 新闻发布会记录，1980年8月22日，J.琼斯（J. Jones），《隐身技术：黑魔法的艺术》（蓝岭峰会，宾夕法尼亚州：航空，1989），第3-12页；佩里（Perry）访谈；凡尔纳·奥尔（Verne Orr），《发展战略武器和政治进程：B1-B轰炸机：从绘图板到飞行》（克莱蒙特研究生院博士论文，2005），第100-112页。

15.《机密国防信息的泄露——隐身飞机》，第96届国会第二次会议，众议院军事委员会调查小组委员会的报告（华盛顿特区，1980）。

16. 众议院军事委员会有一些B-1的坚定支持者，这有助于解释反对隐身轰炸机的原因。

17. H.布鲁斯·富兰克林（H. Bruce Franklin）.《战争之星：超级武器和美国的想象力》（纽约：牛津大学出版社，1988）；大卫·E.奈（David E. Nye），《绝妙的美国技术》（马萨诸塞州剑桥：麻省理工学院出版社，1994）。

18. 佩里（Perry）访谈。

19. 琼斯（Jones），隐身技术，第3-12页。

20. V. D.索科洛夫斯基（V. D. Sokolovskii）翻译.《苏联军事战略》。赫伯特·S.丁纳斯坦（Herbert S. Dincrstein），里昂·古雷（Leon Goure），和托马斯·W.沃尔夫（Thomas W. Wolfe），兰德报告R-416-PR（圣莫尼卡，加利福尼亚州，1963）。

21. 如，M.A.加雷耶夫（M. A. Gareyev）上校.《伟大的卫国战争中苏联军事科学的创造性》，沃延诺·伊托里希斯基·朱纳尔（Voyenno-Istoricheskiy Zhurnal）7（1985年7月7日），译本见JPRSUMA-85-060；威廉·奥多姆（William Odom），《苏联军队姿态》，共产主义问题34：4（1985），第1-14页；戴尔·R.赫尔斯普林（Dale R. Herspring），《尼古拉·奥加尔科夫（Nikolay Ogarkov）与苏联军事中的科学–技术革命》，《比较战略》6：1（1987），第29-59页；安德鲁·克雷皮内维奇（Andrew Krepinevich），《军事技术革命：初步评估》，网络评估办公室（1992 年 7 月，可在 www.csbaonline.org 上查阅）；艾略特·A. 科恩（Eliot A. Cohen），《战争中的革命》，《外交事务》，75：2（1996），第 37-54 页；迪马·亚达姆斯基（Dima Adamsky），《军事创新文化：文化因素对俄罗斯、美国和以色列军事革命的影响》（加利福尼亚州斯坦福（Stanford, CA）：斯坦福大学出版社，2010），第 27-31 页；安德鲁·克雷皮尼维奇（Andrew Krepinevich）和巴里·沃茨（Barry Watts），《最后的战士：安德鲁·马歇尔（Andrew Marshall）和现代美国国防战略的形成》（纽约：基础图书出版社，2015），第 194 页。

22. 威廉姆森·默里（Williamson Murray）和麦格雷戈·诺克斯（MacGregor Knox）.《对战争中的革命的思考》，见《军事革命的动力学，1300—2015》，主编：默里（Murray）和诺克斯（Knox）（剑桥，2001），第 2 页；米克尔·纳比·拉斯穆森（Mikkel Nadby Rasmussen），《战争中的风险社会：21 世纪的恐怖、技术和战略》（剑桥（（Cambridge）：剑桥大学出版社，2006），第 45-46 页；阿达姆斯基（Adamsky），《军事创新文化》，第 39-44 页。

23. 朱利安·库珀（Julian Cooper）.《苏联理论中的科学技术革命》，见《技术与共产主义文化：社会主义条件下技术的社会文化影响》，主编：弗雷德里克·J. 弗隆（Frederic J. Fleron）（纽约：普雷格，1977），第 146-179 页；埃里克·P. 霍夫曼（Erik P. Hoffmann），《苏联对'科学技术革命'的看法》，《世界政治》30：4（1978 年 7 月），第 615-644 页。

24. 史蒂文·J. 扎洛加（Steven J. Zaloga）.《克里姆林宫的核剑：俄罗斯战略核力量的兴衰，1945—2000》（华盛顿特区：史密森图书出版社，2002），7。

25. 奥加尔科夫（Ogarkov）摘自莱斯利·盖尔布（Leslie Gelb）的话说.《外交事务：谁赢得了冷战？》《纽约时报》专栏，1992 年 8 月 20 日。

26. 克利福德·G. 盖迪（Clifford G. Gaddy）.《过去的代价：俄罗斯与军事化经济遗产的斗争（华盛顿特区：布鲁金斯学会出版社，1996），第 33-46 页；奥多姆（Odom），《苏联军队姿态》，第 11 页。

27. 盖迪（Gaddy）.《过去的代价》，第 53-54 页。奥加尔科夫（Ogarkov）还因反对入侵阿富汗而激怒了国防部长乌斯蒂诺夫（Ustinov）。

28. 摘自默里（Murray）和诺克斯（Knox）的《关于战争中革命的思考》。

29. 罗恩·罗宾（Ron Robin）.《他们创造的寒冷世界：罗伯塔（Roberta）和阿尔伯特·沃尔斯泰特（Albert Wohlstetter）的战略遗产》（马萨诸塞州剑桥（Cambridge，MA）：哈佛大学出版社，2016），第 4 页。

30. 阿尔伯特·沃尔斯泰特（Albert Wohlstetter）.《国防部新国防政策和新技术两年计划大纲》，1982 年 7 月 11 日（阿尔伯特（Albert）和罗伯塔·沃尔斯泰特（Roberta Wohlstetter）论文，117 号箱，文件夹 20，胡佛研究所档案馆；以下简称沃尔斯泰特（Wohlstetter），［箱］/［文件夹］)。

31. 沃尔斯泰特（Wohlstetter），关于改进技术的说明，1982 年 6—7 月（沃尔斯泰特（Wohlstetter），117/16）。关于阿富汗（《空洞的威胁》）：沃尔斯泰特（Wohlstetter），《对苏联控制的战时挑战笔记》，1982 年 10 月 22 日（沃尔斯泰特（Wohlstetter），117/122）。关于冻结运动：沃尔斯泰特（Wohlstetter）在新替代方案研讨会上的演讲笔记，1982 年 11 月 22—23 日，（沃尔斯泰特（Wohlstetter），86/8）。

32. 沃尔斯泰特（Wohlstetter），关于改进技术的说明；沃尔斯泰特（Wohlstetter），新替代方案研讨会的谈话说明；摘自沃尔斯泰特（Wohlstetter）的《远程研发（L RRD）II 的基本前提》，1986 年 3 月（沃尔斯泰特（Wohlstetter），89/12）。

33. 理查德·布罗迪（Richard Brody）.《改进技术笔记》，1982 年 6 月 9 日沃尔斯泰特（Wohlstetter），117/16）。

34. 国防部核武器局（Defense Nuclear Agency）新替代方案研讨会.《新战略、新技术和不断变化的威胁》，1982 年 11 月 22—23 日（沃尔斯泰特（Wohlstetter），86/5）；国防部核武器局（DNA）新替代方案研讨会议程，1983 年 10 月 25—26 日（沃尔斯泰特（Wohlstetter），87/14）；国防部核武器局（DNA）新替代方案研讨会议程，1984 年 4 月 24—26 日（沃尔斯泰特（Wohlstetter），88/5）；J. J. Martin（J. J. 马丁），关于国防部核武器局（DNA）新替代方案研讨会的备忘录，1985 年 6 月 17 日（沃尔斯泰特（Wohlstetter），88/22）；沃尔施泰特（Wohlstetter）《远程研发（L RRD）II 的基本前提》。

35. J. J. 马丁（J. J. Martin）给阿尔伯特·沃尔斯泰特（Albert Wohlstetter），1986 年 5 月 8 日（沃尔斯泰特（Wohlstetter），89/12）。

36. 罗纳德·里根（Ronald Reagan）总统. 《关于国防和国家安全的全国讲话》，1983 年 3 月 23 日（可在 reaganlibrary.archives.gov/archives/speeches/1983f323 83d.htm 查阅）。

37. 沃尔斯泰特（Wohlstetter）. 《总统问题国防演讲后的思考》，1983 年 3 月 23 日（Wohlstetter，180/7）。

38. 乔治·凯沃斯给弗雷德·伊克尔，1985 年 5 月 16 日，战略防御计划（SDI）合订本，1 号箱，1985 年，罗纳德·里根（Ronald Reagan）总统总统图书馆，加利福尼亚州西米谷（Simi Valley，CA）。

39. 沃尔斯泰特（Wohlstetter）. 《技术转让问题》，1982 年 6 月（Wohlstetter，117/17）。

40. 沃尔斯泰特（Wohlstetter）. 《关于常规战争代价和恐怖的说明》，1983 年 7 月 16 日（Wohlstetter，117/26）。

41. 詹姆斯·法洛斯（James Fallows），《美国的高科技武器》，《大西洋》（1981 年 5 月），第 21 页；詹姆斯·法洛斯（James Fallows），《国防》（纽约：兰登书屋，1981）；玛丽·卡尔多（Mary Kaldor），《巴洛克兵工程》（纽约：希尔 & 王出版社，1981）。另见马克斯·布特（Max Boot），《战争创新约》（纽约：哥谭市图书出版社，2006），第 329 页。

42. 杰佛里·勒科尔（Jeffrey Record）. 《军事改革核心小组》，《华盛顿季刊》6：2（1983 年 6 月），第 125-129 页。

43. 关于伊克尔（Ikle）参与：《建议工业联合会（FCI）［佛雷德·伊克尔（Fred Ikle）］新选用车间（NAW）简介：平衡进攻和防御以加强威慑》，1984 年 4 月 20 日（Wohlstetter，88/6）。

44. 综合长期战略委员会（联席主席弗雷德·C. 伊克尔（Fred C.1kle）和阿尔伯特·沃尔斯泰特（Albert Wohlstetter）），歧视威慑，1988 年 1 月 8 日。另见克雷皮尼维奇（Krepinevich）和瓦茨（Watts），《最后的战士》，第 175-176 页，以及 C. 理查德·纳尔逊（C. Richard Nelson）：《安德鲁·J. 古德帕斯特（Andrew J. Goodpaster）将军的生活与工作》（马里兰州拉纳姆（（Lanham，MD）：罗曼与利特菲尔德出版社，2016），第 267 页。

45. 斯蒂芬·I. 施瓦茨（Stephen 1. Schwartz）. 《原子审计：1940 年以来美国

核武器的成本和后果》（华盛顿特区：布鲁金斯学会出版社，1998）。

46. 沃尔斯泰特（Wohlstetter）.《巴德（Bud）和原子武器/辐射武器（AW/RW）（阿尔伯特（Albert）和罗伯塔·沃尔斯泰特（Roberta Wohlstetter））武器协定的说明》，1984年8月25日（Wohlsteter，118/6）。

第9章　鲸鱼

1. 迈克尔·J. 斯特林（Michael J.Sterling），《苏联对北约（NATO）深度攻击新兴技术的反应》，兰德报告N–2294-AF（1885年12月）；理查德·P. 哈利安（Richard P. Hallion），《伊拉克上空的风暴：空中力量和海湾战争》（华盛顿特区：史密森出版社，1992），第75-82页；罗伯特·R. 汤姆斯（Robert R.Tomes），《美国防御战略从越南到伊拉克自由行动的历史回顾》，《国防和安全分析》28：4（2012），第303–315页。

2. 理查德·H. 范阿塔（Richard H.Van Atta），杰克·纳恩（Jack Nunn）和阿勒西亚·库克（Alethia Cook）.《突击破坏者》，在范阿塔（Van Atta）等人的《转型和过渡：国防部高级研究项目局（DARPA）在培育军事领域新兴革命中的角色》，第2卷，国防分析研究所论文的详细评估，P-3698（弗吉尼亚州亚历山大市（Alexandria，VA）：国防分析研究所，2003年11月），IV：I–IV：第39页。

3. 格伦·A. 肯特（Glenn A.Kent）.《美国国防思考：分析性回忆录》（加利福尼亚州圣塔莫尼卡（Santa Monica）：兰德公司，2008），184–188；约翰·卡申（John Cashen）访谈，2014年4月25日（以下简称卡申（Cashen）2）。

4. 卡申（Cashen）2；伊夫·瓦兰德（Irv Waaland）访谈，2015年10月7日。

5. 卡申（Cashen）对韦斯特威克（Westwick）的评论，2018年10月19日。

6. 卡申（Cashen）2和卡申（Cashen）访谈，2010年12月15日（以下简称卡申（Cashen）1）；瓦兰德（Waaland）访谈，2015年10月7日。

7. 瓦兰德（Waaland）说是10°掠翼（Waaland访谈）；卡申（Cashen）说是15°（卡申（Cashen）2）。

8. 卡申（Cashen）1。

9. 卡申（Cashen）1。

10. 阿尔伯特·C. 皮奇里洛（Albert C. Piccirillo），《克拉克 Y 翼型：历史回顾》，2000 年 10 月 10—12 日提交给世界航空会议的论文（美国汽车工程师协会（SAE）/ 美国航空航天工业协会（AIAA）论文 2000-01-5517）。

11. 瓦兰德（Waaland）访谈；卡申（Cashen）1。

12. 瓦兰德（Waaland）访谈；卡申（Cashen）1。

13. 肯尼斯·米茨纳（Kenneth Mitzner）访谈，2016 年 1 月 25 日。

14. 瓦兰德（Waaland）访谈；卡申（Cashen）1。

15. 卡申（Cashen）1 和 2；米茨纳（Mitzner）访谈。

16. 瓦兰德（Waaland）访谈；卡申（Cashen）2。

17. 伊夫·瓦兰德（Irv Waaland）访谈沃尔克·詹森（Volker Janssen），2010 年 11 月 10 日；卡申（Cashen）2。

18. 理查德·舍勒（Richard Scherrer）致大卫·阿伦斯坦（David Aronstein），1998 年 7 月 17 日（舍勒（Scherrer）个人档案）。

19. 舍勒（Scherrer）转给阿伦斯坦（Aronstein）。

20. 詹森（Janssen）瓦兰德（Waaland）访谈；瓦兰德（Waaland）访谈；卡申（Cashen）2。卡申（Cashen）和瓦兰德（Waaland）的说法在几个细节上不同。卡申（Cashen）特别回忆说，国防部预先研究计划局（DARPA）的经理们特别建议诺斯罗普公司尝试飞行机翼；瓦兰德（Waaland）不记得国防部预先研究计划局（DARPA）曾建议过具体的设计，但他说，很明显，只有飞行机翼才能达到国防部预先研究计划局（DARPA）的目标雷达截面积大小。

21. 哈尔·曼宁格（Hal Maning）访谈，2017 年 9 月 28 日。

22. 史蒂文·R. 史密斯（Steven R.Smith）访谈沃尔克·詹森（Volker Janssen），2011 年 2 月 21 日。关于洛克希德在伊朗：艾尔·斯泰西（Al Stacey）访谈，2012 年 6 月 4 日。

23. 卡申（Cashen）2。

24. 有关飞机工业的蓝图：福雷斯特·麦克唐纳（Forrest MacDonald）访谈，2012 年 2 月 2 日；詹森（Janssen）瓦兰德（Waaland）访谈。

25. 詹森（Janssen）瓦兰德（Waaland）访谈；瓦兰德（Waaland）访谈；米茨纳（Mitzner）访谈；卡申（Cashen）2。

26. 詹森（Janssen）瓦兰德（Waaland）访谈；瓦兰德（Waaland）访谈；卡申（Cashen）2。

27. 卡申（Cashen）2。

28. 史密斯（Smith）访谈。

29. 罗伯特·E. 伍尔夫（Robert E.Wulf）.《隐身先锋》。约翰·格里芬（John Griffin）（北卡罗来纳州莫里斯维尔：露露：com，2017），第346页。

30. 辛达·托马斯（Cynda Thomas）和维尔威特·托马斯（Velvet Thomas），《地狱之旅》（布鲁明顿：i 宇宙出版社，2008），第141–143页。

31. 卡申（Cashen）2。

32. 托马斯和托马斯.《地狱之旅》，第3–5，94–114页。

33. 卡申（Cashen）2。

34. 托马斯及其《地狱之旅》，第147–148页。

第 10 章　多面体与曲线：B–2 竞赛

1. 理查德·斯莫克（Richard Smoke）.《国家安全与核困境》，第3版。（纽约：兰登出版社，1993），第207–215页；唐纳德·麦肯齐（Donald MacKenzie），《发明的准确性：核导弹制导的历史社会学"（马萨诸塞州剑桥（Cambridge，MA）：麻省理工学院出版社，1993），第225–229页。

2. 唐纳德·C. 丹尼尔（Donald C. Daniel）.《战略反潜作战（ASW）的未来：喷气推进试验室》，海军战争学院技术报告11–90（国际利桑那州纽波特（Newport，RI），1990年8月1日），第16页。关于蓝绿色激光和戈尔什科夫（Gorshkov）：埃德·弗里曼（Ed Frieman）访谈，2007年11月28日；关于合成孔径雷达（SAR）：彼得·J. 韦斯特威克（Peter J. Westwick），《走进黑色：喷气推进试验室与美国太空计划》（康涅狄格州纽黑文（New Haven，CT）：耶鲁大学出版社，2007），第97页。

3. 肯尼斯·P. 韦雷尔（Kenneth P.Werrell），《巡航导弹的演变》，航空大学，麦克斯韦尔空军基地，1985年9月（可在 www.dtic.mil/dtic/tr/fulltex/u2/ai62646.pdf）上查阅，第136–139，156–164页。

4. 尼克·科茨（Nick Kotz）.《蓝色原野：金钱、政治和 B-1 轰炸机》（纽约：万神殿（Pantheon）图书公司，1988），第 153、161-168 页；凡尔纳·奥尔（Verne Orr），《发展战略武器和政治进程：B1-B 轰炸机：从绘图板到飞行》（克莱蒙特研究生院（Clremont Graduate University），2005）博士学位论文，第 100-1 页 2；哈罗德·布朗（Harold Brown）在 J. 琼斯（J.Jones）新闻发布会上的文字记录，《隐身技术：黑魔法的艺术》。卡特（Carter）的国家安全顾问兹比格涅夫·布热津斯基（Zbigniew Brzezinski）后来声称，在 B-1 决定的前几周，他访问了 51 区，看到了"海弗蓝"，然后走了：本·R. 里奇（Ben R.Rich）和利奥·亚诺斯（Leo Janos），《"臭鼬工厂"：洛克希德岁月的个人回忆录》（纽约：李特尔·布朗出版社，1994），第 64-66，314 页。关于秘密行动在 B-1 决定中的作用：威廉·佩里（William Perry）电话访谈，2018 年 10 月 17 日；保罗·卡明斯基（Paul Kaminski）访谈，2017 年 9 月 20 日。

5. 克雷格·科瓦特（Craig Covault）.《先进轰炸机，定义中的导弹》，《航空周刊与空间技术》，1979 年 1 月 29 日，第 113-121 页。

6. 比尔·斯威特曼（Bill Sweetman）.《隐身轰炸机内幕》（威斯康星州奥西奥拉（Osceola, WI）：天顶出版社 1999），第 14-16 页。

7. 艾伦·布朗（Alan Brown）访谈，2010 年 11 月 15 日。

8. 理查德·舍勒（Richard Scherrer）给大卫·阿伦斯坦（David Aronstein），1998 年 7 月 17 日（Scherrer（舍勒）个人档案）。

9. 丹尼斯·奥弗霍尔泽（Denys Overholser）电话访谈，2018 年 3 月 9 日；布朗（Brown）访谈；另见卡明斯基（Kaminski）访谈。

10. 约翰·卡申（John Cashen）访谈，2014 年 4 月 25 日（以下简称 Cashen 2）；伊夫·瓦兰德（Irv Waaland）访谈沃尔克·詹森（Volker Janssen），2010 年 11 月 10 日。

11. 卡申（Cashen）2；Waaland（瓦兰德（Waaland））与詹森（Janssen）的访谈，2010 年 11 月 10 日。卡申（Cashen）回忆起大卫·琼斯（David Jones）将军告诉汤姆·琼斯（Tom Jones）去打球；瓦兰德（Waaland）记得那是托马斯·斯塔福德（Thomas Stafford）将军。

12. 关于大城（Oshiro）对"沉默之蓝"驾驶舱的洞察力的起源：丽贝卡·格

兰特（Rebecca Grant），《B-2：创新之魂，诺斯罗普–格鲁门航空系统公司报告 NGAS13-0405》（2013，可在 www.northropgrumman.com/Capabilities/B2SpiritBomber/Documents/pageDocuments/B-2-Spirit-of-Innovation.pdf）获得，第 19 页。

13. 卡申（Cashen）2。

14. 理查德·舍勒（Richard Scherrer）到韦斯特威克（Westwick），2015 年 11 月 24 日；舍勒（Scherrer）到阿伦斯坦（Aronstein）。

15. 瓦兰德（Waaland）访谈。

16. 舍勒（Scherrer）给韦斯特威克（Westwick）；舍勒（Scherrer）给阿伦斯坦（Aronstein）；瓦兰德（Waaland）访谈。

17. I. T. 瓦兰德（I. T. Waaland）.《飞机设计师生活中的技术》，1991 年莱特兄弟（Wright Brothers）讲座，美国航空航天工业协会（AIAA）飞机设计和操作会议，1991 年 9 月 23 日，马里兰州巴尔的摩（Baltimore，MD），第 12 页；另见《低可观测轰炸机研究》，1979 年，在约翰·M. 格里芬（John M.Griffin）和詹姆斯·E. 基努（Iames E. Kinnu）的 B-2 系统工程案例研究，空军系统工程中心，莱特–帕特森空军基地（2007）中转载为附录 4。

18. 格兰特（Grant）.《B-2》，第 27-28 页；瓦兰德（Waaland）访谈詹森（Janssen），2010 年 11 月 10 日；瓦兰德（Waaland）访谈。

19. 瓦兰德（Waaland）访谈詹森（Janssen），2010 年 11 月 10 日；詹森（Janssen）访谈詹姆斯·基努（"掩护马"），2011 年 2 月 22 日。射程和频率雷达截面积（RCS）见格里芬（Griffin）和基努（Kinnu）《B-2 系统工程案例研究》的《低观测性轰炸机研究》中。

20. 瓦兰德（Waaland）访谈（"保险单"）。

21. 里奇（Rich）和亚诺斯（Janos），"臭鼬工厂"，第 308-309 页。

22. 凯瑟琳·戴（Kathleen Day），《麦克唐纳（McDonnell）以 5000 万美元了结诺斯罗普公司的诉讼》，《洛杉矶时报》，1985 年 4 月 9 日；基努（Kinnu）访谈。

23. 詹森（Janssen）访谈瓦兰德（Waaland），2010 年 11 月 10 日；卡申（Cashen）2；基努（Kinnu）访谈。琼斯（Jones）和威尔逊（Jones）摘录了瓦兰德（Waaland）和卡申（Cashen）的采访记录，虽然不完全相同，但有类似的版本。

24. 基努（Kinnu）访谈。

25. 里奇（Rich）和亚诺斯（Janos）合著 .《臭鼬工厂》，第 304-305 页。诺斯罗普的参赛工程后来被称为高级 CJ（Connie Jo Kelly 的首字母简写），以纪念空军低观察办公室的专职秘书康妮·乔·凯利（Connie Jo Kelly）。里克·阿特金森（Rick Atkinson），《隐身：从 18in 模型到 700 亿美元的混乱》，《华盛顿邮报》，1989 年 10 月 8 日。

26. 基努（Kinnu）访谈；卡申（Cashen）2.。

27. 基努（Kinnu）访谈。

28. 斯蒂芬·约翰逊（Stephen Johnson）.《阿波罗的秘密：美国和欧洲太空计划中的系统管理》（巴尔的摩（Baltimore）：约翰斯·霍普金斯大学出版社，2002）；韦斯特威克（Westwick），《走进黑暗》。

29. "驾驶员"一词出现在 2010 年 11 月 15 日"瓦兰德（Waaland）与詹森（Janssen）访谈"和 2017 年 9 月 28 日的哈尔·曼宁格（Hal Maninger）访谈中。

30. 基努（Kinnu）访谈。

31. D. 肯尼思·理查森（D. Kenneth Richardson）.《霍华德（Howard）之后的休斯（Hughes）休斯飞机公司的故事》（加利福尼亚州圣芭芭拉（Santa Barbara），2012），第 365-366 页。这个故事的另一个版本是猫头鹰事件发生在帕姆代尔（Palmdale）以东的格雷·巴特（Gray Butte）雷达探测距离。在《隐身先锋》中，詹姆斯（James）坚持，《格雷·巴特的羽毛破坏者》，主编：约翰·格里芬（John Griffin）（北卡罗来纳州莫里斯维尔（Morrisville，NC）：Lulu.com，2017），第 352-354 页。

32. 卡申（Cashen）2；基努（Kinnu）访谈。

33. 科茨（Kotz）.《蓝色原野》，205-209；奥尔（Orr），《发展战略武器与政治进程》，第 112 页。

34. 汤姆·琼斯（Tom Jones）访谈，2010 年 2 月 16 日；《华盛顿综述》，《航空周刊与空间技术》，1981 年 10 月 12 日，17 日；《诺斯罗普赢得隐身轰炸机合同》，《纽约时报》，1981 年 10 月 17 日；斯威特曼（Sweetman），《隐身轰炸机内幕》，第 31 页。

35. 里奇（Rich）和亚诺斯（Janos）.《"臭鼬工厂"》，第 304-312 页。

36. 卡明斯基（Kaminski）访谈。

37. 洛克希德靶场见里奇（Rich）和亚诺斯（Janos）.《臭鼬工厂》，第 305 页；诺斯罗普靶场见格里芬（Griffin）和基努（Kinnu）合著的《低可见度轰炸机研究》。

38. 基努（Kinnu）访谈；格兰特（Grant），《B–2》，第 41 页；阿特金森（Atkinson），《隐身》。

39.《F–117A 性价比和合同历史》，未注明发表日期。（本·里奇（Ben Rich）论文集，2 号箱，文件夹 10，亨廷顿图书馆）；里奇（Rich）和亚诺斯（Janos），《"臭鼬工厂"》，第 70 页；大卫·J. 林奇（David J.Lynch），《臭鼬是如何工作的》，《空军杂志》，1992 年 11 月，第 22–28 页。F–117 的第一次谈判成本是 3.5 亿美元；这一成本后来被重新谈判了几次。《F–117A 性价比》；另见大卫·C. 阿隆斯坦（David C. Aronstein）和阿尔伯特·C. 皮奇里洛（Albert C. Piccirillo），《"海弗蓝"和 F–117A：隐身战斗机的演变》（弗吉尼亚州莱斯顿（Reston，VA），1997），第 60，66 页。

40. 瓦兰德（Waaland）访谈詹森（Janssen），2010 年 11 月 10 日。瓦兰德（Waaland）德给出的翼展为 172.5ft，但诺斯罗普为两架飞机绘制的图样显示翼展为 172ft。对托尼·崇（Tony Chong）的更正表示感谢。

41. 韦尔科·加西奇（Welko Gasich）访谈（摘录），2010 年 10 月 28 日；詹森（Janssen）对瓦兰德（Waaland）访谈，2010 年 11 月 15 日。托尼·崇（Tony Chong），《飞行翼与激进之物》（明尼苏达州森林湖（Forest Lake，MN）：专刊，2016），第 262 页，援引诺斯罗普的话："现在我知道为什么上帝让我活了这么多年了"，这与瓦兰德（Waaland）的回忆大致相同。

第 11 章　制造 B–2

1. 詹姆斯·基努（James Kinnu）接受沃尔克·詹森（Volker Janssen）访谈，2011 年 2 月 22 日。

2. 基努（Kinnu）访谈。

3. 基于保罗·卡明斯基（Paul Kaminski）访谈的红队的前期讨论，2017 年 9

月 20 日。

4.《低可探测性轰炸机研究》，1979 年，作为附录 4 转载于约翰·M.格里芬（John M. Griffin）和詹姆斯·E.基努（James E. Kinnu）合著的，《B-2 系统工程案例研究，空军系统工程中心，莱特 – 帕特森空军基地》（2007）。

5. 基努（Kinnu）访谈（摘录）；沃尔克·詹森（Volker Janssen）与伊夫·瓦兰德（Irv Waaland）访谈，2010 年 11 月 15 日；约翰·卡申（John Cashen）访谈，2014 年 4 月 25 日（以下简称 Cashen 2）。

6. 格里芬（Griffin）和基努（Kinnu），《B-2 系统工程》，第 40 页；基努（Kinnu）访谈。关于波音的竞选活动：卡申（Cashen）2；《隐身先锋》中的巴德·贝克（Bud Baker），主编：约翰·格里芬（John Griffin）（北卡罗来纳州莫里斯维尔（Morrisville, NC）：Lulu.com，2017），第 76 页。

7. 基努（Kinnu）访谈；詹森（Janssen）对瓦兰德（Waaland）访谈，2010 年 11 月 15 日；瓦兰德（Waaland）访谈，2015 年 10 月 7 日。

8. 丽贝卡·格兰特（Rebecca Grant）.《B-2：创新之魂，诺斯罗普·格鲁曼航空系统公司报告 NGAS 13-0405》（2013，可在 www.northropgrumman.com/Capabilities/B2SpiritBomber/Documents/pageDocuments/B-2-Spirit-of-Innovation.pdf）上查阅，第 59 页。

9. 卡申（Cashen）2。

10. 卡申（Cashen）2。

11. K.M. 米茨纳（K. M. Mitzner）.《增量长度绕射系数，莱特 – 帕特森空军基地空军航空电子试验室报告 afal-TR-73-296》，1974 年 4 月；肯·米茨纳（Ken Mitzner）访谈，2016 年 1 月 25 日；卡申（Cashen）2。

12. 米茨纳（Mitzner）访谈；卡申（Cashen）2。

13. 卡申（Cashen）2。

14. 米茨纳（Mitzner）访谈。

15. 比尔·斯威特曼（Bill Sweetman）.《隐身轰炸机内幕》（威斯康星州奥西奥拉（Osceola, WI）：天顶出版社，1999），第 53 页；米茨纳（Mitzner）访谈；关于优先事项和低空声学：自卡申（Cashen）访谈，2010 年 12 月 15 日（以下简称卡申（Cashen）1）。

16. 格兰特（Grant）.《B-2》，第60页；关于优先事项：格里芬（Griffin）和基努（Kinnu）所著，《B-2系统工程，11（关于优先事项）》，第I5n5页（原文如此）（关于更名为B-2）。

17. 马克·吐温（Mark Twain）.《傻瓜威尔逊》和《那些非凡的双胞胎》（纽约，1894），第14页。

18. 詹森（Janssen）瓦兰德（Waaland）访谈；卡申（Cashen）2.。

19. 韦恩·金（Wayne King）.《一名被控从事间谍活动的联邦调查局成员（FBI），在宣誓书中说》《纽约时报》，1981年6月30日；菲利普·M.博菲（Philip M.Boffey），《俄罗斯人到底得到了什么？》《纽约时报》，1982年10月5日；拉尔夫·瓦塔贝迪安（Ralph Vartabedian），《隐身工作名副其实》，《洛杉矶时报》，1987年5月26日。另一名在B-2上工作的诺斯罗普工程师后来被捕，并被判向中国出售隐身机密的指控成立：卡申（Cashen）；美国司法部新闻稿，《夏威夷男子因向中华人民共和国提供国防信息和服务而被判处32年监禁》，2011年1月25日（可查阅www.justice.gov/opafpr/hawaii-man-sentenced-32-years-prison-providing-defense-information-and-services-people-s.）。

20. 尼克·科茨（Nick Kotz）.《蓝色原野：金钱、政治和B-1轰炸机》（纽约：万神殿出版社，1988），第231页。

21. 卡明斯基（Kaminski）访谈。

22. 里克·阿特金森（Rick Atkinson）.《揭开隐身的‘黑色世界’》，《华盛顿邮报》，1989年10月9日。

23. 蒂姆·韦纳（Tim Weiner）.《空头支票：五角大楼的黑色预算》（纽约：大中央出版社，1990），第94页。

24. 韦纳（Weiner）.《空头支票》，第94-96页；众议院工作人员安东尼·巴蒂斯塔（Anthony Battista）在阿特金森（Atkinson）的《揭开隐身的黑色世界》。

25. 韦纳（Weiner）.《空头支票》，第94-96页。

26. 格里芬（Griffin）和基努（Kinnu）.《B-2系统工程》，第39页；基努（Kinnu）访谈。

27. 基努（Kinnu）访谈；格兰特（Grant），《B-2》，第66-67页；阿特金森（Atkinson），《土崩瓦解》。

28. 瓦塔贝迪安（Vartabedian），《名副其实的隐身工作》。

29. 斯威特曼（Sweetman）.《隐身轰炸机内幕》，第 47–48 页。

30. 格里芬（Griffin）和基努（Kinnu）.《B–2 系统工程》，第 26 页；格兰特（Grant），《B–2》第 45 页；拉尔夫·瓦塔贝迪安（Ralph Vartabedian），《诺斯罗普实际上在全力拯救 B–2》，《洛杉矶时报》，1990 年 6 月 20 日；理查德·M. 斯科菲尔德（Richard M. Scofield）和约翰·M. 格里芬（John M. Griffin），《B–2 幽灵轰炸机》，格里芬（Griffin），《隐身先锋》，第 60 页。

31. 卡申（Cashen）1 和 2；瓦兰德（Waaland）访谈詹森（Janssen），2010 年 11 月 10 日。

32. 拉尔夫·瓦塔贝迪安（Ralph Vartabedian）.《诺斯罗普建造 250 英亩的沙漠综合体》，《洛杉矶时报》，1984 年 5 月 9 日；来自斯科菲尔德（Scofield）和格里芬（Griffin）的 4 万名工人的统计数据，《B–2 幽灵轰炸机》，第 54–55 页。

33. 格里芬（Griffin）和基努（Kinnu）.《B–2 系统工程》，第 9–10 页；瓦塔贝迪安（Vartabedian），《诺斯罗普实际上在全力拯救 B–2》；克里斯·科克伦（Chris Cochran），加州航空航天工业，经济研究办公室，加州商务部，1988 年 8 月。

34. 科克伦（Cochran）.《航空航天工业》；菲利普·斯克兰顿（Philip Scranton），《蓝天大都会：南加州的航空航天世纪》后记，主编：彼得·J·韦斯特威克（Peter J. Westwick）（伯克利：加州大学出版社，2012），第 279 页。洛杉矶的航空航天工作人员的实际数量根据人们如何定义航空航天而变化很大——特别是其中是否包括电子、测量和控制设备以及其他相关的 SIC（标准行业分类）类别。因此，1988 年，商务部统计的南加州航空航天就业人数为 257000 人；航空航天工业协会称有 451000 人；加利福尼亚州统计为 754000 人。科克伦（Cochran），《航空航天工业》，第 203 页。

35. 拉尔夫·瓦塔贝迪安（Ralph Vartabedian）.《两个意志坚强的对手在 MX 上一决高下》，《洛杉矶时报》，1987 年 7 月 19 日。

36. 勒·莱克曼访谈（Les Lackman），2017 年 9 月 7 日。

37. 基努（Kinnu）访谈；格里芬（Griffin）和基努（Kinnu）合著的《B–2 系

统工程》里的原始时间表，第 26 页。

38. 韦纳（Weiner）.《空头支票》，第 98-99 页；拉尔夫·瓦塔贝迪安（Ralph Vartabedian），《诺斯罗普的隐身角色正在审查中》，《洛杉矶时报》，1987 年 7 月 8 日。

39. 格兰特（Grant）.《B-2》，第 73，77 页。

40. 韦纳（Weiner）.《空头支票》，第 76，94-96 页。

41. 瓦塔贝迪安（Vartabedian）.《诺斯罗普的隐身角色正在审查中》；迈克尔·D. 里奇（Michael D. Rich），《我们何时应该开始加快生产 B-2？》，包含在 1992 年和 1993 财政年度《国防授权法案》，第 1056 号修正案中的声明，1991 年 8 月 2 日（可在 fas.orgfnuke/guide/usa/bomber/9io8o2-2-cr.htm 上查阅）；迈克尔·里奇（Michael Rich），在美国空军国家博物馆隐身先锋团聚会上的谈话，2017 年 9 月 29 日）（感谢迈克尔·里奇（Michael Rich）提供他的评论的副本）。（请参阅瓦塔贝迪安（Vartabedian），《诺斯罗普的隐身角色正在审查中》；迈克尔·里奇（Michael Rich），《我们何时应该开始加快生产 B-2？》，声明包括在 1992 年和 1993 财年的《国防授权法案》，第 1056 号修正案，1991 年 8 月 2 日）。

42. 拉尔夫·瓦塔贝迪安（Ralph Vartabedian）.《动荡中的诺斯罗普公司》，《洛杉矶时报》，1987 年 12 月 20 日；瓦塔贝迪安（Vartabedian），《诺斯罗普将隐身轰炸机的首次飞行推迟 4 个月》，《洛杉矶时报》，1988 年 1 月 5 日；里克·阿特金森（Rick Atkinson），《隐身共识是如何瓦解的》，《华盛顿邮报》，1989 年 10 月 10 日。

43. 瓦塔贝迪安（Vartabedian）.《动荡中的诺斯罗普》；拉尔夫·瓦塔贝迪安（Ralph Vartabedian），《诺斯罗普官方术语为'无稽之谈'的 MX 导弹缺陷指控》，《洛杉矶时报》，1987 年 6 月 19 日；瓦塔贝迪安（Vartabedian），《诺斯罗普被控欺诈，国防工作中的阴谋》，洛杉矶时报，1989 年 4 月 12 日。关于员工的竞争：肯特·克雷萨访谈，2018 年 12 月 7 日。

44. 比尔·辛（Bill Sing）和乔纳森·彼得森（Jonathon Peterson）.《诺斯罗普的琼斯即将退休》，《洛杉矶时报》，1989 年 4 月 21 日；阿特金森（Atkinson），《隐身共识是如何瓦解的》；乔治·怀特（George White），《帮助打造诺斯罗普的马弗里克（Maverick）离职》，洛杉矶时报，1990 年 9 月 20 日。

45. 瓦塔贝迪安（Vartabedian）.《隐身轰炸机在欢呼声中亮相》，《洛杉矶时报》，1988 年 11 月 23 日；韦纳（Weiner），《空头支票》，第 73–74 页。

46. 比尔·斯威特曼（Bill Sweetman）.《1988：B–2 隐身揭开面纱》，《航空周刊与空间技术》，2013 年 12 月 7 日。

47. 唐·奥伯多夫（Don Oberdorfer）.《转向：从冷战到新时代：美国和苏联，1983–1990》（纽约：波塞冬出版社，1991），第 23，299 页。

48. 瓦兰德（Waaland）访谈。

49. 斯科菲尔德（Scofield）和格里芬（Griffin）.《B–2 幽灵轰炸机》，第 62–63 页；罗伯特·E.伍尔夫（Robert E. Wulf）在格里芬（Griffin），《隐身先锋》，第 347 页。

50. 拉尔夫·瓦塔贝迪安（Ralph Vartabedian），《第一次飞行制造了'与蝙蝠侠电影一样多的炒作'》，《洛杉矶时报》，1989 年 7 月 15 日；瓦塔贝迪安（Vartabedian），《燃料系统故障迫使 B–2 试飞报废》，《洛杉矶时报》，1989 年 7 月 16 日；瓦塔贝迪安（Vartabedian），《隐身轰炸机首次飞行》，《洛杉矶时报》，1989 年 7 月 18 日；布鲁斯·范·沃斯特（Bruce Van Voorst），《隐身之翼》，《时代》，1989 年 7 月 31 日；格兰特（Grant），《B–2》，第 81–82 页；约翰格里芬（John Griffin）《隐身先锋》里的《吻我的'什么'？》，第 365 页。

第 12 章　从隐姓埋名到名扬天下

1. 理查德·P.哈利安（Richard P.Hallion）.《伊拉克上空的风暴：空中力量与海湾战争》（华盛顿特区：史密森尼图书公司 1992），128，166–76；安妮·雅各布森（Annie Jacobsen），《五角大楼的大脑：国防部高级研究项目局（DARPA）的未经审查的历史》，美国最高机密军事研究局（纽约：李特尔·布朗出版社。2015），第 271–272 页。

2. 哈利安（Hallion）.《伊拉克风暴》，第 174，177 页。

3. 查尔斯·W.麦克阿瑟（Charles W.McArthur）的轰炸准确性，第二次世界大战中美国陆军第八空军的作战分析（罗得岛州普罗维登斯（Providence，RI）：

美国数学学会，1990），第 112-115 页；1943 年出动架次的 5% 的自然流失率，选自马克·K. 威尔斯（Mark K.Wells）：《勇气与空战：第二次世界大战中盟军空勤人员的经历》（伦敦：弗兰克·卡斯和公司（Frank Cass & Co.），1995），第 101 页。

4. 哈利安.《伊拉克上空的风暴》，192，249；保罗·卡明斯基访谈，2017 年 9 月 20 日。

5. 参见爱德·P. 鲍德温（Edward P. Baldw）论文中的证言，1 号箱，F-117 文件夹（乌德瓦 – 哈兹（Udvar-Hazy）中心，国家航空航天博物馆）。

6. 安妮·莱博维茨（Annie Leibovitz）和苏珊·梅坎代蒂（Susan Mercandetti）.《名利场 1991 年的名人堂》，《名利场》54：12（1991 年 12 月），第 181 页，201 页。

7. 拉尔夫·瓦塔贝迪安（Ralph Vartabedian）.《诺斯罗普实际上在全力拯救 B-2》，《洛杉矶时报》，1990 年 6 月 20 日；蒂姆·韦纳（Tim Weiner），《空头支票：五角大楼的黑色预算》（纽约：大中央出版公司，1990），第 106-107 页；查德·加兰（Chad Garland），《25 年前 B-2 隐身轰炸机的处女航》，《洛杉矶时报》，2014 年 7 月 17 日。

8. 布鲁斯·范·沃斯特（Bruce Van Voorst）.《隐身之翼》，《时代》杂志，1989 年 7 月 31 日。

9. 总会计师事务所.《B-2 轰炸机：成本和业务问题，GAOfNSIAD-97-181》，1997 年 8 月。

10. 约翰·M. 格里芬（John M. Griffin）和詹姆斯·E. 基努（James E. Kinnu）.《B-2 系统工程案例研究，赖特 – 帕特森空军基地空军系统工程中心（2007）》，第 12 页；理查德·M. 斯科菲尔德（Richard M. Scofield）和约翰·M. 格里芬（John M. Griffin），《B-2 幽灵轰炸机》，《隐身先锋》，主编：约翰·格里芬（John Griffin）（北卡罗来纳州莫里斯维尔（Morrisville, NC）：Lulu.com，2017），第 63 页。关于在塞尔维亚被击落的 F-117 战机：见比尔·斯威特曼（Bill Sweetman）的《非常规武器》，《航空航天杂志》，2008 年 1 月。

11. 本·里奇（Ben Rich）.《高级毕业舞会》，1992 年 9 月 9 日（本·里奇（Ben Rich）论文集，亨廷顿图书馆，3 号箱，文件夹 5）；卡申（Cashen）2；布拉德利·格雷厄姆（Bradley Graham），《39 亿美元的导弹项目打了水漂》，《华盛顿邮报》，1995 年 4 月 3 日。

12. 艾伦·布朗（Alan Brown）给韦斯特威克（Westwick）的电子邮件，2018年 9 月 29 日。

13. 詹姆斯·P. 史蒂文森（James P.Stevenson）.《50 亿美元的误区：海军A–12 隐身轰炸机计划的崩溃》（马里兰州安纳波利斯（Annapolis，MD）：海军学院出版社，2001 年）。

14. 谢尔曼·N. 穆林（Sherman N.Mullin），赢得先进技术战斗机（ATF），米切尔（Mitchell）论文 9 号，米切尔（Mitchell）研究所出版社（Mitchell institute Press，2012）。第一轮的 7 个竞争者：波音公司、通用动力公司、格鲁门公司、洛克希德公司、麦克唐奈 – 道格拉斯公司、诺斯罗普公司和北美 – 罗克韦尔公司。

15. 谢尔曼·穆林在格里芬（Griffin）.《隐身先锋》，第 251 页。

16. 拉尔夫·瓦塔贝迪安（Ralph Vartabedian），W. J. Hennigan 和 Samantha Masunaga.《绝密沙漠组装厂开始加紧制造诺斯罗普的 B–21 轰炸机》，《洛杉矶时报》，2017 年 11 月 10 日。

17. 大卫·富尔格姆（David Fulghum）和比尔·斯威特曼（Bill Sweetman）.《阿富汗上空的秘密行动》，《航空周刊与空间技术》，2009 年 12 月 14 日；艾米·巴特勒（Amy Butler）和比尔·斯威特曼（Bill Sweetman），《秘密新型无人机展示隐身，效率进步》，《航空周刊与空间技术》，2013 年 12 月 6 日；扎克·罗森伯格（Zach Rosenberg），《揭开面纱：51 区最大、最隐蔽的间谍无人机》，《外交政策》，2013 年 12 月 6 日。

18. 肖恩·D. 内勒（Sean D.Nayler）.《任务直升机是秘密隐身黑鹰》，《陆军时报》，2011 年 5 月 4 日；大卫·阿克斯（David Axe），《航空极客争相识别本·拉登突袭的神秘直升机》，连线杂志，2011 年 5 月 4 日；埃德·达拉克（Ed Darack），《跟踪本·拉登的无人机》，《航空航天杂志》，2016 年 4 月。

19. 比尔·斯威特曼（Bill Sweetman）.《隐身与匕首：隐身与反隐身的发展》，《航空周刊与空间技术》，2015 年 9 月 14–27 日；托马斯·格罗夫（Thomas Grove），《新铁幕》，《华尔街日报》，2019 年 1 月 23 日。

20. 罗伯特·肖尼（Robert F. Schoeni），迈克尔·达迪亚（Michael Dardia），Kevin F. McCarthy（凯文·F. 麦卡锡），和乔治·韦尔内斯（Georges Vernez）.《削

减后的日子：追踪加州的航空航天工人》，《兰德报告 MR–688–OSD》（加利福尼亚州圣塔莫尼卡（Santa Monica CA），1996），第 12–13 期，第 8–9 页。

21. 威廉·J. 佩里（William J.Perry）.《我在核边缘的旅程》（Stanford，CA: Stanford University Press，2015），第 83–84 页；约翰·明茨（John Mintz），《一顿晚餐如何导致进食狂热》，《华盛顿邮报》，1997 年 7 月 4 日；莱斯利·韦恩（Leslie Wayne），《不断缩小的军事综合体》，《纽约时报》，1998 年 2 月 27 日。

22. 约翰·卡申（John Cashen）访谈，2010 年 12 月 15 日（以下简称卡申（Cashen）1）。

23. 约翰·明茨（John Mintz）.《皈依是洗礼吗？》《华盛顿邮报》，1993 年 6 月 27 日。

24. 哈尔马宁格访谈（Hal Maninger），2017 年 9 月 28 日。

25. 拉尔夫·瓦塔贝迪安（Ralph Vartabedian）.《美国反对洛克希德与诺斯罗普合并》，《洛杉矶时报》，1998 年 3 月 10 日；托尼·崇（Tony Chong），《飞翼与激进》（明尼苏达州森林湖（Forest Lake，MN），专业出版社，2016），第 214 页。

26. 拉尔夫·瓦塔贝迪安（Ralph Vartabedian）.《工作压力赶上航空业的'隐身博士'》，《洛杉矶时报》，1993 年 2 月 26 日。

27. 美国专利号 5250，950（1993 年 10 月 5 日）。

28. 美国专利号 D314366（1991 年 2 月 5 日）；·瓦兰德（Irv Waaland）访谈，2015 年 10 月 7 日；卡申（Cashen）访谈，2014 年 4 月 25 日。

29. 卡申（Cashen）1（《你不会相信》）；艾伦·布朗（Alan Brown）访谈（《敌人正在使用我的东西》），2010 年 11 月 15 日；肯·米茨纳（Ken Mitzner）访谈，2016 年 1 月 25 日。

30. 彼得·乌菲姆采夫（Pyotr Ufimtsev）访谈，2016 年 10 月 12 日。

结论　隐身的秘密

1. 马尔科姆·布朗（Malcolm Browne）.《两位相互竞争的设计师引领了隐身战机的发展》，《纽约时报》，1991 年 5 月 14 日。

2. 参见，例如，约书亚·沃尔夫·申克 .《二人的力量：寻找二人非凡创新的本质》（纽约：水手图书出版社，2014）。

3. 罗伯特·C.麦克法兰（Robert C. McFarlan）和佐菲亚·斯马兹（Zofia Smardz）合著的《特别信托》（New York：Cadell&Davies，1994）；彼得·施韦泽（Peter Schweizer），《胜利：加速苏联解体的里根政府的秘密战略》（纽约：大西洋月刊出版社，1994）；米拉·杜里克（Mira Duric），《战略防御计划：美国政策与苏联》（英国奥尔德肖特（Aldershot，UK）：阿什盖特出版公司，2003）。另见亨德里克·赫茨伯格（Hendrik Hertzberg）的《激光秀》，《纽约客》，2000年5月15日；彼得·J.韦斯特威克（Peter J.Westwick）的《'太空打击武器'和苏联对战略防御计划（SDI）的反应》，《外交史》32：5（2008年11月），第955–979页。

4. 米克尔·纳比·拉斯穆森（Mikkel Nadby Rasmussen）.《战争中的风险社会：21世纪的恐怖、技术和战略》（纽约：剑桥大学出版社，2006），第46n6页（原文如此）。

5. 诺埃尔·E.弗斯（Noel E. Firth）和詹姆斯·H.诺伦（James H.Noren）.《苏联国防开支：中央情报局估算历史，1950—1990》（大学城：得克萨斯农工大学出版社，1998），第108–109页。百分之八的增长是从1985年开始的。

6. 认为20世纪70年代是关键10年的人包括爱德华·伯科维茨（Edward Berkowitz）.《发生了什么：70年代的政治和文化概览》（纽约：哥伦比亚大学出版社，2007）；多米尼克·桑德布鲁克（Dominic Sandbrook），《疯狂如地狱：20世纪70年代的危机和民粹主义右翼的崛起》（纽约：克诺夫出版社，2011）；丹尼尔·T.罗杰斯（Daniel T. Rodgers），《断裂时代》（马萨诸塞州剑桥：哈佛大学出版社，2011）。

7. 这一观点最坚定的支持者是西摩·梅尔曼（Seymour Melman）：参见《五角大楼资本主义：战争的政治经济学》（纽约：麦格劳 – 希尔（McGraw–Hill）出版社，1970），《永久战争经济》，纽约，1974）和《非军事化社会：裁军与转换》（诺丁汉（Nottingham），1988）。从"猪肉桶"的角度看，见蒂姆·韦纳（Tim Weiner），《空头支票：五角大楼的黑色预算》（纽约：大中央出版公司，1990）。

8. 米希尔·潘迪亚（Mihir Pandya）.《当前的冷战：防御时间的逻辑》，选自《人类学与全球反叛乱》，主编：J.凯利（J.Kelly，B.乔雷吉，B.Jauregui，S.T.米切尔（S.T.Mitchell）和 J.沃尔顿（J.Walton）（芝加哥：芝加哥大学出版社，2010），第 137–45 页；另见彼得·J.韦斯特威克（Peter J. Westwick），《战略防御计划的国际历史：冷战后期的美国影响和经济竞争》，《半人马座》52（2010年秋季号），第 338–351 页。

9. 艾森豪威尔的告别演说。可在 https://www.ourdocuments.gov/doc.php?flash=true&doc=90. 上查阅。

10. 弗雷德·布洛克（Fred Block）.《逆流而上：美国一个隐藏的发展州的崛起》，《政治与社会》36：2（2008），第 169–206 页；玛丽安娜·马祖卡托（Mariana Mazzucato），《创业国家：揭穿公共部门与私营部门的神话》（纽约：公共事务，2014 年）；《创新混合体》，琳达·韦斯（Linda Weiss），《美国公司？"国家安全状态下的创新与进取》（纽约州伊萨卡（Ithaca，NY）：康奈尔大学出版社，2014），7。关于工信部（MITI）：查尔默斯·约翰逊（Chalmers Johnson）：《工信部（MITI）和日本奇迹：产业政策的增长，1925—1975》（加利福尼亚州斯坦福：斯坦福大学出版社，1982）。

11. 举一个军事支持催生个人电脑的例子：约翰·马尔科夫（John Markoff）.《睡鼠说什么：60 年代的反主流文化如何塑造了个人电脑》（纽约：企鹅图书出版社，2005 年）。互联网：阿瑟·L.诺伯格（Arthur L.Norberg）和朱迪·奥尼尔（Judy O'Neill）合著的《改造计算机技术：五角大楼的信息处理，1962—1986》（巴尔的摩（Baltimore）：约翰·霍普金斯大学出版社，1996）；珍妮特·阿巴特（Janet Abbate），《发明互联网》（马萨诸塞州剑桥（Cambridge，MA）：麻省理工学院出版社，1999）。

12. 参见约翰·格里芬（John Griffin）编写的《隐身先锋》（北卡罗来纳州莫里斯维尔（Morrisville，NC）：Lulu.com，2017）中的各种贡献。

13. 谢尔曼·穆林在格里芬（Griffin）.《隐身先锋》，第 250 页。